JN334877

実験計画法と
分散分析

三輪哲久 [著]

統計解析 スタンダード
国友直人
竹村彰通
岩崎 学
[編集]

朝倉書店

まえがき

　本書は，技術開発や研究活動において重要な役割を果たす「実験計画法」と「分散分析」に関して，その手法の使い方と考え方を解説したものである．実験計画法と分散分析は車の両輪の関係にある．実験の計画が不備であるとデータ解析 (分散分析) において有効な情報を引き出すことができない．一方でデータ解析の仕組みを理解しておくことにより良い実験計画を組むことができる．その意味で，この 2 つの側面 (計画と解析) について基本的な考え方が納得できるように丁寧な解説を心がけた．

　本書の内容は，実際に実験を実施しデータ解析を行う立場にある技術者・研究者の方々に対して筆者が長年にわたって行ってきた研修会やセミナーにおける講義に基づいており，次のような点が特徴である．

　(1) まず第 1 章で実験の計画に焦点を絞って詳しく解説する．筆者の経験によると，実験計画法をはじめて習う技術者でも実験を開始する前に第 1 章に相当する内容を 2 時間くらいの講義で理解することにより，二元配置乱塊法などの基本的な実験計画を組むことができるようになる．

　(2) 第 2 章から第 4 章において基本的な実験計画法によるデータ解析について解説する．本書を独習書として利用する方のため，計算手順を示す数式に関してその意味や考え方を説明するだけでなく，その数式を導く過程もできる限り説明する．それは，何故そのような数式を使う必要があるのかを理解することによって，統計手法を応用する力が身に付くからである．ただし一方で，そのような数式の展開のために議論の流れが妨げられる可能性がある場合には，適宜，本文中の「注」や巻末の付録を利用する．

　(3) 第 5 章から第 8 章では，発展的な実験計画である分割法実験・直交表実験・不完備ブロック計画について解説する．これらの実験計画については様々な応用のパターンがあり，それらを網羅すると本書の数倍の紙数が必要となる．そこで本書では，自分自身で必要な実験計画を組んだり，他の専門書を参照したときに

内容が理解できるように基本となる考え方を解説する.

(4) 第9章において線形モデルと最小二乗法に関して，高度な数学理論を使わず，線形代数学の基礎知識のみを用いて解説する．

各実験計画とそのデータ解析においては，例を用いて解説するとともに，コンピュータによる解析例を示す．

本書が対象とする読者は，実際に実験を実施する立場にある技術者・研究者である．また大学生や大学院生の方々も，自身が実験に基づいて研究を遂行する場合や，卒業後の実務に備えて実験計画法・分散分析を本格的に学んでおきたい場合に本書を活用していただきたい．本書を読むための予備知識としては確率分布の初等的な知識があればよい．

本書の解析例で使用したデータとプログラムソース，および追加の数表については，朝倉書店のWebサイト (http://www.asakura.co.jp/) の本書サポートページから入手して利用することができる．

筆者は現在までに多くの方々のお世話になった．特に奥野忠一先生には大学院時代・研究所時代を通じてご指導していただいた．本書の内容も先生の書籍や論文における実験計画法に関する業績の影響を強く受けている．大学院時代の指導教官であった広津千尋先生には，卒業後も実験計画法や多重比較法の研究において常に議論していただいた．また朝倉書店編集部の皆様には本書の出版に至るまでいろいろとご苦労をおかけした．最後にお世話になった方々に心からお礼を申しあげたい．

2015年8月

三輪哲久

目　　次

1. 実験計画法 ··· 1
   1.1 実験計画法とは ··· 1
      1.1.1 実験の目的 ··· 1
      1.1.2 実験の計画とデータ解析の手順 ··························· 2
      1.1.3 本書の構成 ··· 4
   1.2 処理の選定 ··· 5
      1.2.1 因子と水準 ··· 6
      1.2.2 交互作用と主効果の考え方 ······························· 7
      1.2.3 因子の分類 ··· 9
      1.2.4 水準の設定 ·· 11
      1.2.5 処理の選定に基づく実験の分類 ·························· 11
      1.2.6 ラテン方格法 ·· 13
   1.3 実験の配置 ·· 14
      1.3.1 Fisherの3原則 ··· 15
      1.3.2 反　　復 ·· 15
      1.3.3 無 作 為 化 ·· 17
      1.3.4 局 所 管 理 ·· 20
      1.3.5 実験配置に基づく実験の分類 ···························· 21
      1.3.6 実験計画における注意 ·································· 26

2. 一元配置実験の解析 ··· 28
   2.1 一元配置完全無作為化法 ······································ 28
      2.1.1 一元配置完全無作為化実験のデータ ······················ 28
      2.1.2 分散分析の考え方 ······································ 29
      2.1.3 平方和の計算と自由度 ·································· 29

    2.1.4　分散分析表の作成 ………………………………………… 31
    2.1.5　データの構造モデルと F 検定 …………………………… 32
    2.1.6　解　析　例 …………………………………………………… 35
    2.1.7　処理平均の推定 ……………………………………………… 35
    2.1.8　アンバランストなデータの解析 …………………………… 37
  2.2　一元配置乱塊法 ……………………………………………………… 40
    2.2.1　乱塊法実験のデータと分散分析の考え方 ………………… 40
    2.2.2　平方和の計算と分散分析表 ………………………………… 41
    2.2.3　データの構造モデルと F 検定 …………………………… 43
    2.2.4　解　析　例 …………………………………………………… 45
    2.2.5　乱塊法に関しての注意 ……………………………………… 45
    2.2.6　表計算ソフトウェアによる一元配置実験の解析 ………… 47

3. 処理平均の多重比較法 …………………………………………………… 50
  3.1　多重比較法の考え方 ………………………………………………… 50
    3.1.1　多重比較とは ………………………………………………… 50
    3.1.2　処理平均の分散分析モデル ………………………………… 51
  3.2　多重比較における過誤率 …………………………………………… 52
    3.2.1　第 I 種の過誤と第 II 種の過誤 ……………………………… 52
    3.2.2　多重比較における帰無仮説 ………………………………… 53
    3.2.3　ファミリー単位過誤率と比較単位過誤率 ………………… 54
    3.2.4　ファミリー単位過誤率の制御 ……………………………… 55
  3.3　対　　比　　較 ……………………………………………………… 56
    3.3.1　最小有意差法 (LSD 法) ……………………………………… 56
    3.3.2　Tukey　法 …………………………………………………… 58
    3.3.3　REGWQ 法 …………………………………………………… 59
    3.3.4　その他の方法 (SNK 法，Duncan 法) …………………… 61
    3.3.5　アンバランストモデルでの対比較 ………………………… 63
    3.3.6　SAS による対比較の実行例 ………………………………… 64
  3.4　対照処理との比較 …………………………………………………… 66
    3.4.1　仮説のファミリーと対立仮説 ……………………………… 66
    3.4.2　対照処理との比較の例 ……………………………………… 67

3.4.3　Dunnett 法 ･････････････････････････････････････ 68
　　3.4.4　対照処理との比較の t 検定 ･･････････････････････ 70
　　3.4.5　SAS による Dunnett 法の実行例 ･････････････････ 71
　3.5　対比の検定 ･･ 72
　　3.5.1　対比のファミリー ･･･････････････････････････････ 72
　　3.5.2　対比の検定の例 ･････････････････････････････････ 73
　　3.5.3　対比の t 検定 ･･･････････････････････････････････ 73
　　3.5.4　Scheffé 法 ･････････････････････････････････････ 75

4. 二元配置実験の解析 ･･････････････････････････････････････ 77
　4.1　二元配置完全無作為化法 ･････････････････････････････ 77
　　4.1.1　二元配置完全無作為化法実験のデータ ･････････････ 77
　　4.1.2　分散分析の考え方と平方和の計算 ･････････････････ 78
　　4.1.3　データの構造モデルと要因効果の検定 ･････････････ 81
　　4.1.4　解析例 ･･･ 85
　　4.1.5　表計算ソフトウェアによる解析例 ･････････････････ 86
　4.2　二元配置乱塊法 ･････････････････････････････････････ 87
　　4.2.1　二元配置乱塊法実験のデータ ･････････････････････ 87
　　4.2.2　平方和の計算と分散分析表 ･･･････････････････････ 87
　　4.2.3　構造モデルと要因効果の検定 ･････････････････････ 88
　　4.2.4　解析例 ･･･ 89
　　4.2.5　ソフトウェア R による解析例 ････････････････････ 90
　4.3　繰返しのない二元配置 ･･･････････････････････････････ 91
　　4.3.1　実験計画とデータ ･･･････････････････････････････ 91
　　4.3.2　平方和の計算と分散分析表 ･･･････････････････････ 92
　　4.3.3　解析例 ･･･ 93

5. 分割法実験 ･･ 94
　5.1　分割法実験の特徴 ･･･････････････････････････････････ 94
　　5.1.1　分割法とは ･････････････････････････････････････ 94
　　5.1.2　分割法実験の例 ･････････････････････････････････ 96
　　5.1.3　分割法実験の利点と弱点 ･････････････････････････ 97

目次

- 5.2 分割法実験の解析 98
  - 5.2.1 実験データと構造モデル 98
  - 5.2.2 平方和の計算と要因効果の検定 100
  - 5.2.3 解析例 104
  - 5.2.4 処理平均の比較のための分散の推定 105
- 5.3 コンピュータによる解析例 109

6. 2水準系直交表による実験計画 110
- 6.1 直交表実験の考え方 110
  - 6.1.1 因子数が多い場合の対策 110
  - 6.1.2 直交表の考え方と $L_4(2^3)$ 直交表 112
  - 6.1.3 $L_8(2^7)$ 直交表 116
  - 6.1.4 2水準系直交表の特徴 120
- 6.2 因子の割付け 122
  - 6.2.1 $L_{16}(2^{15})$ 直交表への因子の割付け 122
  - 6.2.2 4因子の1回実施 124
  - 6.2.3 5因子の1/2実施 124
  - 6.2.4 6因子の1/4実施 127
  - 6.2.5 ブロック因子の導入と分割法 129
  - 6.2.6 4水準因子の割付け 133
- 6.3 2水準系直交表データの解析 134
  - 6.3.1 列平方和の計算 134
  - 6.3.2 分散分析表の作成 135
  - 6.3.3 解析例 135
- 6.4 コンピュータによる解析例 138

7. 3水準系直交表による実験計画 140
- 7.1 3水準系直交表の構成 140
  - 7.1.1 $L_9(3^4)$ 直交表 140
  - 7.1.2 主効果と交互作用 142
  - 7.1.3 3水準系直交表の特徴 143
- 7.2 因子の割付け 144

       7.2.1 3因子の1回実施 ··· 146
       7.2.2 4因子の1/3実施 ·· 146
       7.2.3 5因子の1/9実施 ·· 147
       7.2.4 2水準因子の割付け (擬水準法) ································ 149
   7.3 3水準系直交表データの解析 ·· 149
       7.3.1 列平方和の計算と分散分析表 ·· 149
       7.3.2 解 析 例 ··· 151
   7.4 コンピュータによる解析例 ··· 152

8. 不完備ブロック計画 ··· 154
   8.1 不完備ブロック計画 ··· 154
       8.1.1 釣合い型不完備ブロック計画 (BIBD) ····························· 154
       8.1.2 BIBD実験の例 ··· 155
   8.2 BIBDの分散分析 ··· 157
       8.2.1 構造モデルと平方和の計算 ··· 157
       8.2.2 解析例と調整済み処理平均 ··· 160
   8.3 コンピュータによる解析例 ··· 161
       8.3.1 ソフトウェアRによる解析例 ·· 161
       8.3.2 BIBDの構築 ·· 162

9. 線形モデルと最小二乗法の基礎 ·· 165
   9.1 正規線形モデル ··· 165
   9.2 最小二乗法と正規方程式 ·· 167
   9.3 推定可能関数 ·· 168
       9.3.1 推定可能関数の定義 ··· 168
       9.3.2 推定可能関数の推定 ··· 170
       9.3.3 制 約 条 件 ··· 170
       9.3.4 線形最良不偏推定量 ··· 173
   9.4 線形モデルにおける仮説検定 ·· 174
       9.4.1 モデル平方和と残差平方和 ··· 174
       9.4.2 帰無仮説の検定 ··· 175
       9.4.3 一元配置完全無作為化法の例 ·· 178

- **A. 付　　録** ……………………………………………… 181
  - A.1　正規分布および関連する確率分布 ……………………… 181
    - A.1.1　正 規 分 布 ……………………………………… 181
    - A.1.2　χ^2 分　布 ……………………………………… 183
    - A.1.3　t 分　布 ………………………………………… 185
    - A.1.4　F 分　布 ………………………………………… 186
    - A.1.5　べき等行列と2次形式 …………………………… 187
  - A.2　数式に関する補遺 ………………………………………… 189
    - A.2.1　最小二乗法と線形代数 …………………………… 189
    - A.2.2　数式の証明 ………………………………………… 194

- **あとがきと参考文献** ……………………………………………… 203
- **数　　表** ………………………………………………………… 207
- **索　　引** ………………………………………………………… 213

Excel は，米国 Microsoft 社の米国およびその他の国における登録商標または商標です．本文中には TM マークなどは明記していません．

Chapter 1

実 験 計 画 法

　本章では実験計画法について詳しく解説する．「実験計画法」は文字どおり実験を実施する前の計画のための統計的手法である．本章では数式が使われないので通読することが可能である．実験データから有効な情報を引き出すためには，実験を開始する前に実験計画法の基本的な考え方を理解しておくことがきわめて重要である．

1.1 実験計画法とは

1.1.1 実験の目的

　一般に**実験** (experiment) の目的は，研究や技術開発の対象となる特性値，たとえば
- 医薬研究：特定の疾患に対する治癒率や生存時間など
- 農業研究：作物 (水稲，大豆) の収量や食味など
- 工業実験：化学合成品の収率，製品の品質 (強度や，表面光沢) など

に対して，その特性値に影響を及ぼすと考えられる各種の原因群
- 医薬研究：薬剤の種類，治療法など
- 農業研究：作物品種，施肥量，播種密度など
- 工場実験：原材料の種類，触媒量，反応温度など

とのあいだの関係を解明することであるといえる．

　目的とする特性値に対して，多くの原因群が影響を与える可能性がある．特性値と原因群とのあいだの関係を整理するために，工業の品質管理の分野では**特性要因図** (cause-effect diagram, Ishikawa diagram, fishbone diagram) がよく使われる．図 1.1 に JIS の例を，図 1.2 に水稲の栽培に関する特性要因図を示す．品質管理以外の分野においても，特性値と原因群を明確にするため，実験を開始する前に特性要因図を作成することは有効な方法である．科学的な知見を得ようと

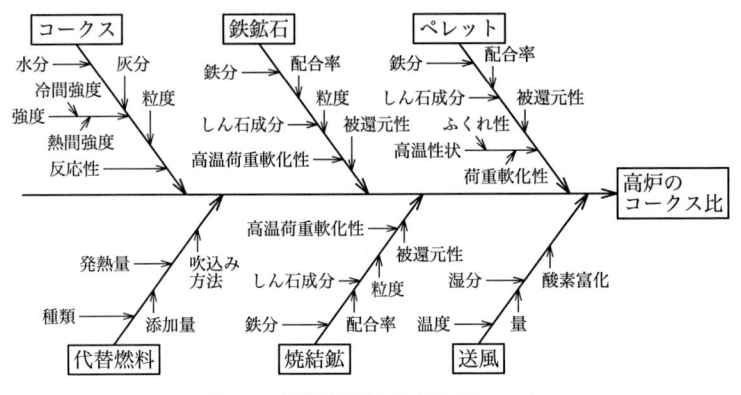

図 1.1 特性要因図の例 (JIS Z8101-2)

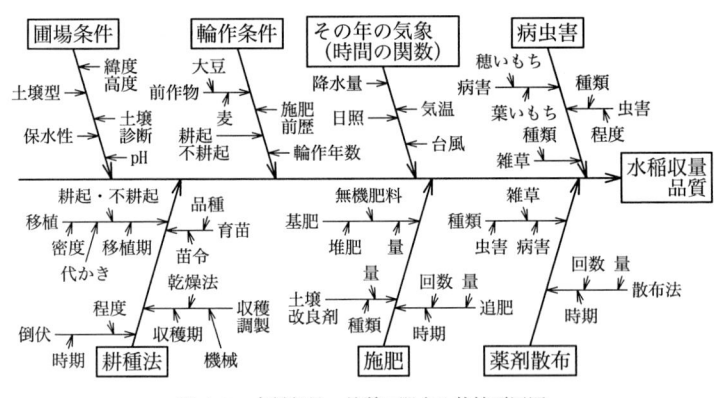

図 1.2 水稲収量・品質に関する特性要因図

する研究の場合，特性値としては図 1.2 の「収量」というような最終的な目標値ではなく，「水田からのメタン発生量」のように研究目的に沿ったもので構わない．

1.1.2 実験の計画とデータ解析の手順

実験に基づく研究・技術開発の手順は図 1.3 のように表される．**実験計画法** (experimental design, design of experiments) は，実験を実施する前の「計画」のための統計的手法であり，

1) 処理の選定
2) 実験の配置

の 2 つの事項が取り扱われる．

1.1 実験計画法とは

```
┌─────────────────┐    ┌─────────────────┐         ┌─────────────────┐
│ 1) 処理の選定   │ →  │ 2) 実験の配置   │ → ( 3) 実験 ) → │ 4) データ解析   │
│  (因子と水準)   │    │  (誤差の制御)   │         │  (分散分析)     │
└─────────────────┘    └─────────────────┘         └─────────────────┘
```

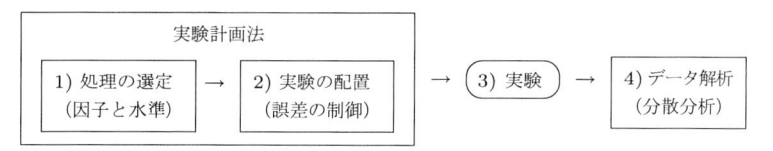

図 1.3　実験の計画からデータ解析まで

1) **処理の選定**：実験研究の最大の特徴は，研究者・技術者が処理条件を自由に設定できるということである．前項 (1.1.1 項) に述べた実験の目的 (諸原因群と特性値との関係の解明) を達成するためには，どのような処理条件を設定するかがきわめて重要である．これが図 1.3 の「1) 処理の選定」の問題である．

2) **実験の配置**：実験においては，取り上げた処理条件以外の管理できない様々な原因によって必ず実験誤差が生じる．このとき，統計的手法を用いてデータ解析を行うためには，誤差の大きさを評価できるように，すなわち誤差の大きさを推定できるように実験を組む必要がある．また，精度の高い推定を行うためには，できる限り実験誤差を減少させることが重要である．この問題が図 1.3 の「2) 実験の配置」において扱われる．

実験計画法は，R. A. Fisher によって 1920 年代に農業実験に導入された．その後，その有効性が広く認識され，現在では自然科学分野だけでなく社会科学分野でも用いられている．特に我が国においては，工業の品質管理の分野で積極的に取り入れられた．Fisher は著書 *The Design of Experiments* (1935) の中で次のように述べている：

> "If the design of an experiment is faulty, any method of interpretation which makes it out to be decisive must be faulty too." (実験の計画が間違っているのに，決定的な解釈を導くような手法があるとすれば，その解釈法もまた間違ったものに違いない．)

Fisher の著書の発行後，80 年以上が経過している．そのあいだに統計学の理論的研究は大きく発展した．また現在では高度な統計パッケージが利用可能である．しかし，上記の Fisher の言葉は現在もなお真実である．実験計画が不備なためにデータに必要な情報が含まれていなかったり，適切な誤差の推定値が得られない場合には，実験後に最新の統計理論や統計パッケージを利用しても有効な結論を引き出すことは不可能である．

なお，実験に基づく統計的データ解析を実施する場面としては，

1) 企業や技術系研究所において実用技術を開発する場面
2) 科学的知見を得て学会などで発表を行う場面

が考えられる．これら2つの場面でデータ解析後の解釈は必ずしも同じとは限らない．しかし，いずれの場合でも実験前にきちんと計画を立てることは重要である．主要な学術雑誌では，投稿規程に統計ガイドラインの項を設けるとともに，実験の計画について詳細な報告を求めている．たとえば *Agronomy Journal* においては，投稿規程の "Statistical Methods" の項で

"Report enough details of your experimental design so that the results can be judged for validity and so that previous experiments may serve as a basis for the design of future experiments."（結果の妥当性を判定するため，また将来の実験の計画に役立てるため，行った実験計画の詳細を報告せよ.）

と要求している．

1.1.3 本書の構成

前項 (1.1.2項) において，実験データから有効な情報を引き出すためには実験を実施する前の実験計画が重要であることを述べた．次に実験によりデータを観測したあとには，統計的手法を用いてデータ解析を実行することになる．現在ではデータ解析は各種の統計パッケージを用いて行われることがほとんどである．このとき重要なことは，統計的なデータ解析における本質的な考え方を理解しておくことである．まえがきにも書いたように「実験計画法」と「データ解析 (分散分析)」とは実験研究における車の両輪の関係にある．データ解析において有益な情報を引き出すためには，効率的な実験を計画する必要がある．一方で，効率的な実験を組むためには，実験後に行われるデータ解析について理解しておくことが重要である．以上の観点から，本書では「実験計画法」と「データ解析」に関して解説する．本書の構成は以下のとおりである．

まず本章（第1章）において，図1.3の「実験計画法」の考え方を詳しく解説する．1.2節で「1) 処理の選定」，1.3節で「2) 実験の配置」を扱う．実験を計画する段階で，「1) 処理の選定」と「2) 実験の配置」の問題を明確に区別しておく必要がある．第1章では数式は使われない．

第2章から第4章では，一元配置実験と二元配置実験という基礎的な実験計画のデータ解析法を解説する．ここでは，「分散分析」とよばれる解析法を具体的な

実験例を用いて説明する．まずは，第4章までの基礎的な実験計画法とデータ解析手法を理解することが重要である．

第5章 (分割法実験)，第6章 (2水準系直交表実験)，第7章 (3水準系直交表実験)，第8章 (不完備ブロック計画) では，より高度で発展的な実験計画を扱う．各章において実験の計画法とデータ解析について具体例を用いて解説する．各章は独立した内容なので，これらの高度な実験を必要とするときに個別に学習することが可能である．

第9章では，分散分析を統一的に扱うための線形モデルと最小二乗法の理論を扱っている．本章の内容は第8章までを理解するために必須というわけではない．しかし線形モデルと最小二乗法の考え方を理解しておくことは，今後より広い応用問題を扱うときに役に立つ．また，本書では高度な数学を使わず，基礎的な行列演算を使って解説しているので，分散分析の方法論を本格的に学習したい人はぜひ挑戦していただきたい．

付録Aに，確率分布と線形代数の基礎事項に関する解説を与えた．本文を読むときに必要であれば参照してほしい．付録A.2.1項の線形代数に関する説明は，第9章に進む前に一読するとよい．

データ解析においては例を用いるとともに，コンピュータによる解析例を示した．ただし各ソフトウェアの使い方については本書では説明していないので，それぞれのソフトウェアのマニュアルを参照していただきたい．

本書では独習書としての利用を考えて，数式の証明もできる限り与えた．なぜその数式が登場するのかを理解することによって，統計手法を応用する力が高まるからである．しかし一方で，一連の議論の流れが妨げられる恐れがある．そこで煩雑な数式の証明については本文中に「注」として示すか，付録に与えた．これらは学習書においては演習問題として与えられる性格のものである．統計学を学習中の方は，まず自分で証明を考えてみて，そのあと与えられた証明を確認することもできる．

1.2　処理の選定

本節で図1.3の「1) 処理の選定」について解説する．1.1.2項で説明したように実験においては研究者・技術者が処理条件を設定しなければならない．実験データから有効な結論を導くためには，この「処理の選定」の部分がきわめて重要で

ある．ここでは，どのような因子を選択し，その水準をどう設定するかが問題となる．

1.2.1 因子と水準

目的となる特性値への効果を調べるため，実験で取り上げる特定の原因を因子 (factor) とよぶ．また，因子の取る個々の設定条件を水準 (level) とよぶ．表 1.1 に因子と水準の例を示す．

表 1.1 因子と水準の例

因子		水準			
農業実験					
水稲品種	V	コシヒカリ (V_1)	日本晴 (V_2)	IR28 (V_3)	
窒素施肥量	N	20 kg/ha (N_1)	40 kg/ha (N_2)	60 kg/ha (N_3)	80 kg/ha (N_4)
移植期	D	4月 (D_1)	5月 (D_2)	6月 (D_3)	
株間隔	S	10 cm (S_1)	20 cm (S_2)	30 cm (S_3)	
工業実験					
金型温度	A	40℃ (A_1)	60℃ (A_2)	80℃ (A_3)	100℃ (A_4)
触媒量	B	0.5% (B_1)	1.0% (B_2)	1.5% (B_3)	2.0% (B_4)
原料種類	M	M_1	M_2	M_3	
医薬実験					
治療法	T	現行治療法 (T_1)	新治療法 (T_2)		
ラット性別	S	雄 (S_1)	雌 (S_2)		
薬剤濃度	C	0 ppm (C_1)	25 ppm (C_2)	50 ppm (C_3)	100 ppm (C_4)

因子をアルファベットの大文字で表し，数字の添え字を付して各水準を表す場合が多い．アルファベットは，因子の内容を表すものを用いると分かりやすい．たとえば窒素施肥量の 4 つの水準は，"nitrogen" の N を用いて N_1, N_2, N_3, N_4 とする (表 1.1 参照)．

a. 量的因子と質的因子

因子には，水準が量的に与えられる**量的因子** (quantitative factor) と，質的に与えられる**質的因子** (qualitative factor) とがある．
- 量的因子の例：窒素施肥量，株間隔，金型温度，触媒量など
- 質的因子の例：水稲品種，原料種類，治療法，性別など

b. 一元配置と多元配置

1 つの因子のみを取り上げる実験を**一元配置** (one-way layout)，または **1 因子実験** (single-factor experiment) という．一元配置では，他の因子との交互作用 (1.2.2 項参照) を評価することはできない．以下，取り上げる因子の数に応じて二

元配置 (2 因子実験), 三元配置 (3 因子実験) などとよぶ. 一般に, 二元配置以上の実験を総称して**多元配置** (multi-way layout), あるいは**多因子実験** (multi-factor experiment) とよぶ.

一元配置や多元配置の用語は, 状況に応じて一元配置実験や多元配置実験, あるいは一元配置法や多元配置法とよばれることもある.

1.2.2 交互作用と主効果の考え方
a. 交互作用
2 つの因子に関して, 一方の因子の効果が他方の因子の水準ごとに異なるとき, これら 2 つの因子のあいだに**交互作用** (interaction) が存在するという. 交互作用の概念を理解しておくことは, どのような因子を実験で取り上げるかを決めるときに重要である.

【注】 "interaction" に対応する日本語としては「相互作用」の方が適切である. しかし統計用語としては伝統的に「交互作用」が用いられている.

表 1.2 水稲収量の母平均の仮想値 (t/ha)

移植期 D	株間隔 S 10 cm (S_1) (密植)	20 cm (S_2) (普通)	30 cm (S_3) (疎植)	平均
4 月 (D_1)	3.6	4.5	5.1	4.40
5 月 (D_2)	4.5	5.4	4.7	4.87
6 月 (D_3)	4.9	4.8	3.4	4.37
平均	4.33	4.90	4.40	4.54

交互作用の概念を示すために, 水稲収量に関して 2 つの因子「移植期 (田植え期) D」と「株間隔 S」とを考える. それぞれ 3 水準の組合せに対する収量の母平均が表 1.2 のようであるとする. 株間隔は, 水稲を植えるときの株と株との間隔であり, 10 cm 間隔 (S_1) では密植, 30 cm 間隔 (S_3) では疎植となる. 株間隔の水準の違いによる効果 (すなわち, S_1, S_2, S_3 の違い) に注目すると, たとえば 4 月移植 (D_1) では, 株間隔 30 cm (S_3) において最高収量が得られる (早植で密植にすると茎長が高くなりすぎ倒伏の可能性がある). それに対し 6 月移植では株間隔 10 cm (S_1) で最高収量が得られている (逆に遅植で疎植にすると十分な茎数・穂数が確保できない). すなわち, 株間隔 (因子 S) の効果は, 移植期 (因子 D) の水準ごとに異なっていることがわかる. 立場を変えて移植期 (因子 D) に着

目すると，その効果はやはり，他の因子 (株間隔 S) の水準によって異なっている．このような状況を，移植期 (因子 D) と株間隔 (因子 S) とのあいだに交互作用が存在するという．交互作用は因子の記号 D と S とを用いて $D \times S$ のように表される．

【注】 ここでは，交互作用の概念を説明するために，表 1.2 の仮想的なデータを用いている．実際の水稲収量は，品種や施肥条件によって異なる可能性がある．

b. 交互作用の評価

交互作用を評価するためには，2 つの因子を同時に取り上げた二元配置実験を行わなければならない．例として，次のような別々の一元配置実験を考える．

実験 1：移植期の検討 (D_1, D_2, D_3 の比較)．
　　　　株間隔は 10 cm (S_1) で実施．
実験 2：株間隔の検討 (S_1, S_2, S_3 の比較)．
　　　　移植期は 4 月 (D_1) で実施．

実験誤差が少なければ，実験 1 では 6 月移植 (D_3) が最適となり，実験 2 では株間隔 30 cm (S_3) が最適となる．しかし，その組合せ 6 月移植 (D_3) で株間隔 30 cm (S_3) は，最適な組合せを与えない (むしろ，最悪な組合せとなっている)．また，最適条件 (5 月移植・株間隔 20 cm, $D_2 S_2$) を見逃している．

このように，一元配置実験の繰返しでは交互作用を評価することができず，最適条件 (5 月移植・株間隔 20 cm, $D_2 S_2$) を見逃す可能性があるだけでなく，誤った結論を導くことにもなりかねないので注意が必要である．

図 1.4，1.5 に交互作用の様子を示す．特に図 1.5 のように，一方の因子の効果が，他方の因子の水準によって逆転する場合には注意が必要である．生物を実験対象とする生物統計分野では，このような現象がよく見られる (図 1.5 は表 1.2

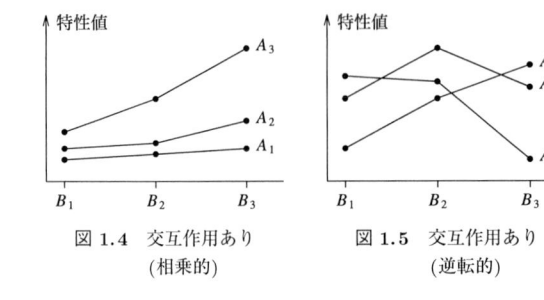

図 1.4 交互作用あり (相乗的)

図 1.5 交互作用あり (逆転的)

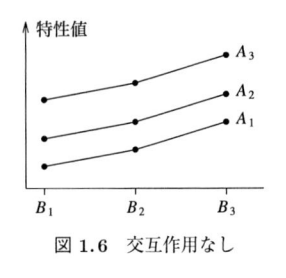

図 1.6 交互作用なし

を図示したものである).交互作用が存在しない場合,特性値は図 1.6 のような応答を示す.このように,交互作用が存在しないことが事前に分かっている場合は一元配置実験が可能である.すなわち,因子 B の 3 つの水準 B_1, B_2, B_3 を比較するときに,他方の因子 A はどの水準に設定してもよい.

c. 多因子交互作用

表 1.2 の例では,2 つの因子のあいだの交互作用を考えているので 2 因子交互作用とよばれる.さらに新たな因子,たとえば窒素施肥量 N を導入すれば,3 因子交互作用 $D\times S\times N$ を考えることができる.$D\times S\times N$ は,2 因子交互作用 $D\times S$ が他の因子 N の水準ごとに異なっているかどうかを表している.

d. 主効果と要因効果

ある因子の効果に関して,他の因子のすべての水準組合せに対する平均的な効果を主効果 (main effect) という.主効果は,因子と同じ記号を用いて D や S のように表す.たとえば表 1.2 の水稲収量の例では,移植期 D の主効果は右端の平均の列に表され,株間隔 S の主効果は下端の平均の行に表されている.

主効果と交互作用を総称して,**要因効果** (factorial effect) とよぶ.移植期 D,株間隔 S に加えて,窒素施肥量 N も実験に組み込んで,三元配置実験を行えば,

- 3 とおりの主効果:D, S, N
- 3 とおりの 2 因子交互作用:$D\times S, D\times N, S\times N$
- 1 つの 3 因子交互作用:$D\times S\times N$

を要因効果として考えることができる.

1.2.3 因子の分類

因子は,その役割によって次のように分類される (田口, 1976; 奥野・芳賀, 1969).実験における因子の役割について理解しておくことは,取り上げる因子の選定や,水準の設定において役に立つ.

1) **制御因子** (controlable factor):実験の場 (農業試験場,研究所) においても,実験結果の適用の場 (農家生産,工場生産) においても,水準の設定が制御できる因子を制御因子という.実験においては,その最適水準を探索することが目的となる.

　　たとえば表 1.2 の水稲収量の例で,移植期 D も株間隔 S も農家が自由に設定できるのであれば,これらは制御因子であり.実験により確認された最

適な水準組合せ D_2S_2 を農家に推薦することになる.

2) **標示因子** (indicative factor)：その水準の比較が目的ではなく，他の制御因子との交互作用を調べるために取り上げる因子を標示因子という．適用の場 (生産現場) では水準が選択できない場合が多い．実験の場では因子として取り上げて水準を設定することが可能であり，制御因子との交互作用を検討する．

再び表 1.2 の水稲収量の例を考える．移植期 (因子 D) に関しては，農家が自由に設定できない場合がある．たとえば，関東地域の多くの兼業農家では 4 月末から 5 月初旬にかけての連休シーズンに移植 (田植え) を行う．一方，麦・水稲二毛作を実施している農家では，麦の収穫が 6 月まで及ぶため，移植期は必然的に 6 月以降となる．農業試験場 (実験の場) では移植期 D を標示因子として取り上げて実験し，表 1.2 の結果から，農家の移植期に応じて最適な株間隔 (栽植密度) を推薦する．

工業実験において，生産現場の各工場では異なる仕入先の原料を使用する必要があり，原料ごとに最適な操業条件を調整する場合がある．そのときは，原料の種類が標示因子となる．

3) **環境因子** (environmental factor)：実験の場でも，適用の場でも水準の設定が制御できない因子を環境因子という．農業実験や工業実験において，実験の場においても外気温の影響を受ける場合などがそうである．このとき，環境因子 (たとえば外気温) と制御因子とのあいだに交互作用が存在する場合には注意が必要である．たとえば農業における水稲品種比較実験で，平均気温の高い年に高収量であった品種が他の低気温の年にも高い収量を示すとは限らない．農業実験では，環境因子 (年間平均気温) と制御因子との交互作用を評価するために，実験を数年にわたって繰り返すことがよく行われる．

適用の場における環境変動を実験の場において誤差因子として設定し，制御因子との交互作用を解析する方法も提案されている．この方法をタグチメソッド (田口編, 1988; 宮川, 2000) という．本書ではタグチメソッドについては取り扱わない．

4) **ブロック因子** (block factor)：実験誤差を減少させるため後述する局所管理の原則に基づいて導入される因子をブロック因子という．その水準は実用的な意味をもたない．ブロック因子については，1.3.4 項で説明する．

1.2.4 水準の設定

実験で取り上げる因子が決まると，次に，それらの因子の水準を設定する必要がある．

標示因子の水準は，因子の役割から自動的に決まる．たとえば水稲の移植期が標示因子であり，生産現場において移植期が特定の時期に決まっていれば，実験においても，その決まっている移植期を水準として設定することになる．制御因子に関しても，質的因子の水準は自動的に決まる場合が多い．たとえば，医薬実験で3種類の薬剤を比較したいのであれば，その3つの薬剤が水準となる．

量的な制御因子に関しては，水準の範囲と水準数を研究者・技術者が自由に設定可能である．

水準の範囲 (最低水準と最高水準) に関しては，適用場面や実験を実施するときの危険性を考慮した上で十分広く取り，最適条件 (図1.7) や飽和点 (図1.8) などの重要な情報を逃さないようにすることが重要である．水準の数は制御因子と特性値とのあいだに想定される関数関係と実験規模とに依存する．現実的には，図1.9のような複雑な関数関係が想定される場合はまれであり，図1.7や図1.8のような滑らかな応答が想定される場合がほとんどなので，全体の実験規模を考慮し3〜5程度に水準数を設定することが普通である．

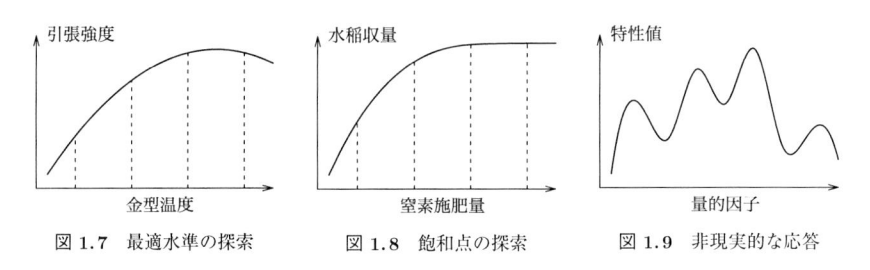

図1.7　最適水準の探索　　図1.8　飽和点の探索　　図1.9　非現実的な応答

1.2.5 処理の選定に基づく実験の分類

実験に取り上げる処理組合せの観点から，実験は表1.3のように分類される．

a. 一元配置

1つの因子のみを取り上げる実験を一元配置 (1因子実験) とよぶ．一元配置実験では，取り上げた因子の水準は数段階に設定される．しかし，その他の因子の水準は1つの水準に固定されるため，交互作用を評価することはできない．結果の適用範囲は実験において固定した条件の範囲に限られる (1.2.2項)．ただし，

表 1.3 処理の選定に基づく実験の分類

- 一元配置 (1 因子実験)
- 多元配置 (多因子実験)
  - 要因実験 (すべての水準組合せを実施)
  - 一部実施要因実験 (水準組合せの一部分を実施)
    - ラテン方格法 (主効果のみを評価)
    - 直交表 (主効果と低次交互作用を評価, 水準数は 2 または 3)

一元配置実験では実験規模を比較的小さく保つことができるので,制御因子と特性値とのあいだに複雑な応答関係が想定される場合に,水準数を増やし,その関係を解析することができる.

b. 要因実験

交互作用を評価するためには,2 因子以上を同時に取り上げる多元配置 (多因子実験) が必要である. 多元配置のうち,取り上げた因子の水準組合せをすべて実施するものを**要因実験** (factorial experiment) という. 要因実験では高次の交互作用も含めて,すべての要因効果 (主効果と交互作用) を評価することができる. しかし要因実験では,取り上げる因子の数が増えるに従って実験規模が極端に大きくなる. たとえば 5 因子実験で,各因子の水準数を 4 とすると,水準組合せの数は $4^5 = 1024$ となる.

c. 一部実施要因実験

一方,現実においては 3 因子以上の高次交互作用は無視できる場合が多い. このとき,要因実験におけるすべての処理組合せの一部分のみを実施し,主効果と必要な低次の交互作用を評価できるように設計した実験を**一部実施要因実験** (fractional factorial experiment) という. 一部実施要因実験には,主効果のみを評価するためのラテン方格法と,主効果と低次の交互作用を評価するための直交表実験がある. このうち,ラテン方格法については,次項 (1.2.6 項) で概要を説明する. 直交表については,第 6 章と第 7 章において詳しく説明する.

d. 処理

取り上げた因子の水準組合せを**処理** (treatment) という. たとえば,表 1.2 の水稲収量の例で,移植期 D を 3 水準,株間隔 S を 3 水準に設定した二元配置実験を行えば,処理の数は $3 \times 3 = 9$ となる.

処理の 1 つとして,他の処理との比較を目的として取り上げるものを**対照処理** (control),あるいは**標準処理** (standard) とよぶ. 医薬実験におけるプラセボや現行薬剤,農業実験における標準品種などが対照処理となる.

1.2.6 ラテン方格法

複数の因子の水準数が等しく，また因子間に交互作用が存在しないことが事前に分かっている場合は，ラテン方格 (Latin square) を用いてすべての主効果を評価するための水準組合せを構成することができる．ラテン方格を利用した実験はラテン方格法とよばれる．

各因子に共通の水準数を n とする．$n \times n$ ラテン方格とは，n 個のラテン文字 (アルファベット) を n 行 $\times n$ 列に並べ，どのアルファベットも各行・各列に一度ずつ現れるようにしたものである．表1.4に 4×4 ラテン方格の一例を示す．さらに，n 個のギリシャ文字を各行・各列に一度ずつ現れるように並べ，かつ，ラテン文字 $(A, B, \ldots)$ とギリシャ文字 $(\alpha, \beta, \ldots)$ のすべての組合せが一度ずつ現れるように並べたものをグレコ・ラテン方格 (Graeco-Latin square) という (表1.5)．

表1.4 4×4 ラテン方格

行	列 1	2	3	4
1	A	B	C	D
2	B	A	D	C
3	C	D	A	B
4	D	C	B	A

表1.5 4×4 グレコ・ラテン方格

行	列 1	2	3	4
1	$A\alpha$	$B\beta$	$C\gamma$	$D\delta$
2	$B\gamma$	$A\delta$	$D\alpha$	$C\beta$
3	$C\delta$	$D\gamma$	$A\beta$	$B\alpha$
4	$D\beta$	$C\alpha$	$B\delta$	$A\gamma$

このグレコ・ラテン方格において，アルファベット4文字 A, B, C, D が，ある因子 A の4水準 A_1, A_2, A_3, A_4 を表し，ギリシャ文字 $\alpha, \beta, \gamma, \delta$ が別の因子 B の4水準 B_1, B_2, B_3, B_4 を表していると考える．さらに，4つの行は別の因子 R の4水準 R_1, R_2, R_3, R_4 を表し，4つの列は別の因子 C の4水準 C_1, C_2, C_3, C_4 を表すと考える．そうすると，表1.5のグレコ・ラテン方格から，4水準をもつ4つの因子 R, C, A, B に対し，表1.6の処理組合せが得られる．

4水準の因子4つを取り上げて要因実験を実施すれば，処理組合せの総数は $4^4 = 256$ である．表1.6では，その一部分の16とおりの処理組合せを考えている．ここで，R の第1水準 R_1 が実施される処理番号1〜4を見ると，他の3つの因子 C, A, B に関して第1水準から第4水準までの4水準が等しく実施されている．R の他の水準 R_2 (処理番号5〜8)，R_3 (処理番号9〜12)，R_4 (処理番号13〜16) についても同様である．したがって，因子 R の水準間の平均的効果 (主効果) を評価するときに，他の因子 C, A, B の影響を除くことができる．このこと

表 1.6 グレコ・ラテン方格による水準組合せ
(数字は，各因子の水準を表す)

処理番号	R	C	A	B	処理番号	R	C	A	B
1	1	1	1	1	9	3	1	3	4
2	1	2	2	2	10	3	2	4	3
3	1	3	3	3	11	3	3	1	2
4	1	4	4	4	12	3	4	2	1
5	2	1	2	3	13	4	1	4	2
6	2	2	1	4	14	4	2	3	1
7	2	3	4	1	15	4	3	2	4
8	2	4	3	2	16	4	4	1	3

は他の因子 C, A, B の主効果の評価に関しても成り立つ．

　ラテン方格やグレコ・ラテン方格を用いれば，要因実験よりも少ない数の処理数 (すなわち水準組合せ) で各因子の主効果を評価することができる．ただしラテン方格実験では，因子のあいだに交互作用が存在した場合，その大きさを評価することができない．さらに隠れた交互作用が主効果の評価に影響することもありうる．たとえば表 1.6 の処理組合せでは，因子 R と C とのあいだに交互作用が存在すれば，その交互作用が因子 A や因子 B の主効果に影響を与えてしまう．したがって，ラテン方格を用いて一部実施要因実験を計画する場合には，因子間に交互作用が存在するかどうかについて注意が必要である．

　一方，各因子の水準数が 3 と 4 の場合は，それぞれ，3 水準系の直交表 (第 7 章) と，2 水準系の直交表 (第 6 章) を用いてラテン方格と同等の実験を組むことができる．したがって，ラテン方格の方法論が使えるのは，各因子の水準数が 5 以上で，なおかつ因子間に交互作用が存在しないことが事前に分かっている場合である．そのため，本書ではラテン方格による実験計画については扱わない．

1.3 実験の配置

　実験において，1 つの処理を施す単位を**実験単位** (experimental unit) という．たとえば，農業実験における一定面積の農地，動物実験における 1 匹の動物，工業実験における 1 つの試験品などが実験単位となる．農業実験では伝統的に実験単位を**試験区** (plot) とよぶことも多い．実験処理を決定したあと，それを実験単位に割り当てることが実験配置の問題である．

1.3.1 Fisherの3原則

1.1.2項で述べたように，実験には必ず実験誤差が伴う．実験から有効な情報を引き出すためには

- 実験誤差をできるだけ小さくする
- 実験誤差の大きさを評価 (推定) する

必要がある．そのため Fisher は，

1) 反復 (replication) $\implies$ 誤差の推定，誤差の減少
2) 無作為化 (randomization) $\implies$ 系統誤差を偶然誤差に転換
3) 局所管理 (local control) $\implies$ 大きな系統誤差の除去

の3つの原則に基づいて処理を実験単位に配置することを提唱した．これを **Fisher の3原則** (Fisher's three principles) という．

1.3.2 反 復

a. 誤差の推定と統計的検定

同じ処理を少なくとも2つ以上の実験単位に配置することを**反復** (replication) という．実験後に誤差の大きさを推定するためには，必ず反復を実施しなければならない．たとえば，次の3つの仮想的な状況を考える．

表 1.7 水稲 2 品種の比較 (t/ha; V_1: 新品種, V_2: 標準品種)

	例 1 (反復なし)		例 2 (4 反復)		例 3 (4 反復)	
	V_1	V_2	V_1	V_2	V_1	V_2
	5.2	4.2	5.8	4.6	5.6	4.2
			4.5	3.3	4.9	3.8
			6.3	3.5	5.2	3.9
			4.2	5.4	5.1	4.9
平均			5.2	4.2	5.2	4.2

表1.7において例1は，2つの品種に関して反復を行うことなく，それぞれ1つの実験単位 (試験区) で実験を行い，新品種 V_1 と標準品種 V_2 とのあいだに 1.0 t/ha の収量差が観測されたものである．実験には必ず実験誤差が伴うので，例1 (反復なし) の状況からは 1.0 t/ha の差が本当に品種間の差なのか，実験誤差によるものなのかを判断することができない．

統計的検定の考え方は次のように模式的に示すことができる．まず反復を行うことによって，誤差の推定値を計算することができる．次に興味のある処理間の

差をこの誤差の推定値と比較する．その比の大きさによって，次のように判断する (実際の統計的検定手順については第 2 章以降に詳しく解説する)．

- $\dfrac{処理間の差}{誤差の推定値}$ が小さい $\Longrightarrow$ 処理間の差は実験誤差によるものと考えられる (例 2, 統計的有意差なしと判定)
- $\dfrac{処理間の差}{誤差の推定値}$ が大きい $\Longrightarrow$ 処理の効果があると判定 (例 3)

反復がない場合 (表 1.7, 例 1), 誤差の推定値を計算できないので，このような統計的検定を実施することができない．すなわち，統計的な推測を行うためには，実験誤差の推定値を得るために必ず反復を実施しなければならない．

熟練した研究者・技術者の中には，長年の経験により誤差の大きさを知っていると主張する人がいるかもしれない．しかし過去の知見が現在の実験に当てはまる保証はないので，必ず現在の実験の中において反復を実施し，誤差の大きさを推定しなければならない．

b. 偽の反復

反復を実施するとき，そこから計算される誤差の推定値は，処理間の差を比較する際に現れる誤差を正しく表現することが重要である．

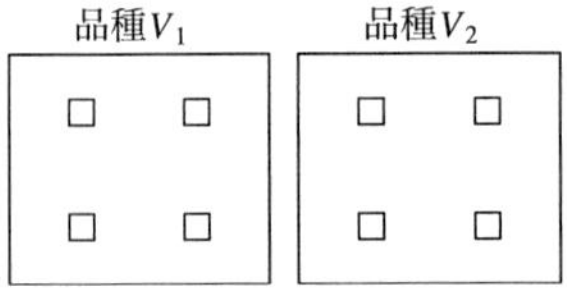

図 1.10 正当でない反復 (例 1)
各試験区 (plot) 内の 4 つの小区画を調査

表 1.8 正当でない反復 (例 2)

処理	硬度を 4 回繰返し測定
試験品 A_1	y_{11} y_{12} y_{13} y_{14}
試験品 A_2	y_{21} y_{22} y_{23} y_{24}

図 1.10 (農業実験) では，1 つの実験単位 (試験区) 内で $1\,\mathrm{m} \times 1\,\mathrm{m}$ の小区画を 4 か所調査している．また，表 1.8 (工業実験) では，1 つの処理で 1 つの試験品を製作し，4 回の測定を繰り返している．いずれの例も形式上は複数の値が観測されているように見える．しかし，このような複数の値からの誤差の推定値は，処理間の比較を行う際の誤差を正しく推定していない (多くの場合，誤差を過小評価している)．このように，1 つの実験単位内で複数の測定値を観測することを**偽の反復** (false replications) という．

正しい反復では，たとえば反復数を 4 とすると，農業実験では 1 つの処理に対して試験区を 4 つ用意し，工業実験では 1 つの処理に対して試験品を 4 つ製作し

c. 反復による誤差の減少

基礎的な統計学の知識によると，n 回の反復データの平均値 $\bar{y}. = \sum_{i=1}^{n} y_i/n$ の分散は，個々のデータ y_i の分散の $1/n$ になる (標準偏差は $1/\sqrt{n}$ になる). したがって，反復数を増やすほど平均値 $\bar{y}.$ の誤差が減少する (母平均 μ に関する推定精度は高くなる). 図 1.11 に 4 反復の平均値の分布を示す.

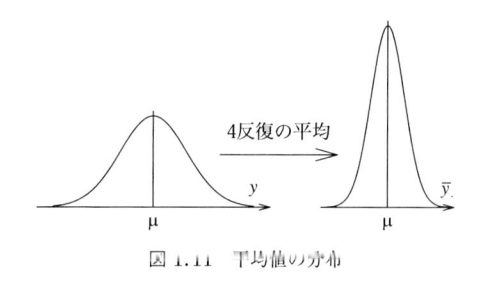

図 1.11 平均値の分布

【注 反復と繰返し】 文献によっては，後述する乱塊法 (1.3.5 項) によって処理組合せの一揃いをブロックとして実施する場合を反復 (replication) とよび，ブロックを構成することなく完全無作為化法で処理を複数の実験単位で実施することを繰返し (repetition) とよぶ場合がある. 海外の文献においては，どちらも "replication" の用語が使われる場合が多い. 本書においても，乱塊法か完全無作為化法かは配置の方法として明記し，反復と繰返しの用語は区別しない.

1.3.3 無作為化

a. 無作為化の役割

実験に伴う誤差としては，偶然誤差 (random error) と系統誤差 (systematic error) とが考えられる. 偶然誤差は各実験単位において確率的に生じる誤差である. 反復の実施 (1.3.2 項) と確率論の議論により，その大きさを評価 (推定) することができる. 一方，系統誤差は一定の方向に偏り (bias) を生じさせるような誤差である. たとえば，農業実験における肥沃度の不均一性，医薬実験における年齢・体重のアンバランス，工業実験における室内条件 (温度・湿度) の日間変化などにより生じる誤差である.

系統誤差が存在するとき，実験処理を規則的に配置すると処理間の比較において系統誤差のために大きな偏りが生じる可能性がある. この系統誤差の影響を防ぐためには，処理を実験単位にランダムに (無作為に) 割り当てればよい. この

方法を**無作為化** (randomization) という．ランダム化とよばれることもある．たとえば，農業実験では処理を試験区にランダムに配置する．工業実験では試験品をランダムな順序で製作する．無作為化により，系統誤差を偶然誤差として扱うことができ，統計的手法の適用が可能となる．

- 無作為化の役割：系統誤差 $\Longrightarrow$ 偶然誤差に転換 $\Longrightarrow$ 統計的解析が可能

例 1.1 射出成形によるプラスチック加工 (一元配置完全無作為化法)

射出成形によるプラスチック製品の加工において，金型温度が製品の引張強度 y に与える影響を調べる．因子として金型温度 (A) を取り上げ，温度を 4 水準に設定する (表 1.9)．各処理温度に対して，3 回の繰返し (反復) を行う．したがって，12 個の試験品を製作する．実験は，表 1.9 の「ランダムな実験順序」に従って実施する．

表 1.9 射出成形加工における実験順序の無作為化

処理水準	金型温度	ランダムな実験順序			規則的な実験順序		
A_1	40℃	12	6	8	1	2	3
A_2	60℃	1	5	11	4	5	6
A_3	80℃	3	10	2	7	8	9
A_4	100℃	9	4	7	10	11	12

この実験方法は後述する完全無作為化法 (1.3.5 項) とよばれる配置になっている．

例 1.1 では，表 1.9 の右側に示した規則的な順序で実験を実施する方が実験手順としては容易である．しかし規則的な順序では処理 A_1 は実験開始直後に実施され，処理 A_4 は実験後半に実施されることになる．そうすると，実験室条件 (温度や湿度など) の時間的変化や，作業員の慣れなどの系統誤差が，因子 A の水準間の比較に偏りをもたらす可能性がある．そのような系統誤差による偏りを防ぐためには，常に無作為化を行うことが重要である．

b. 無作為化の方法

実験単位に処理をランダムに配置するためには，サイコロ，トランプ，乱数表などを利用する．たとえば例 1.1 で，トランプを利用して実験順序をランダムに割り当てるには次のようにする．試験品の総数を 12 とすると，1 から 12 までの数字の書かれた 12 枚のカードを用意し，よく切ったあと，順に 12 枚のカードを

1.3 実験の配置

表 1.10 Excel によるランダム化の例

	A	B	C	D	E	F
1	Excel によるランダム化					
2	0.003	0.295	0.236	12	6	8
3	0.904	0.414	0.098	1	5	11
4	0.645	0.166	0.747	3	10	2
5	0.193	0.615	0.266	9	4	7

列 D の数式	列 E の数式	列 F の数式
=RANK(A2,$A$2:$C$5)	=RANK(B2,$A$2:$C$5)	=RANK(C2,$A$2:$C$5)
=RANK(A3,$A$2:$C$5)	=RANK(B3,$A$2:$C$5)	=RANK(C3,$A$2:$C$5)
=RANK(A4,$A$2:$C$5)	=RANK(B4,$A$2:$C$5)	=RANK(C4,$A$2:$C$5)
=RANK(A5,$A$2:$C$5)	=RANK(B5,$A$2:$C$5)	=RANK(C5,$A$2:$C$5)

並べる．仮にその順番が 12, 6, 8, 1, 5, 11, 3, 10, 2, 9, 4, 7 となったとすると，処理 A_1 は 6, 8, 12 番目に実施する．以下同様にして，A_2 は 1, 5, 11 番目，A_3 は 2, 3, 10 番目，A_4 は 4, 7, 9 番目に実施する (表 1.9)．

無作為化はコンピュータ上のソフトウェアを用いても実施することができる．表計算ソフト (たとえばマイクロソフト社 Excel) を用いる場合は，12 個の乱数をセル$A$2:$C$5 に発生し，RANK() 関数で順位付けを行えばよい (表 1.10)．統計パッケージ R では，sample.int(n) 関数により，1〜n までのランダムな整数を得ることができる (出力 1.1)．

出力 1.1 R によるランダム化の例

```
> matrix(sample.int(12), ncol=3)
     [,1] [,2] [,3]
[1,]    6    9    2
[2,]   10   12    8
[3,]    7    1    5
[4,]    4   11    3
```

実験全体が数段階にわたる場合の無作為化には注意が必要である．たとえば例 1.1 において，試験品製作後の強度測定の段階で，$A_1 \to A_1 \to A_1 \to A_2 \to A_2 \to A_2 \to A_3 \to A_3 \to A_3 \to A_4 \to A_4 \to A_4$ という規則的な順序で測定すると，測定時における系統誤差により再び処理の比較に偏りが生じる可能性がある．この場合，測定においても最初の実験順序 (表 1.9) と同じ順序で測定するか，あるいは測定の際に新たに無作為化を実施すればよい．

1.3.4 局所管理

処理数や反復数が増えると多くの実験単位が必要となり，そのため大きな系統誤差が生じる可能性がある．たとえば，農業実験では広い農地面積を必要としたり，工業実験では数日から数週間にわたって実験を実施する必要が生じたりする．そして，離れた場所の肥沃度の違い (農業実験) や，実験日の違いによる実験条件の違い (工業実験) などが大きな系統誤差になりうる．

このとき，大きな系統誤差となりうる原因があらかじめ分かっている場合は，それを因子として取り上げ，その水準間の差を誤差から取り除くことができる．まず実験全体を複数のブロック (block) に分割する．ブロック内に処理をランダムに配置するとともに，ブロック内では実験の場をできる限り均一に管理する．このようにして，処理の比較において系統誤差の影響を除く方法を局所管理 (local control)，またはブロック化 (blocking) という．ブロックを構成するために導入した因子をブロック因子とよぶ．

例 1.2 小麦品種比較実験 (一元配置乱塊法)

図 1.12 に，小麦 5 品種 (因子 V) を比較するための実験を 3 つのブロックで実施するための圃場 (ほじょう，実験農地) 配置を示す．特性値としては，収量 y (t/ha) を観測する．

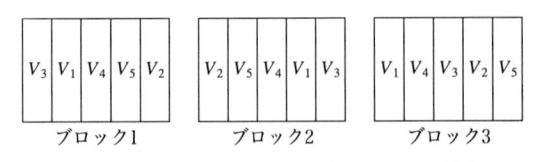

図 1.12 局所管理による小麦品種比較実験 (乱塊法)

圃場実験 (農場実験) では，一般に狭い範囲の方が地力など系統誤差の変動が小さいことが知られているので，まず地理的に近い 5 つの試験区をまとめて 1 つのブロックとし，全体で 3 つのブロックを構成する．各ブロック内では 5 つの処理をランダムに試験区に割り当てる．常に各ブロック内で 5 つの処理が比較されている．このブロック内の比較においては系統誤差の影響は小さい．こうしてブロック内での比較が 3 回反復されていることになる．したがって，ブロック間には大きな系統誤差があっても，興味の対象となっている処理の比較には影響しないのである．この例は後述する乱塊法とよばれる実験配置になっている．

このように，ブロック間に大きな差があっても，処理の比較には影響しないので，別の大きな系統誤差を生じる可能性のある原因は，すでに構成したブロックに重ねるべきである．たとえば上の品種比較実験の例で，作業が数日にわたる場合，あるいは複数の作業員を必要とする場合，作業の切り替えとブロックの切り替えを重ね合わせる．すなわち，1つのブロックは同じ日に同じ作業員で作業する．また，試料の分析が1日で終了しない場合には，1つのブロック内の試料は同じ日に分析するようにする．こうすることによって，作業日や作業員の違いはブロック間の差となり，処理の比較から除くことができる．工業実験においても，資材の種類・作業日・作業員など系統誤差となりうる原因はすべてブロックに重ね合わせることによって，取り上げた処理の比較から影響を除くことができる．

前項 (1.3.3項) の無作為化の原則は，系統誤差を偶然誤差に転換することによって，統計的解析手法の適用を可能とするものである．これに対して局所管理の原則は，処理の比較において系統誤差の影響を積極的に取り除く方法である．巧みにブロックを構成することによって系統誤差の影響を大幅に減少できる場合があるので，常にブロックの導入を検討してみることは有効である．

ブロック内はできる限り均一に管理したとしても，さらに予測できない系統誤差が存在する可能性があるので，ブロック内では処理をランダムに配置する．

1.3.5 実験配置に基づく実験の分類

1.2.5項では，処理の選定の観点から表1.3のように実験計画を分類した．実験計画は実験配置の観点からは表1.11のように分類される．表1.3と表1.11を組み合わせることによって実施する実験計画が完成する．基本となるのは，表1.3における一元配置・二元配置を表1.11における完全無作為化法・乱塊法で実施するものである．

a. 完全無作為化法実験

Fisherの3原則のうち，繰返し (反復) と無作為化の原則により，処理を実験単位に完全にランダムに配置する方法を**完全無作為化法** (completely randomized design) という．実験全体にわたって系統誤差が想定されず，ブロックを構成する必要がない場合にこの方法が使われる．

一元配置 (1因子実験)，二元配置 (2因子実験) のいずれも完全無作為化法による実施が可能である．例1.1の射出成形によるプラスチック加工 (表1.9) は完全無作為化法による一元配置実験 (1因子実験) の例である．

表 1.11 実験配置に基づく実験の分類

ブロックの導入の観点
- 完全無作為化法 (ブロックを導入しない)
- ブロック計画
  ○ 乱塊法 (完備ブロック計画)
  ○ 不完備ブロック計画 (処理の一部分をブロック内で実施)
    – 連結型 (すべての処理比較が可能)
      釣合い型不完備ブロック計画 (BIBD) など
    – 交絡法 (ブロックと高次交互作用を交絡)
      直交表を利用
  ○ 2 種類のブロック因子を導入
    – ラテン方格法, 直交表

無作為化の手順の観点
- 分割法 (多元配置で無作為化を段階的に実施)

完全無作為化法による二元配置実験 (2 因子実験) の例としてラット毒性試験の例を以下に与える.

例 1.3　ラット毒性試験 (二元配置完全無作為化法)

因子としてラットの性別 S (S_1: 雄, S_2: 雌) と薬剤濃度 C (C_1: 0 ppm, C_2: 25 ppm, C_3: 50 ppm, C_4: 100 ppm) を取り上げる. 処理の数は $2 \times 4 = 8$ である. 8 つの処理を 5 匹ずつ (合計 40 匹) のラットにランダムに施す (表 1.12). 特性値として, 13 週後の赤血球数 y ($\times 10^4$) を観測する.

表 1.12　ラット毒性試験におけるランダム配置

薬剤濃度 C		雄 S_1: 個体番号					雌 S_2: 個体番号				
C_1:	0 ppm	5	2	17	3	7	40	35	26	24	30
C_2:	25 ppm	13	1	14	19	20	27	31	37	25	34
C_3:	50 ppm	16	8	10	6	15	23	36	33	32	29
C_4:	100 ppm	18	11	9	4	12	39	22	28	21	38

b. 乱塊法実験

局所管理の原則に基づいてブロックを構成し, ブロック内で処理組合せの一式をランダムに配置する方法を乱塊法 (らんかいほう, randomized block design) という. 乱塊法は, 実験配置に関する Fisher の 3 原則 (反復, 無作為化, 局所管理) を取り入れた方法である. 1.3.4 項 (局所管理) で説明したように, 乱塊法においては処理の比較においてブロック間の差は影響しない.

完全無作為化法の場合と同様に, 一元配置 (1 因子実験), 二元配置 (2 因子実験) のいずれも乱塊法による実験が可能である. 例 1.2 の小麦品種比較実験 (図

1.12) は乱塊法による一元配置実験 (1 因子実験) の例である.

例 1.4　プラスチック射出成形実験 (一元配置乱塊法)

例 1.1 の射出成形実験において，実験全体が数日にわたる場合を考える．いま，1 日に 4 個の試験品を製作することができるとする．表 1.9 の完全無作為化法だと，第 1 日目に処理 A_3 は 2 回実施されることになる．実験日によって設定条件に偏りが生じる可能性がある場合は，1 日の中で処理 A_1, A_2, A_3, A_4 の一式を実施する方が望ましい．そこで，乱塊法による実験を考える．表 1.13 に示すように，各ブロック内で処理の一式をランダムな順序で実施する．ブロックの水準間には大きな差があってもよいので，表 1.13 のように週をまたいで実験日 (ブロック) を構成することも可能である．また実験日 (ブロック) ごとに作業員が異なっても構わない．

表 1.13　乱塊法による射出成形加工実験
(各実験日 (ブロック) 内での実験順序)

処理	金型温度	木曜日 (R_1)	金曜日 (R_2)	月曜日 (R_3)
		ブロック (実験日) R		
A_1	40℃	4	3	3
A_2	60℃	2	2	4
A_3	80℃	1	4	1
A_4	100℃	3	1	2

例 1.5　大豆播種期・栽植密度実験 (二元配置乱塊法)

乱塊法による二元配置実験 (2 因子実験) の例として，大豆についての播種期 3 水準 (因子 D) と株間隔 (栽植密度) 3 水準 (因子 S) の 2 つの因子の効果を調べる実験を考える．

- ブロック (R)：　　R_1, R_2, R_3
- 播種期 (因子 D)：　5 月 (D_1), 6 月 (D_2), 7 月 (D_3)
- 株間隔 (因子 S)：　10 cm (S_1), 20 cm (S_2), 30 cm (S_3)
- 品種：　　　　　　タマホマレ

圃場実験では肥沃度などの系統誤差が存在する可能性があるので，3 反復の乱塊法実験を行う．まず，圃場 (実験農地) 全体を 3 つのブロックに分け，各ブロック内に $3 \times 3 = 9$ とおりの処理をランダムに配置する (図 1.13).

R_1	R_2	R_3
D_3S_2 D_1S_3 D_3S_3 D_1S_2 D_2S_3 D_1S_1 D_3S_1 D_2S_2 D_2S_1	D_3S_2 D_1S_3 D_1S_2 D_1S_1 D_3S_1 D_2S_2 D_2S_1 D_3S_2 D_2S_3	D_2S_3 D_2S_2 D_2S_1 D_3S_3 D_3S_1 D_1S_3 D_1S_2 D_1S_1 D_3S_2

図 1.13 乱塊法による大豆播種期・栽植密度実験

【注 多元配置の用語について】 文献によっては「n元配置」というとき，ブロック因子を含めてnを数える流儀もあるので注意が必要である．この流儀だと，1因子実験を乱塊法で実施する場合 (例 1.2，例 1.4)，興味の対象となる因子が1つとブロック因子が1つ存在するので，これらの実験配置は二元配置とよばれる．したがって，文献によって「二元配置」と書かれているとき，

- 興味の対象となる因子が2つ (例 1.3)
- 興味のある因子が1つとブロック因子が1つ (例 1.2，例 1.4)

のどちらなのかに注意する必要がある．本書では，興味のある因子の数に応じて「一元配置」，「二元配置」とよぶ (ブロック因子はn元配置のnに含めない).

【注 完備ブロック計画の用語について】 以下に説明する不完備ブロック計画と区別するため，乱塊法は完備ブロック計画 (randomized complete block design, RCBD) と表現されることもある．特に海外の文献でRCBDの用語が使われることが多い．完全無作為化法の英語表現における "completely randomized" とRCBDの "complete block" では "complete" の用法が違うので注意が必要である．

c. 不完備ブロック計画

処理数が多いため，各ブロック内においてすべての処理組合せを実施することができず，各ブロックでは処理の一部分を実施する配置法を不完備ブロック計画 (incomplete block design) という．農業の品種比較実験では取り扱う品種数が多いため，伝統的に不完備ブロック計画が使われてきた．また食品の官能検査では，1人の検査員が多くの種類の食品を食味することができないため，この実験計画が採用される．不完備ブロック計画のうち，処理をバランスよく配置することによってすべての処理比較を同じ精度で推定することのできる配置を釣合い型不完備ブロック計画 (balanced incomplete block design, BIBD) という．釣合い型不完備ブロック計画については第8章において解説する．

直交表による多因子計画において，高次交互作用と交絡させることによってブロックを構成する方法は，第6章・第7章において解説する．

d. ラテン方格法による 2 種類のブロックの導入

1.2.6 項において，ラテン方格を利用した一部実施要因実験の構成法を考えた．1.2.6 項では，4 水準をもつ 4 つの因子 R, C, A, B について，主効果のみを評価する実験計画が与えられている (表 1.6)．

表 1.6 グレコ・ラテン方格による水準組合せ (再掲)

処理番号	R	C	A	B	処理番号	R	C	A	B
1	1	1	1	1	9	3	1	3	4
2	1	2	2	2	10	3	2	4	3
3	1	3	3	3	11	3	3	1	2
4	1	4	4	4	12	3	4	2	1
5	2	1	2	3	13	4	1	4	2
6	2	2	1	4	14	4	2	3	1
7	2	3	4	1	15	4	3	2	4
8	2	4	3	2	16	4	4	1	3

ここで，因子 R と C をブロック因子とみなせば，2 種類のブロック因子を導入することができる．たとえば工業実験において，実験が 4 日にわたるとすれば，因子 R の 4 つの水準 R_1, R_2, R_3, R_4 を実験日を表すブロックと考えることができる．さらに 1 日の中でも実験開始からの実験順序が系統誤差を与える可能性があれば，その実験順序を因子 C として導入することができる．因子 A を水準間の比較に興味のある因子とすれば，その第 1 水準 A_1 は常にブロック R_1, R_2, R_3, R_4 で 1 回ずつ実施されるとともに，ブロック C_1, C_2, C_3, C_4 においても 1 回ずつ実施されている．このことは因子 A の他の水準 A_2, A_3, A_4 においても成り立つ．したがって，因子間に交互作用が存在しなければ，因子 A の主効果の比較においてブロック R とブロック C の系統誤差の影響を除くことができる．

ただし，ラテン方格を 2 つのブロックの導入に利用する場合も，1.2.6 項に述べた注意がそのまま当てはまる．まず，各因子の水準数が 3 か 4 であれば，直交表を用いて 2 種類のブロックを構成することができるので，ラテン方格が有効なのは水準数が 5 以上の場合である．また，興味の対象となる因子やブロック因子のあいだの交互作用が主効果の比較に影響を及ぼすので注意が必要である．

e. 分割法

2 つ以上の因子を取り上げる多元配置 (多因子実験) において，無作為化を段階的に行う方法を分割法 (split-plot design) という．たとえば 2 つの因子を A と B とすると，まず因子 A の各水準を大きな実験単位にランダムに配置し，次に因

子 A の各水準の中で因子 B の水準をランダムに配置する方法である．分割法の利用法については第 5 章で解説する．

1.3.6 実験計画における注意

以下に実験の計画段階におけるいくつかの注意点を挙げておく．

a. サンプルサイズの決め方

サンプルサイズ (標本サイズ，反復数) をいくらにするかについては，実験誤差の大きさと，どれくらいの処理間差を検出したいのかによる．これは，研究・技術開発の目的や扱っている実験材料に依存する．一方，実験誤差の推定の観点からは，分散分析における誤差の自由度が小さいと (自由度が 1 や 2 の場合)，誤差分散の推定値がきわめて不安定になる．したがって，誤差の自由度がある程度以上 (たとえば 5 以上) となるように実験全体の反復数を決めることが望ましい．

臨床試験などの分野では，検出したい効果の差 (対照薬と新薬の治療効果の差など) に対して，検出力 (実際に差があるときに有意差ありと判定する確率) が一定値以上 (80～90% など) となるように，サンプルサイズ決定することが求められる場合がある．このような場合のサンプルサイズの計算については，永田 (2003)，丹後 (2013) などを参照されたい．

b. 実験計画書の作成

実験の計画を立てたあとは，実験を実施する前に**実験計画書**を作成し，次のような項目を文書化しておく．

- 実験の目的と検証しようとしている仮説
- 実験処理の内容 (取り上げた因子と水準)
- 実験配置 (工業実験における実験順序や，農業実験における農場配置図など) 処理は無作為化の原則 (1.3.3 項) に従って実験単位にランダムに割り当てられるので，間違って割り当てられたり，データの転記間違いが起こったりすることのないよう，処理と実験単位との対応を明確にしておく．
- 測定すべき特性値，測定時期，測定方法など
  農業実験や生物検定実験では，複数の特性値を観測することも多い．また複数の人により観測 (データ収集) が行われる場合は，測定方法などを明確化しておく．
- データ解析において実行する統計手法

実験後に実施するデータ解析において設定する仮説や，その検定のために用いる統計手法は実験計画の段階で決めておくことが望ましい．

c. 欠測値

取り上げた処理以外の理由により，データが得られなかったものを欠測値 (missing value) という．欠測値が生じると，実験後のデータ解析が著しく複雑になったり，解析自体が不可能になったりすることがあるので，不注意などによって欠測値が生じることのないよう細心の注意を払わなければならない．また，取り上げた処理とは別の原因であることが明確な場合以外は，異常に見えるデータを恣意的に欠測値として扱ってはいけない．

医薬実験などにおいては，除外例・脱落例が避けられない場合もある．そのときも，データ解析の際に検討できるように除外・脱落の理由を記録しておくことが必要である．

Chapter 2

一元配置実験の解析

 1つの因子を取り上げた一元配置について,完全無作為化法と乱塊法で実施した場合の解析法を解説する.一元配置実験の解析は,Fisher の考案した「分散分析法」を理解するための基本となる.本章では第 1 章で例示した実験計画に基づくデータを用いているので,各データがどういう実験計画に基づいて得られたものであるかを理解しながら本章を読み進めていただきたい.

 本書では観測データについて,確率変数と考える場合も実際の実現値と考える場合も,ともにアルファベットの小文字を用いて y_{ij} や $\bar{y}_i.$ のように表す.確率変数と考えて $\bar{y}_i. \sim N(\mu_i, \sigma^2/n)$ と表現することもあるし,実際の実現値を表して $\bar{y}_1. = 6.00$ のように書くこともある.

2.1 一元配置完全無作為化法

2.1.1 一元配置完全無作為化実験のデータ

 まず最初に,繰返し数 (反復数) の等しい一元配置完全無作為化法実験のデータを考える.繰返し数が異なる場合は 2.1.8 項で扱う.一般に因子 A は a 個の水準 $A_1, \ldots, A_a$ をもち,各水準において n 回の繰返しを行い,n 個の値を観測するものとする.水準 A_i の第 j 番目の観測データを y_{ij} $(i = 1, \ldots, a;\ j = 1, \ldots, n)$ と表す (表 2.1).なお,1.2.5 項で因子の水準組合せを「処理」と定義した.したがって一元配置実験では水準と処理とは同義となる.すなわち,a 個の水準をもつ一元配置実験では,a とおりの処理があることになる.

 射出成形によるプラスチック製品の引張強度実験のデータを表 2.2 に示す.その実験計画は例 1.1 (表 1.9) に与えられている.因子 A は金型温度であり,4 水準をもつ.それぞれの水準で 3 つの試験品を製作し,特性値として引張強度 (kgf/mm^2) を測定した.ここではランダムな順序で行われた実験のデータが規則的に整理されている.

表 2.1 一元配置完全無作為化法実験のデータ

処理	繰返し			合計	平均
	1	$\cdots$ j $\cdots$	n		
A_1	y_{11}	$\cdots$ y_{1j} $\cdots$	y_{1n}	$T_1.$	$\bar{y}_1.$
$\vdots$	$\vdots$	$\vdots$	$\vdots$	$\vdots$	$\vdots$
A_i	y_{i1}	$\cdots$ y_{ij} $\cdots$	y_{in}	$T_i.$	$\bar{y}_i.$
$\vdots$	$\vdots$	$\vdots$	$\vdots$	$\vdots$	$\vdots$
A_a	y_{a1}	$\cdots$ y_{aj} $\cdots$	y_{an}	$T_a.$	$\bar{y}_a.$
			総合計	$T..$	
			総平均		$\bar{y}..$

表 2.2 プラスチック製品の引張強度 (kgf/mm^2)
(一元配置完全無作為化法)

処理	金型温度	繰返しデータ			合計	平均
A_1	40℃	6.2	5.0	6.8	18.0	6.00
A_2	60℃	8.9	5.9	8.1	22.9	7.63
A_3	80℃	9.9	9.4	8.3	27.6	9.20
A_4	100℃	9.1	9.2	8.4	26.7	8.90
				総合計	95.2	
				総平均		7.93

2.1.2 分散分析の考え方

われわれのデータ全体は値が変動している．たとえば表 2.2 の 12 個の観測値は変動している．その変動は，

1) 処理の違いによる変動
2) 実験誤差による変動

の 2 つの要因に基づくものである．

分散分析 (analysis of variance, ANOVA) は，データ全体の変動を，異なる要因による変動に分解することによって，データを解析する統計手法である．図 2.1 は，分散分析の考え方を示したものである．

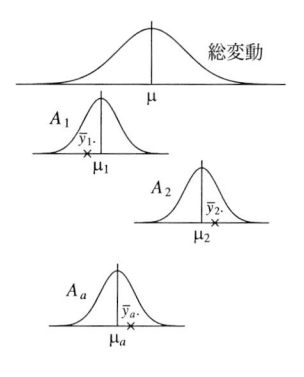

図 2.1 分散分析 (変動の分解)

2.1.3 平方和の計算と自由度

表 2.1 において，添え字の "." (ドット) の記号は，対応する添え字に関して合

計や平均を計算することを意味する．すなわち，

$$処理合計：T_{i.} = \sum_{j=1}^{n} y_{ij}$$

$$処理平均：\bar{y}_{i.} = \frac{1}{n}\sum_{j=1}^{n} y_{ij} = \frac{T_{i.}}{n}$$

$$総合計：T_{..} = \sum_{i=1}^{a}\sum_{j=1}^{n} y_{ij}$$

$$総平均：\bar{y}_{..} = \frac{1}{a}\sum_{i=1}^{a} \bar{y}_{i.} = \frac{1}{an}\sum_{i=1}^{a}\sum_{j=1}^{n} y_{ij} = \frac{T_{..}}{an}$$

である．

個々の観測値と総平均との差 $y_{ij} - \bar{y}_{..}$ は

$$y_{ij} - \bar{y}_{..} = (\bar{y}_{i.} - \bar{y}_{..}) + (y_{ij} - \bar{y}_{i.})$$

と表される．第1項は処理の違いによる効果，第2項は各処理内での実験誤差を表している．両辺を2乗して和を計算することにより，次の3つの平方和 (sum of squares) が得られる．

- 総平方和 (total sum of squares)：

$$S_T = \sum_{i=1}^{a}\sum_{j=1}^{n}(y_{ij} - \bar{y}_{..})^2 = \sum_{i=1}^{a}\sum_{j=1}^{n} y_{ij}^2 - \frac{T_{..}^2}{an} \tag{2.1}$$

$$自由度：\nu_T = an - 1 \tag{2.2}$$

1) 処理平方和 (treatment sum of squares)：

$$S_A = \sum_{i=1}^{a}\sum_{j=1}^{n}(\bar{y}_{i.} - \bar{y}_{..})^2 = n\sum_{i=1}^{a}(\bar{y}_{i.} - \bar{y}_{..})^2$$

$$= n\sum_{i=1}^{a} \bar{y}_{i.}^2 - an\bar{y}_{..}^2 = \sum_{i=1}^{a}\frac{T_{i.}^2}{n} - \frac{T_{..}^2}{an} \tag{2.3}$$

$$自由度：\nu_A = a - 1 \tag{2.4}$$

2) 誤差平方和 (error sum of squares)：

$$S_e = \sum_{i=1}^{a}\sum_{j=1}^{n}(y_{ij} - \bar{y}_{i.})^2 \tag{2.5}$$

$$自由度：\nu_e = a(n-1) \tag{2.6}$$

これら3つの平方和のあいだには,

$$S_T = S_A + S_e \tag{2.7}$$

という加法関係が成り立つ (証明は付録 A.2.2 項に与える). 自由度に関しては, 容易に

$$\nu_T = \nu_A + \nu_e \tag{2.8}$$

の関係が確認できる.

【注 平方和と自由度】 平方和 (sum of squares) は,その名前のとおり「平方」の「和」であり,それぞれ意味のある変動を示している. たとえば総平方和

$$S_T = \sum_{i=1}^{a} \sum_{j=1}^{n} (y_{ij} - \bar{y}_{..})^2$$

は an 個のデータ全体の変動を表している. 平方和に付随する自由度 (degrees of freedom) も,その名前のとおり「自由」の「程度」を表す. 平方和の計算において,2 乗する前の偏差 $(y_{ij} - \bar{y}_{..})$ には

$$\sum_{i=1}^{a} \sum_{j=1}^{n} (y_{ij} - \bar{y}_{..}) = T_{..} - an\,\bar{y}_{..} = 0$$

という制約条件が1つ成り立っているので,総平方和の自由度は $\nu_T = an - 1$ となる. 処理平方和 S_A は,本質的に a 個の偏差 $\bar{y}_{i.} - \bar{y}_{..}$ の平方の和である. しかし,

$$\sum_{i=1}^{a} (\bar{y}_{i.} - \bar{y}_{..}) = a\,\bar{y}_{..} - a\,\bar{y}_{..} = 0$$

という制約条件があるので,自由度は $\nu_A = a - 1$ となる. 誤差平方和 S_e に関しては, 各水準 A_i ごとに

$$\sum_{j=1}^{n} (y_{ij} - \bar{y}_{i.}) = T_{i.} - n\,\bar{y}_{i.} = 0 \quad (i = 1, \ldots, a)$$

という制約条件があり,これがすべての水準で成り立つので自由度は $\nu_e = a \times (n-1)$ となる.

なお,本書では自由度の記号としてギリシャ文字 ν (「ニュー」と読む) を使う (付録 A.1.2 項参照).

2.1.4 分散分析表の作成

総平方和 S_T は,an 個の数値 y_{ij} の全体的な変動を表す. 処理平方和 S_A は, 処理平均 $\bar{y}_{i.}$ 間の変動,すなわち処理の違いによる変動を表している. 誤差平方和

S_e は，処理水準 A_i を固定してその中での変動を計算し，それをすべての水準にわたって合計しているので，実験誤差による変動を表している．平方和 S_A, S_e を対応する自由度で割った値 $V_A = S_A/\nu_A$, $V_e = S_e/\nu_e$ を平均平方 (mean square)，または分散という．その比 $F_A = V_A/V_e$ を F 比 (F ratio) という．このように総平方和を意味のある個別の平方和に分解して解析する方法を分散分析とよび，その結果は表 2.3 の分散分析表 (ANOVA table) にまとめられる．右端の欄の E[V] (平均平方の期待値) については次項で説明する．

表 2.3 分散分析表 (一元配置完全無作為化法)

変動因	自由度	平方和	平均平方 V	F 比	E[V]
処理 A	$\nu_A = a-1$	S_A	$V_A = S_A/\nu_A$	V_A/V_e	$\sigma^2 + n\eta_A^2$
誤差 E	$\nu_e = a(n-1)$	S_e	$V_e = S_e/\nu_e$		σ^2
全体 T	$\nu_T = an-1$	S_T			

2.1.5 データの構造モデルと F 検定

a. 構造モデル

観測データは，次の構造モデル

$$y_{ij} = \mu_i + e_{ij} = \mu + \alpha_i + e_{ij}, \quad e_{ij} \sim N(0, \sigma^2) \tag{2.9}$$
$$(i = 1, \ldots, a;\ j = 1, \ldots, n)$$

に従うものとする．ここで，

μ_i : 水準 A_i における特性値の母平均

μ : 一般平均 (a 個の水準にわたる μ_i の平均)

$$\mu = \frac{1}{a} \sum_{i=1}^{a} \mu_i$$

α_i : 母平均 μ_i に関して一般平均 μ からの差であり，水準 A_i の効果を表す

$$\alpha_i = \mu_i - \mu \quad \left(\sum_{i=1}^{a} \alpha_i = 0\right)$$

e_{ij} : 平均 0，分散 σ^2 の正規分布 $N(0, \sigma^2)$ に従う実験誤差

である．

b. 平均平方の期待値

この構造モデルのもとで，処理平方和 S_A と誤差平方和 S_e の期待値は，

$$\mathrm{E}[S_A] = (a-1)\sigma^2 + n \sum_{i=1}^{a} \alpha_i^2$$

$$\mathrm{E}[S_e] = a(n-1)\,\sigma^2$$

で与えられる (証明は付録 A.2.2 項に示す).したがって,それぞれを自由度で割った平均平方の期待値は

$$\mathrm{E}[V_A] = \mathrm{E}\left[\frac{S_A}{\nu_A}\right] = \sigma^2 + n\,\eta_A^2 \qquad (2.10)$$

$$\mathrm{E}[V_e] = \mathrm{E}\left[\frac{S_e}{\nu_e}\right] = \sigma^2 \qquad (2.11)$$

となる.ここで,

$$\eta_A^2 = \frac{1}{a-1}\sum_{i=1}^{a}\alpha_i^2 \qquad (2.12)$$

は,各水準の母平均 $\mu_i = \mu + \alpha_i$ がどれくらい変動しているかを表している.表 2.3 の最後の欄 $E[V]$ は,この平均平方の期待値を示している.

誤差の平均平方 $V_e = S_e/\nu_e$ の期待値は,母平均 μ_i の値にかかわらず,常に σ^2 である.したがって,分散分析表における誤差の平均平方を用いてこの実験における誤差分散 σ^2 を

$$\hat{\sigma}^2 = V_e \qquad (2.13)$$

と推定することができる.この推定値は,以下の統計的検定・推定において使われる.また,現在の実験条件における実験誤差を表しており,今後の実験を計画するときにも役立てることができる.

c. 一様性の帰無仮説の検定

われわれの興味の対象となるのは,処理水準を変えることによって,特性値に対する効果に違いが出るかどうかということである.そこで,すべての処理間に差がないという帰無仮説 (null hypothesis)

$$H_A^0:\ \mu_1 = \cdots = \mu_a = \mu \quad (\alpha_1 = \cdots = \alpha_a = 0) \qquad (2.14)$$

を考える (図 2.2).

(2.12) 式の η_A^2 を使えば,(2.14) 式の帰無仮説は

$$\eta_A^2 = 0, \quad \mathrm{E}[V_A] = \sigma^2$$

と同値である.すなわち,帰無仮説が正しいとすれば処理の平均平方 $V_A = S_A/\nu_A$ も誤差分散 σ^2 を推定していることになる.一方,帰無仮説が成立していないと

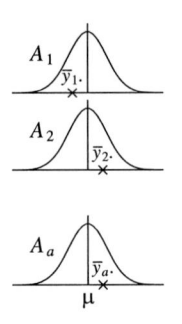

図 2.2 帰無仮説

きは $\eta_A^2 > 0$ であるから,$E[V_A] > \sigma^2$ となり,処理の平均平方 V_A は確率的に大きな値をとる.そこで,帰無仮説を検定するために,平均平方の比 $F_A = V_A/V_e$ を使い

$$F_A = \frac{V_A}{V_e} = \frac{S_A/\nu_A}{S_e/\nu_e} > F(\nu_A, \nu_e; \alpha) \tag{2.15}$$

のときに有意水準 α で帰無仮説 (2.14) 式を棄却する.$F(\nu_A, \nu_e; \alpha)$ は自由度 (ν_A, ν_e) の F 分布の上側 α 点である.有意水準 α としては,通常 5% ($\alpha = 0.05$),または 1% ($\alpha = 0.01$) が用いられる.比 $F_A = V_A/V_e$ は **F** 比とよばれ,(2.15) 式の検定方式は **F** 検定 (F test) とよばれる.帰無仮説のもとで F 比 $F_A = V_A/V_e$ は自由度 (ν_A, ν_e) の F 分布に従う(証明の概略は付録 A.2.2 項に示す).したがって帰無仮説が成り立つときに,F 検定により間違って帰無仮説を棄却する確率は α である.

【注】 ここで検定の有意水準を示すためにギリシャ文字の α を用いた.一方で,構造モデル (2.9) 式において因子 A の効果を α_i で表している.どちらも広く使われている表現方法であり,また混乱も少ないと思われるので,他の文献を読むときの便宜を考えて本書でもこの慣行に従った.添え字の付く α_i は効果を表し,添え字の付かない α は有意水準である.

d. 検定結果の表記

一般に F 検定の結果,5% 水準 ($\alpha = 0.05$) で有意なときは "*" を,1% 水準 ($\alpha = 0.01$) で有意なときは "**" を計算された F_A の値の後ろに付けることが行われる.

現在ではコンピュータによる確率計算が可能なので,次の **p-値** (p-value)

$$p = \Pr\{F > F_A = V_A/V_e\} \tag{2.16}$$

を示すソフトウェアも多い．ここで，F は自由度 (ν_A, ν_e) の F 分布に従う確率変数であり，$F_A = V_A/V_e$ はデータから計算された F 比の値である．p-値は，帰無仮説 $(H_A^0\colon \mu_1 = \cdots = \mu_a = \mu)$ のもとで，観測された $F_A = V_A/V_e$ の値がどれくらい珍しいことなのかを示している．

2.1.6　解析例

表 2.2 の射出成形によるプラスチック製品の引張強度実験の分散分析表を表 2.4 に示す．F 比は $F_A = 6.191 > 4.066 = F(3, 8; 0.05)$ であり 5% 水準で有意である $(F(3, 8; 0.01) = 7.591)$．また，p-値は $p = \Pr\{F > 6.191\} = 0.0176$ である．p-値に関して，$0.01 < p = 0.0176 < 0.05$ であるから，5% 水準で有意であり，1% 水準では有意でないことも分かる．

表 2.4　プラスチック製品の引張強度実験の分散分析表

変動因	自由度	平方和	平均平方	F 比	p-値
金型温度 A	3	19.100	6.367	6.191*	0.0176
誤差 E	8	8.227	1.028		
全体 T	11	27.327			

2.1.7　処理平均の推定

表 2.4 の分散分析において F 検定が有意ということは，因子 A の処理間 (水準間) に何らかの違いがあるということを意味している．処理間の平均の違いについて様々な検定を行うための多重比較法については第 3 章において解説する．本項では処理平均の推定について考える．

a.　母平均の推定

構造モデル (2.9) 式における A_i 水準における母平均 μ_i は，データから計算される処理平均

$$\bar{y}_{i.} = \frac{1}{n_i} \sum_{j=1}^{n_i} y_{ij} \sim N\left(\mu_i, \frac{\sigma^2}{n_i}\right)$$

によって推定される．ここでは次項で扱うアンバランストな場合も含めて，第 i 水準の繰返し数は n_i であるとする．処理平均 $\bar{y}_{i.}$ は，分散が σ^2/n_i となる．分散分析表の誤差の行から求められる σ^2 の推定値を $\hat{\sigma}^2$ (自由度 ν_e) とすると

$$t = \frac{\bar{y}_{i.} - \mu_i}{\hat{\sigma}/\sqrt{n_i}}$$

は自由度 ν_e の t 分布に従う．したがって，

$$\Pr\left\{\frac{|\bar{y}_{i\cdot} - \mu_i|}{\hat{\sigma}/\sqrt{n_i}} \leq t(\nu_e; \alpha/2)\right\} = 1 - \alpha$$

より，母平均 μ_i の信頼区間

$$\bar{y}_{i\cdot} - \frac{\hat{\sigma}}{\sqrt{n_i}} t(\nu_e; \alpha/2) \leq \mu_i \leq \bar{y}_{i\cdot} + \frac{\hat{\sigma}}{\sqrt{n_i}} t(\nu_e; \alpha/2)$$

が得られる．ここで $t(\nu_e; \alpha/2)$ は自由度 ν_e の t 分布の片側 $\alpha/2$ 点 (両側 α 点) である．

たとえば表 2.2 (分散分析表は表 2.4) において，最大値が得られているのは第 3 水準である．その母平均の推定値は

$$\bar{y}_{3\cdot} = 9.20$$

であり，95% 信頼区間は，$n_i = 3$, $\hat{\sigma}^2 = 1.028$, $t(8; 0.05/2) = 2.306$ より

$$7.85 \leq \mu_3 \leq 10.55$$

となる．

b. 母平均の差の推定

実験においては取り上げた水準間に差があるかどうかを調べることが目的となる場合が多いので，母平均の差が興味の対象となる．水準 A_i と A_j の母平均の差 $\mu_i - \mu_j$ は，処理平均の差

$$\bar{y}_{i\cdot} - \bar{y}_{j\cdot} \sim N\left(\mu_i - \mu_j, \frac{\sigma^2}{n_i} + \frac{\sigma^2}{n_j}\right)$$

によって推定される．$\mu_i - \mu_j$ の信頼区間は μ_i の場合と同様にして

$$\bar{y}_{i\cdot} - \bar{y}_{j\cdot} - \hat{\sigma}\sqrt{\frac{1}{n_i} + \frac{1}{n_j}}\, t(\nu_e; \alpha/2) \leq \mu_i - \mu_j$$

$$\leq \bar{y}_{i\cdot} - \bar{y}_{j\cdot} + \hat{\sigma}\sqrt{\frac{1}{n_i} + \frac{1}{n_j}}\, t(\nu_e; \alpha/2)$$

によって得られる．たとえば $\mu_3 - \mu_1$ の推定値と信頼区間は

$$\bar{y}_{3\cdot} - \bar{y}_{1\cdot} = 9.20 - 6.00 = 3.20$$
$$1.29 \leq \mu_3 - \mu_1 \leq 5.11$$

となる．

2.1.8 アンバランストなデータの解析

一元配置完全無作為化法においては，各水準における繰返し数 (反復数) が異なる場合でも解析することができる．この場合をアンバランストなデータ (unbalanced data)，あるいはアンバランストなモデル (unbalanced model) とよぶ．

例 2.1 水稲の葉いもち病斑面積率 (アンバランストな一元配置完全無作為化法実験)

表 2.5 は，水稲 6 品種について，温室内のポットを実験単位とし，葉いもち病斑面積率を観測したデータである．各水準の繰返し数 n_i が一定にならなかった．

表 2.5 葉いもち病斑面積率 (%)
(アンバランストな一元配置完全無作為化法)

品種	n_i	繰返し	平均
A_1	4	22 25 24 27	24.5
A_2	3	25 29 31	28.3
A_3	5	19 24 21 22 26	22.4
A_4	3	27 29 31	29.0
A_5	5	30 33 33 35 37	33.6
A_6	4	28 30 31 33	30.5
計	24	総平均	28.1

水準 A_i の繰返し数を n_i とし，第 j 番目の観測データを y_{ij} ($i = 1, \ldots, a;\ j = 1, \ldots, n_i$) とする．処理合計と処理平均は，各水準の n_i 個のデータから

$$処理合計: T_{i.} = \sum_{j=1}^{n_i} y_{ij}$$

$$処理平均: \bar{y}_{i.} = \frac{1}{n_i} \sum_{j=1}^{n_i} y_{ij} = \frac{T_{i.}}{n_i}$$

のように計算される．総合計と総平均は

$$総合計: T_{..} = \sum_{i=1}^{a} \sum_{j=1}^{n_i} y_{ij}$$

$$総平均: \bar{y}_{..} = \frac{1}{N} \sum_{i=1}^{a} \sum_{j=1}^{n_i} y_{ij} = \frac{T_{..}}{N} \quad \left(N = \sum_{i=1}^{a} n_i \right)$$

である．

a. データの構造モデルと F 検定

データの構造モデルは，繰返し数が等しい場合と同じように

$$y_{ij} = \mu_i + e_{ij} = \mu + \alpha_i + e_{ij}, \quad e_{ij} \sim N(0, \sigma^2) \qquad (2.17)$$
$$(i = 1, \ldots, a;\ j = 1, \ldots, n_i)$$

と表される．ただし，一般平均 μ は重み付き平均

$$\mu = \frac{1}{N} \sum_{i=1}^{a} n_i \mu_i$$

により定義する．効果 α_i は，水準の母平均 μ_i の一般平均 μ からの差

$$\alpha_i = \mu_i - \mu \quad \left(\sum_{i=1}^{a} n_i \alpha_i = 0 \right)$$

である．

b. 平方和の計算と分散分析表の作成

平方和の計算も繰返し数が等しい場合 (2.1.3 項) と同様である．

● 総平方和 (total sum of squares)：

$$S_T = \sum_{i=1}^{a} \sum_{j=1}^{n_i} (y_{ij} - \bar{y}_{..})^2 = \sum_{i=1}^{a} \sum_{j=1}^{n_i} y_{ij}^2 - \frac{T_{..}^2}{N}$$

自由度：$\nu_T = N - 1$

1) 処理平方和 (treatment sum of squares)：

$$S_A = \sum_{i=1}^{a} \sum_{j=1}^{n_i} (\bar{y}_{i.} - \bar{y}_{..})^2 = \sum_{i=1}^{a} n_i (\bar{y}_{i.} - \bar{y}_{..})^2$$
$$= \sum_{i=1}^{a} n_i \bar{y}_{i.}^2 - N \bar{y}_{..}^2 = \sum_{i=1}^{a} \frac{T_{i.}^2}{n_i} - \frac{T_{..}^2}{N}$$

自由度：$\nu_A = a - 1$

2) 誤差平方和 (error sum of squares)：

$$S_e = \sum_{i=1}^{a} \sum_{j=1}^{n_i} (y_{ij} - \bar{y}_{i.})^2$$

自由度：$\nu_e = N - a$

アンバランストな場合でも，平方和と自由度に関して加法性

が成り立つ．自由度の加法性は容易に確認できる．平方和の加法性の証明は付録 A.2.2 項に与える．

$$S_T = S_A + S_e \tag{2.18}$$
$$\nu_T = \nu_A + \nu_e \tag{2.19}$$

表 2.6 分散分析表 (アンバランストな一元配置完全無作為化法)

変動因	自由度	平方和	平均平方 V	F 比	$E[V]$
処理 A	$\nu_A = a-1$	S_A	$V_A = S_A/\nu_A$	V_A/V_e	$\sigma^2 + \frac{1}{a-1}\sum_{i=1}^{a} n_i \alpha_i^2$
誤差 E	$\nu_e = N-a$	S_e	$V_e = S_e/\nu_e$		σ^2
全体 T	$\nu_T = N-1$	S_T			

分散分析表 (表 2.6) の平均平方の期待値 $E[V]$ 欄は重み付きの和を考えて

$$E[V_A] = \sigma^2 + \frac{1}{a-1}\sum_{i=1}^{a} n_i \alpha_i^2$$

となる．繰返し数が等しい場合 ($n_i \equiv n$) は，(2.10) 式と同じになる．帰無仮説

$$H_A^0: \mu_1 = \cdots = \mu_a = \mu \quad (\alpha_1 = \cdots = \alpha_a = 0)$$

に対する F 検定の考え方と手順は，繰返し数が等しい場合と同じである．

c. 解析例

表 2.5 (例 2.1) のデータの分散分析表を表 2.7 に示す．F 比は $F_A = 12.90 > 4.25 = F(5, 18; 0.01)$ であり 1% 水準で有意である．すなわち葉いもち病の発生に関して品種間に効果の違いがある．この例で品種群 {1, 2, 3} と {4, 5, 6} とは，異なる母本 (品種の親) をもつ．この母本間に違いがあるかどうかについての検討については，3.5 節において解析する．

表 2.7 水稲 6 品種葉いもち病斑面積率データの分散分析表

変動因	自由度	平方和	平均平方	F 比	p-値
品種 A	5	390.93	78.19	12.90**	1.99e-05
誤差 E	18	109.07	6.06		
全体 T	23	500.00			

2.2 一元配置乱塊法

2.2.1 乱塊法実験のデータと分散分析の考え方

因子 A の a 個の水準 $A_1, \ldots, A_a$ を r 個のブロック $R_1, \ldots, R_r$ で実施する一元配置乱塊法実験を考える．水準 A_i のブロック R_j における観測値を y_{ij} ($i = 1, \ldots, a; j = 1, \ldots, r$) とする (表 2.8)．

表 2.8 一元配置乱塊法実験のデータ

処理	R_1	$\cdots$	R_j	$\cdots$	R_r	合計	平均
A_1	y_{11}	$\cdots$	y_{1j}	$\cdots$	y_{1r}	$T_{1\cdot}$	$\bar{y}_{1\cdot}$
$\vdots$	$\vdots$		$\vdots$		$\vdots$	$\vdots$	$\vdots$
A_i	y_{i1}	$\cdots$	y_{ij}	$\cdots$	y_{ir}	$T_{i\cdot}$	$\bar{y}_{i\cdot}$
$\vdots$	$\vdots$		$\vdots$		$\vdots$	$\vdots$	$\vdots$
A_a	y_{a1}	$\cdots$	y_{aj}	$\cdots$	y_{ar}	$T_{a\cdot}$	$\bar{y}_{a\cdot}$
合計	$T_{\cdot 1}$	$\cdots$	$T_{\cdot j}$	$\cdots$	$T_{\cdot r}$	$T_{\cdot\cdot}$	
平均	$\bar{y}_{\cdot 1}$	$\cdots$	$\bar{y}_{\cdot j}$	$\cdots$	$\bar{y}_{\cdot r}$		$\bar{y}_{\cdot\cdot}$

表 2.9 に小麦 5 品種を 3 つのブロックで比較した実験データを示す．実験計画は例 1.2 (図 1.12) に与えられている．

表 2.9 小麦 5 品種の収量 (t/ha) (一元配置乱塊法)

品種	R_1	R_2	R_3	平均
A_1	4.9	5.8	5.1	5.27
A_2	5.9	6.9	6.2	6.33
A_3	5.6	5.9	5.2	5.57
A_4	4.9	4.9	5.1	4.97
A_5	6.0	6.5	5.7	6.07
平均	5.46	6.00	5.50	5.64

分散分析の考え方は完全無作為化法の場合と同様であり，データ全体の変動を意味のある変動に分解していく．一元配置乱塊法実験においては，データ全体の変動は

1) 処理の違いによる変動
2) ブロックの違いによる変動

3）実験誤差による変動

の 3 つの要因に基づいている．

2.2.2 平方和の計算と分散分析表
a. 平方和の計算

完全無作為化法の場合と同様にして，変動を与える 3 つの要因に対応する平方和を計算する．

第 j 番目のブロックの平均を

$$\bar{y}_{\cdot j} = \frac{1}{a} \sum_{i=1}^{a} y_{ij}$$

と表す．処理平均 $\bar{y}_{i\cdot}$ と総平均 $\bar{y}_{\cdot\cdot}$ の定義は完全無作為化法の場合と同様である．個々の観測値と総平均との差 $y_{ij} - \bar{y}_{\cdot\cdot}$ は

$$y_{ij} - \bar{y}_{\cdot\cdot} = (\bar{y}_{i\cdot} - \bar{y}_{\cdot\cdot}) + (\bar{y}_{\cdot j} - \bar{y}_{\cdot\cdot}) + (y_{ij} - \bar{y}_{i\cdot} - \bar{y}_{\cdot j} + \bar{y}_{\cdot\cdot})$$

と表される．第 1 項は処理の違いによる効果，第 2 項はブロックの違いによる効果，第 3 項はそれ以外の実験誤差を表している．両辺を 2 乗して和を計算することにより，総平方和 S_T は，次の 3 つの平方和に分解される．

- 総平方和 (total sum of squares)：

$$S_T = \sum_{i=1}^{a} \sum_{j=1}^{r} (y_{ij} - \bar{y}_{\cdot\cdot})^2 = \sum_{i=1}^{a} \sum_{j=1}^{r} y_{ij}^2 - \frac{T_{\cdot\cdot}^2}{ar} \tag{2.20}$$

$$\text{自由度}：\nu_T = ar - 1 \tag{2.21}$$

1) 処理平方和 (treatment sum of squares)：

$$S_A = \sum_{i=1}^{a} \sum_{j=1}^{r} (\bar{y}_{i\cdot} - \bar{y}_{\cdot\cdot})^2 = r \sum_{i=1}^{a} (\bar{y}_{i\cdot} - \bar{y}_{\cdot\cdot})^2$$

$$= \sum_{i=1}^{a} \frac{T_{i\cdot}^2}{r} - \frac{T_{\cdot\cdot}^2}{ar} \tag{2.22}$$

$$\text{自由度}：\nu_A = a - 1 \tag{2.23}$$

2) ブロック平方和，反復間平方和 (block sum of squares)：

$$S_R = \sum_{i=1}^{a}\sum_{j=1}^{r}(\bar{y}_{\cdot j} - \bar{y}_{\cdot\cdot})^2 = a\sum_{j=1}^{r}(\bar{y}_{\cdot j} - \bar{y}_{\cdot\cdot})^2$$

$$= \sum_{j=1}^{r}\frac{T_{\cdot j}^2}{a} - \frac{T_{\cdot\cdot}^2}{ar} \tag{2.24}$$

$$\text{自由度}：\nu_R = r - 1 \tag{2.25}$$

3) 誤差平方和 (error sum of squares)：

$$S_e = \sum_{i=1}^{a}\sum_{j=1}^{r}(y_{ij} - \bar{y}_{i\cdot} - \bar{y}_{\cdot j} + \bar{y}_{\cdot\cdot})^2 \tag{2.26}$$

$$\text{自由度}：\nu_e = (a-1)(r-1) \tag{2.27}$$

完全無作為化法の場合と同様に，加法性

$$S_T = S_A + S_R + S_e \tag{2.28}$$

$$\nu_T = \nu_A + \nu_R + \nu_e \tag{2.29}$$

が成り立つ．

【注】 平方和の加法性は，等式

$$y_{ij} - \bar{y}_{\cdot\cdot} = (\bar{y}_{i\cdot} - \bar{y}_{\cdot\cdot}) + (\bar{y}_{\cdot j} - \bar{y}_{\cdot\cdot}) + (y_{ij} - \bar{y}_{i\cdot} - \bar{y}_{\cdot j} + \bar{y}_{\cdot\cdot})$$

の両辺を 2 乗して和を計算するときに，積の項の和が 0 になることから確かめられる．このとき，誤差を表す $y_{ij} - \bar{y}_{i\cdot} - \bar{y}_{\cdot j} + \bar{y}_{\cdot\cdot}$ に関して，行方向・列方向に和を計算すると

$$\sum_{i=1}^{a}(y_{ij} - \bar{y}_{i\cdot} - \bar{y}_{\cdot j} + \bar{y}_{\cdot\cdot}) = a\bar{y}_{\cdot j} - a\bar{y}_{\cdot\cdot} - a\bar{y}_{\cdot j} + a\bar{y}_{\cdot\cdot} = 0$$

$$\sum_{j=1}^{r}(y_{ij} - \bar{y}_{i\cdot} - \bar{y}_{\cdot j} + \bar{y}_{\cdot\cdot}) = r\bar{y}_{i\cdot} - r\bar{y}_{i\cdot} - r\bar{y}_{\cdot\cdot} + r\bar{y}_{\cdot\cdot} = 0$$

のように常に 0 になることを使う．また，この制約条件のため，ar 個の $y_{ij} - \bar{y}_{i\cdot} - \bar{y}_{\cdot j} + \bar{y}_{\cdot\cdot}$ $(i = 1, \ldots, a;\ j = 1, \ldots, r)$ のうち，自由に値を取りうるのは $(a-1)$ 行 $\times (r-1)$ 列の $(a-1)(r-1)$ 個の数値である．このことにより，誤差平方和の自由度が $\nu_e = (a-1)(r-1)$ となる．

b. 分散分析表

平方和を対応する自由度で割った値 $V_A = S_A/\nu_A$, $V_R = S_R/\nu_R$, $V_e = S_e/\nu_e$ を平均平方 (分散) として，結果は表 2.10 の分散分析表にまとめられる．平均平

表 2.10 分散分析表 (一元配置乱塊法)

変動因	自由度	平方和	平均平方	F 比	$\mathrm{E}[V]$
ブロック R	$\nu_R = r-1$	S_R	$V_R = S_R/\nu_R$	V_R/V_e	$\sigma^2 + a\,\eta_R^2$
処理 A	$\nu_A = a-1$	S_A	$V_A = S_A/\nu_A$	V_A/V_e	$\sigma^2 + r\,\eta_A^2$
誤差 E	$\nu_e = (a-1)(r-1)$	S_e	$V_e = S_e/\nu_e$		σ^2
全体 T	$\nu_T = ar-1$	S_T			

方の期待値 $\mathrm{E}[V]$ については次項で説明する.

2.2.3 データの構造モデルと F 検定

a. 構造モデル

観測データの構造モデルは

$$y_{ij} = \mu + \alpha_i + \rho_j + e_{ij}, \quad e_{ij} \sim N(0, \sigma^2) \tag{2.30}$$
$$(i=1,\ldots,a;\ j=1,\ldots,r)$$

と表される. ここで,

μ: 一般平均

α_i: 水準 A_i の効果 $\left(\sum_{i=1}^{a} \alpha_i = 0\right)$

ρ_j: ブロック R_j の効果 $\left(\sum_{j=1}^{r} \rho_j = 0\right)$

e_{ij}: 平均 0, 分散 σ^2 の正規分布 $N(0, \sigma^2)$ に従う実験誤差

である. ρ_j はブロック R_j の効果を表す. 因子 A の効果 α_i と同様にプラス・マイナスの値で表現し, $\sum_{j=1}^{r} \rho_j = 0$ とする.

b. 平均平方の期待値

平均平方の期待値は

$$\mathrm{E}[V_A] = \mathrm{E}\left[\frac{S_A}{\nu_A}\right] = \sigma^2 + r\,\eta_A^2 \tag{2.31}$$

$$\mathrm{E}[V_R] = \mathrm{E}\left[\frac{S_R}{\nu_R}\right] = \sigma^2 + a\,\eta_R^2 \tag{2.32}$$

$$\mathrm{E}[V_e] = \mathrm{E}\left[\frac{S_e}{\nu_e}\right] = \sigma^2 \tag{2.33}$$

で与えられる. ここで,

$$\eta_A^2 = \frac{1}{a-1}\sum_{i=1}^{a}\alpha_i^2, \quad \eta_R^2 = \frac{1}{r-1}\sum_{j=1}^{r}\rho_j^2$$

である．η_A^2 は完全無作為化法の場合と同じであり，因子 A の水準間の変動を表す．一方 η_R^2 はブロック間の変動を表している．

【注 平方和の期待値の別計算】 平方和あるいは平均平方の期待値の計算は，完全無作為化法の場合に示したように数式を丹念に追っていくことによって証明することもできる．しかし，その方法は第 4 章以降の高度な実験計画に対してはきわめて困難になる．第 9 章の線形モデルと最小二乗法の議論から，次の方法により平方和の期待値を計算することができる．

一般に観測値のベクトル $\boldsymbol{y}$ から計算される平方和を $S(\boldsymbol{y})$ とし，その自由度を ν とする．また観測ベクトル $\boldsymbol{y}$ の期待値を $\mathrm{E}[\boldsymbol{y}] = \boldsymbol{\mu}$ とし，$S(\boldsymbol{y})$ の $\boldsymbol{y}$ に $\boldsymbol{\mu}$ を代入したものを $S(\boldsymbol{\mu})$ とする．このとき，

$$\mathrm{E}[S(\boldsymbol{y})] = \nu \sigma^2 + S(\boldsymbol{\mu})$$

が成り立つ (第 9 章，付録 A.1.5 項)．

たとえば，ブロック平方和 S_R と誤差平方和 S_e に対して，

$$\mathrm{E}[\bar{y}_{\cdot j} - \bar{y}_{\cdot\cdot}] = \rho_j, \quad \mathrm{E}[y_{ij} - \bar{y}_{i\cdot} - \bar{y}_{\cdot j} + \bar{y}_{\cdot\cdot}] = 0$$

を平方和の式に代入して，

$$\mathrm{E}[S_R] = \nu_R \sigma^2 + a \sum_{j=1}^{r} \rho_j^2$$

$$\mathrm{E}[S_e] = \nu_e \sigma^2$$

が得られる．

c. F 検定

処理間に差がないという帰無仮説は，完全無作為化法の場合と同様に (2.14) 式

$$H_A^0: \alpha_1 = \cdots = \alpha_a = 0$$

で表され，(2.15) 式

$$F_A = \frac{V_A}{V_e} > F(\nu_A, \nu_e; \alpha)$$

を用いて検定することができる．

また，ブロック間に差がないという帰無仮説

$$H_R^0: \rho_1 = \cdots = \rho_r = 0 \tag{2.34}$$

についても，

$$F_R = \frac{V_R}{V_e} > F(\nu_R, \nu_e; \alpha) \tag{2.35}$$

の基準で検定することもできる．

2.2.4 解析例

表 2.9 の小麦 5 品種比較実験データの分散分析表を表 2.11 に示す．品種間の差は高度に (1% 水準で) 有意である．品種間の多重比較については，3.3 節で検討する．この実験ではブロック間の差も 5% 水準で有意となっている．このことは，ブロックを導入することによって，系統誤差を除くことができたことを示している．

表 **2.11** 小麦 5 品種比較実験の分散分析表

変動因	自由度	平方和	平均平方	F 比	p-値
ブロック R	2	0.972	0.486	6.47*	0.0213
品種 A	4	3.783	0.946	12.58**	0.0016
誤差 E	8	0.601	0.0752		
全体 T	14	5.356			

2.2.5 乱塊法に関しての注意

本項の内容は，後半の第 4 章以降を理解するまでは読み飛ばしてもよい．

a. 欠測値の問題

一元配置完全無作為化法の場合は，欠測値が生じた場合でもアンバランストなデータとして解析することが可能である (2.1.8 項)．しかし乱塊法実験において欠測値が生じると，特定のブロックにおいては処理の 1 組が実施されないことになる．すなわち 1.3.5 項で説明した不完備ブロック計画となる．そのため平方和の計算において加法性が成り立たなくなる．第 8 章の釣合い型不完備ブロック計画 BIBD と同様の方法で，統計パッケージを用いて解析することができる．

b. 完全無作為化法と乱塊法

多くの実験計画法の教科書で Fisher の 3 原則 (反復，無作為化，局所管理) が紹介されている．それにもかかわらず，これら 3 つの原則を適用した配置法である乱塊法が特別扱いになっている場合が多い．特に工業実験においてその傾向が強い．しかし乱塊法は実験における系統誤差の影響を取り除くためにきわめて有効な方法であり，さらに完全無作為化法よりも実施が容易な場合が多い (実際，完全無作為化法により実験単位全体をランダムに配置する方が乱塊法によるブロック内でのランダムな配置よりも困難である)．したがって実験を実施する場合は，まず乱塊法での実施を検討することに意味がある．

また乱塊法で実施されたデータに対して，乱塊法として解析した場合と，完全無作為化法として解析した場合の結果が比べられている場合がある．このことも

表 2.12 小麦品種比較実験の分散分析表 (完全無作為化法)

変動因	自由度	平方和	平均平方	F 比	p-値
品種 A	4	3.783	0.946	6.011	0.00991
誤差 E	10	1.573	0.1573		
全体 T	14	5.356			

混乱を生じる原因となっている．ここで，乱塊法で実施された小麦品種比較実験のデータ (表 2.9) に対し，完全無作為化法として解析した分散分析表を表 2.12 に示す (乱塊法の解析は表 2.11)．この 2 つの分散分析表を比べると，完全無作為化法では実験誤差を過大評価しており，有意差が出にくくなっている (ただしこの例ではどちらも 1% 水準で有意である)．ある意味で安全であると説明されることがある．ただし，この議論には注意が必要である．上記の結果は「乱塊法で実施されたデータ」に対して乱塊法と完全無作為化法の解析を行うからそうなるのである．どちらの解析を行っても因子 A (品種 A) の平方和は同じで，誤差の評価のみが異なっている．しかし，実験の配置までさかのぼって考えれば異なる結果となる．もしブロック間に大きな差があるとき完全無作為化法で配置すれば，有利なブロックに特定の水準 A_i が複数回配置され，不利なブロックに別の水準 A_j が複数回配置されることが起こりうる．すなわち，ブロック間の差は，実験誤差の評価に影響するだけでなく，対象としている因子の水準間の評価に偏りを生じることになる．

c. 処理とブロックとの交互作用

乱塊法における (2.30) 式の構造モデルでは，因子 A とブロック因子 R とのあいだに交互作用は存在しないと仮定している．交互作用が存在するということは，因子 A の効果がブロックの水準ごとに異なることを意味する．そして，この因子 A とブロック因子 R との交互作用の影響は乱塊法では誤差平方和 S_e に現れる．実際，乱塊法における誤差平方和 S_e の計算式は，第 4 章で説明する交互作用平方和の計算式になっている．

実験配置において，局所管理 (ブロックの構成) によりブロック間の大きな系統誤差が取り除かれることを説明した (1.3.4 項)．完全無作為化法では，処理とブロックとの交互作用も処理水準間の比較に偏りを生じさせる可能性があるので注意が必要である．

たとえば，工場実験において原料調合法 (因子 A) の 3 水準 A_1, A_2, A_3 を考える．実験は 3 日にわたり，作業員も日によって異なるとする (ブロックの水準を

R_1, R_2, R_3 とする). このとき, 処理 A とブロック R とのあいだに交互作用が存在するというのは, 作業員 R_1 は水準 A_1 の調合を得意とし, 一方作業員 R_2 は水準 A_2 の調合を得意とするという状況である. 完全無作為化法と乱塊法の配置例 (無作為化の前) を表 2.13 に示す. 完全無作為化法では, ブロック R_1 に処理 A_1 が 2 回以上配置され, ブロック R_2 に処理 A_2 が 2 回以上配置されることが起こりうる. そうすると, ブロック効果の違いだけでなく, この交互作用も興味のある因子 A の水準の比較に偏りを与えることになる. 他方, 乱塊法では 3 つの処理 A_1, A_2, A_3 はいずれもすべてのブロックで実施されているので, 交互作用は処理水準間の比較には影響しない. 交互作用の影響は誤差平方和 (誤差平均平方) として計算される. すなわち乱塊法では, 作業員によって原料調合因子とのあいだに交互作用が存在しても, その影響は誤差に含めて考え, それを超えて処理の水準間に有意差があるかどうかを検定することになる.

表 2.13 完全無作為化法と乱塊法の処理配置

	完全無作為化法	乱塊法
作業員 R_1 (第 1 日目)	A_1 A_1 A_3	A_1 A_2 A_3
作業員 R_2 (第 2 日目)	A_2 A_2 A_3	A_1 A_2 A_3
作業員 R_3 (第 3 日目)	A_1 A_2 A_3	A_1 A_2 A_3

したがって, 乱塊法において処理とブロックとのあいだに交互作用が存在しても問題はない. ただし, ラテン方格法や直交表などの一部実施要因実験については, 因子 A とブロック R とのあいだに交互作用が存在すると, それが別の因子 B の主効果にそのまま現れてしまう可能性があるので注意が必要である. 直交表実験でブロック因子を導入する場合の注意は第 6 章で説明する.

2.2.6 表計算ソフトウェアによる一元配置実験の解析

本項で表計算ソフトウェアによる一元配置実験の解析例を示す. マイクロソフト社 Excel では, アドインの「データ分析ツール」(図 2.3) を用いて分散分析を実行することができる.

データ分析ツールでは, 一元配置 (完全無作為化法, 乱塊法) と二元配置完全無作為化法の解析を行うことができる. 二元配置乱塊法の解析は, データ分析ツールでは実行できない. しかしセル範囲の平方和を計算する DEVSQ() 関数を利用して解析用のシートを作成することは可能である.

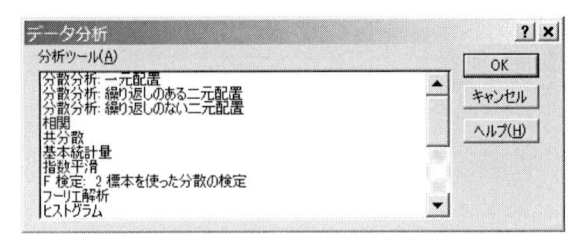

図 2.3 Excel の「データ分析ツール」

表 2.14 Excel 分析ツールで実行可能な解析

メニュー項目	実行可能な解析
「分散分析：一元配置」	一元配置完全無作為化法の解析
「分散分析：繰り返しのない二元配置」	一元配置乱塊法の解析
「分散分析：繰り返しのある二元配置」	二元配置完全無作為化法の解析

a. 一元配置完全無作為化法実験データの解析

一元配置完全無作為化法実験データの例として，射出成形によるプラスチック製品引張強度実験データ (表 2.2) の Excel 表を図 2.4 に示す.

一元配置完全無作為化法 (プラスチック製品引張強度 kgf/mm^2)

金型温度	水準	繰返し			合計	平均
40 ℃	A1	6.2	5	6.8	18.0	6.00
60 ℃	A2	8.9	5.9	8.1	22.9	7.63
80 ℃	A3	9.9	9.4	8.3	27.6	9.20
100 ℃	A4	9.1	9.2	8.4	26.7	8.90
					95.2	7.93

図 2.4 一元配置完全無作為化法 Excel データ

データ分析ツールの「分散分析：一元配置」を実行すると図 2.5 の解析結果が出力される．「変動要因」の欄で，処理 A は「グループ間」，誤差 E は「グループ内」と表示されている．また，有効数字はセルの幅だけいくらでも多く表示されるので，適宜「セルの書式設定」で調整すればよい．

分散分析: 一元配置
概要

グループ	標本数	合計	平均	分散
A1	3	18	6	0.84
A2	3	22.9	7.633333	2.413333
A3	3	27.6	9.2	0.67
A4	3	26.7	8.9	0.19

分散分析表

変動要因	変動	自由度	分散	観測された分散比	P-値	F 境界値
グループ間	19.1	3	6.366667	6.191248	0.017603	4.066181
グループ内	8.226667	8	1.028333			
合計	27.32667	11				

図 2.5 分散分析表 (一元配置完全無作為化法)

b. 一元配置乱塊法実験データの解析

図 2.6 に一元配置乱塊法実験データ (小麦収量品種比較実験, 表 2.9) を示す.

一元配置乱塊法 (小麦収量品種比較実験, t/ha)

品種	R1	R2	R3	平均
A1	4.9	5.8	5.1	5.27
A2	5.9	6.9	6.2	6.33
A3	5.6	5.9	5.2	5.57
A4	4.9	4.9	5.1	4.97
A5	6.0	6.5	5.7	6.07
平均	5.46	6.00	5.50	5.64

図 2.6 一元配置乱塊法データ

一元配置乱塊法の実験データはデータ分析ツールの「分散分析：繰り返しのない二元配置」で解析できる．図 2.7 に出力結果を示す．行 (横の並び) と列 (縦の並び) のどちらが興味のある因子 A で，どちらがブロック因子 R なのかは Excel には分からないので，「変動要因」の欄では，「行」「列」として示されている．

分散分析: 繰り返しのない二元配置

概要	標本数	合計	平均	分散
A1	3	15.8	5.266667	0.223333
A2	3	19	6.333333	0.263333
A3	3	16.7	5.566667	0.123333
A4	3	14.9	4.966667	0.013333
A5	3	18.2	6.066667	0.163333
R1	5	27.3	5.46	0.283
R2	5	30	6	0.58
R3	5	27.3	5.46	0.233

分散分析表

変動要因	変動	自由度	分散	観測された分散比	P-値	F 境界値
行	3.782667	4	0.945667	12.58093	0.001576	3.837853
列	0.972	2	0.486	6.465632	0.021339	4.45897
誤差	0.601333	8	0.075167			
合計	5.356	14				

図 2.7 分散分析表 (一元配置乱塊法)

Chapter 3

処理平均の多重比較法

分散分析における F 検定は,帰無仮説 $H_A^0: \mu_1 = \cdots = \mu_a$ (すべての処理の効果が等しいかどうか) について検定している.さらに処理間の詳細な違いを検討する方法が多重比較法である.多重比較法に関しては,様々な応用分野があり,また理論的にも高度な議論が必要となる.本章では分散分析における処理平均の比較に関して基礎的な手法を解説する.より進んだ議論に関しては他の専門書を参照されたい.たとえば,本シリーズの『多重比較法』,丹後・小西編 (2010),永田・吉田 (1997),Hochberg & Tamhane (1987),Hsu (1996) などがある.多重比較における過誤率の制御に関する議論については,三輪 (1997) を参照されたい.数表に関しては,比較的入手が困難な REGWQ 法と Duncan 法の数表を巻末に与えた.

本章は独立した内容となっているので,必要になったときに参照することにして,次章 (二元配置実験の解析) に進んでもよい.

3.1 多重比較法の考え方

3.1.1 多重比較とは

多重比較 (multiple comparisons) とは,その名のとおり 1 組の実験データに対して複数回の比較を行うことである (図 3.1).あるいは検定を複数回行うので多重検定 (multiple tests) とよばれることもある.多重比較を行うための統計的手法が多重比較法 (multiple comparison procedures) である.

【注】 文献によっては,後述する対比較 (pairwise comparisons) を指して多重比較とよんだり,ファミリー単位過誤率を制御する手法のみを多重比較法とよぶことがあるので注意が必要である.本書では,図 3.1 のように,1 組の実験データに対して複数の比較 (検定) を行う手法を多重比較法とよぶ.

多重比較法として多くの手法が提案されている.これらの手法は行うべき比較

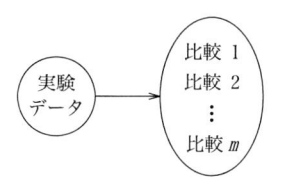

図 3.1 多重比較とは

のタイプによって表 3.1 のように整理される (各問題のタイプと手法は以下の項で解説する). 問題のタイプによって使用する手法が異なっており, さらに問題のタイプは実験の目的によって決まるので, たとえば, Tukey 法・Dunnett 法・Scheffé 法のどれを使うかを迷うことはない. 実験の目的が対照との比較であれば Dunnett 法を使うか, t 検定を行うかのいずれかである. 問題のタイプの中での各手法は, 過誤率の制御の方法が異なっている.

表 3.1 多重比較の問題のタイプと多重比較手法

1) 対比較 (すべての処理のペアの比較)
   最小有意差法, Tukey 法, REGWQ 法, SNK 法, Duncan 法
2) 対照との比較
   Dunnett 法, t 検定
3) 対比の検定
   t 検定, Scheffé 法

3.1.2 処理平均の分散分析モデル

本章では一元配置実験における処理平均の多重比較法を解説する. 取り上げた因子 A は a 個の水準 $A_1, \ldots, A_a$ をもつとする (なお一元配置実験においては水準と処理とは同じ意味になる). 各処理平均を

$$\bar{y}_{i\cdot} \sim N\left(\mu_i, \frac{\sigma^2}{n_i}\right) \quad (i = 1, \ldots, a) \tag{3.1}$$

とする. n_i は処理 A_i の繰返し数である. 反復数 r の乱塊法においては繰返し数は等しく $n_i \equiv n = r$ となる. $\bar{y}_{i\cdot}$ は n_i 個のデータの平均なので, 分散は σ^2/n_i となる. 誤差分散 σ^2 は, 分散分析表において誤差の平均平方の欄から

$$\hat{\sigma}^2 = V_e = \frac{S_e}{\nu_e} \sim \frac{\sigma^2 \chi^2(\nu_e)}{\nu_e} \tag{3.2}$$

と推定される. 完全無作為化法か乱塊法かに応じて, それぞれの分散分析表の誤差の行の平均平方から得られる.

表 2.9 の乱塊法による小麦品種比較実験の例 (分散分析表は表 2.11) では,

$a = 5, \quad n = 3,$
$\bar{y}_{1\cdot} = 5.27, \quad \bar{y}_{2\cdot} = 6.33, \quad \bar{y}_{3\cdot} = 5.57, \quad \bar{y}_{4\cdot} = 4.97, \quad \bar{y}_{5\cdot} = 6.07$
$\hat{\sigma}^2 = V_e = 0.0752, \quad \nu_e = 8$

である．

3.2 多重比較における過誤率

3.2.1 第I種の過誤と第II種の過誤

まず，$a = 2$ の場合 (比較が1つの場合) について，

$$\begin{cases} 帰無仮説\ H^0: \mu_1 = \mu_2 \\ 対立仮説\ H^A: \mu_1 \neq \mu_2 \end{cases}$$

に対する統計的検定における過誤を考える．統計的仮説検定においては，次の2とおりの過誤が考えられる．

- 第I種の過誤 (Type I error)：実際には差がないのに (帰無仮説 H^0 が成り立つときに)，有意差ありと判定する．
- 第II種の過誤 (Type II error)：実際には差があるのに (対立仮説 H^A が成り立つときに)，有意差なしと判定する．

この両方の過誤 (の確率) を同時に小さくすることは不可能で，片方の過誤の確率を小さくすれば，他方の過誤の確率は高くなる．統計的仮説検定においては，第I種の過誤率を α (たとえば5%) 以下に保った上で，第II種の過誤率が小さくなる方法を求める (第II種の過誤率を β と表すと，$1-\beta$ は検出力 (power) とよばれ，第II種の過誤率 β が小さい手法は検出力が高いと表現される)．

処理平均と分散の推定値が分散分析により (3.1) 式と (3.2) 式で与えられている場合は

$$|t| = \frac{|\bar{y}_{1\cdot} - \bar{y}_{2\cdot}|}{\hat{\sigma}\sqrt{1/n_1 + 1/n_2}} > t(\nu_e; \alpha/2) \tag{3.3}$$

のときに帰無仮説 $H^0: \mu_1 = \mu_2$ を棄却する方式が最良な検定方式 (第I種の過誤を α 以下に保ち，あらゆる対立仮説のもとで検出力が最大になる検定方式) であることが数理統計学の理論から知られている．ここで，$t(\nu_e; \alpha/2)$ は自由度 ν_e の t 分布の片側 $\alpha/2$ 点 (両側 α 点) である．

さらに，

- **第 III 種の過誤** (Type III error)：実際の差の符号を反対に判定する

を考えることもある．第 III 種の過誤は，第 I 種や第 II 種の過誤よりも過誤の深刻さの程度が大きい．

(3.3) 式の絶対値をはずした

$$t = \frac{\bar{y}_{1\cdot} - \bar{y}_{2\cdot}}{\hat{\sigma}\sqrt{1/n_1 + 1/n_2}}$$

を用いて

$$\begin{cases} t > t(\nu_e; \alpha/2) & \Longrightarrow \quad \mu_1 - \mu_2 > 0 \text{ と判定} \\ |t| \leq t(\nu_e; \alpha/2) & \Longrightarrow \quad H^0 \text{ を受容} \\ t < -t(\nu_e; \alpha/2) & \Longrightarrow \quad \mu_1 - \mu_2 < 0 \text{ と判定} \end{cases} \tag{3.4}$$

という判定方式を採用すると，第 III 種の過誤が生じる可能性がある．つまり，対立仮説として $H^{A+}: \mu_1 - \mu_2 > 0$ が成り立っているにもかかわらず $t < -t(\nu_e; \alpha/2)$ が実現し，$\mu_1 - \mu_2 < 0$ と判定してしまう確率は 0 ではない．ただし，(3.4) 式の判定方式において，第 III 種の過誤の確率は $\alpha/2$ 以下になる (証明は付録 A.2.2 項を参照)．通常は第 I 種の過誤率を制御しておけば，第 III 種の過誤率は大きくはならないので，本章では第 III 種の過誤率については扱わない．

3.2.2 多重比較における帰無仮説

次に多重比較の場合，つまり検定すべき帰無仮説の数が複数存在する場合を考える．一般に m 個の未知パラメータ (母数) $\theta_1, \ldots, \theta_m$ に興味があり，m 個の帰無仮説と対立仮説

$$\begin{cases} \text{帰無仮説 } H_i^0: \theta_i = \theta_i^0 \\ \text{対立仮説 } H_i^A: \theta_i \neq \theta_i^0 \end{cases} \quad (i = 1, \ldots, m)$$

を考える．ここで θ_i^0 $(i = 1, \ldots, m)$ は既知の定数である．たとえば，後述の対比較 (処理平均のすべてのペアに関する比較) の場合，対象となる比較の数は $m = {}_aC_2 = a(a-1)/2$ であり，

$$H_1^0: \theta_1 = \mu_1 - \mu_2 = 0, \ldots, H_m^0: \theta_m = \mu_{a-1} - \mu_a = 0 \tag{3.5}$$

と表される ($\theta_1^0 = \cdots = \theta_m^0 = 0$)．

a. 帰無仮説と検定のファミリー

m 個の帰無仮説の集合 $\mathcal{H} = \{H_1^0, \ldots, H_m^0\}$ を帰無仮説のファミリー (family)

とよぶ．次に，観測データ $\boldsymbol{y}$ に基づく検定の集合 $\phi(\mathcal{H}) = \{\phi_1(\boldsymbol{y}), \ldots, \phi_m(\boldsymbol{y})\}$ を検定のファミリーとよぶ．各 $\phi_i(\boldsymbol{y})$ $(i = 1, \ldots, m)$ は帰無仮説 H_i^0 に対する検定結果

$$\phi_i(\boldsymbol{y}) = \begin{cases} 1 & \text{帰無仮説 } H_i^0 \text{ を棄却} \\ 0 & \text{帰無仮説 } H_i^0 \text{ を受容} \end{cases}$$

を表す．

b. 部分帰無仮説と完全帰無仮説

多重比較では複数の帰無仮説のファミリー $\mathcal{H} = \{H_1^0, \ldots, H_m^0\}$ が対象となる．そして実際に成り立っているのは m 個の帰無仮説のうち一部だけの可能性がある．そこで，添え字の部分集合 $V \subset \{1, \ldots, m\}$ を考え，V に含まれる添え字をもつ帰無仮説のみが成り立っているという状況を

$$H_V^0 = \bigcap_{i \in V} H_i^0 \tag{3.6}$$

で表し，部分帰無仮説 (partial null hypothesis) とよぶ．特に $V = \{1, \ldots, m\}$ の場合，すなわちファミリー $\mathcal{H}$ のすべての帰無仮説が成り立っている場合を完全帰無仮説 (complete null hypothesis) とよぶ．(3.5) 式の対比較の場合，完全帰無仮説は

$$H_{1 \cdots a}^0 : \mu_1 = \cdots = \mu_a$$

である．実際にはパラメータ θ_i $(i = 1, \ldots, m)$ の値は未知なので，どの部分帰無仮説が成り立っているのかは未知である．

3.2.3 ファミリー単位過誤率と比較単位過誤率

多重比較においても第I種の過誤を中心に考える．いま真に成り立っている帰無仮説を $H_V^0 = \bigcap_{i \in V} H_i^0$ とする．すなわち，集合 V に含まれる添え字をもつ帰無仮説 H_i^0 $(i \in V)$ が成り立っているとする．m 回の検定のうち第I種の過誤の数を $E_V(\boldsymbol{y})$ とすると，それは真に成り立っている帰無仮説を棄却した数であるから，

$$E_V(\boldsymbol{y}) = \sum_{i \in V} \phi_i(\boldsymbol{y})$$

と表される．$E_V(\boldsymbol{y})$ は観測データ $\boldsymbol{y}$ ごとに異なる値を取りうるので確率変数である．このとき，

$$FWER = \Pr\{E_V(\boldsymbol{y}) > 0 \mid H_V^0\} \qquad (3.7)$$

をファミリー単位過誤率 (family-wise error rate) という．すなわち $FWER$ は，真に成り立っている帰無仮説のうち，少なくとも 1 つ以上で第 I 種の過誤をおかす確率である．文献によっては，$FWER$ を**実験単位過誤率** (experiment-wise error rate) とよぶこともある．これは，実験全体として少なくとも 1 つ以上の過誤をおかしてしまう確率という考え方である．

一方，個別の帰無仮説ごとに第 I 種の過誤の確率を考えた

$$CWER = \max_{i \in V} \Pr\{\phi_i(\boldsymbol{y}) = 1 \mid H_i^0\} \qquad (3.8)$$

を比較単位過誤率 (comparison-wise error rate) という．$CWER$ では他の帰無仮説に関係なく，特定の帰無仮説 H_i^0 に着目して過誤の確率を考えている．

一般に (3.7) 式，(3.8) 式の確率は，成立している帰無仮説 H_i^0 ($i \in V$) だけでなく，対立仮説 $H_j^A : \theta_j \neq \theta_j^0$ ($j \notin V$) のパラメータの値 θ_j にも影響される．

3.2.4　ファミリー単位過誤率の制御

比較単位過誤率 $CWER$ を一定値 α 以下にするためには，個々の検定 $\phi_i(\boldsymbol{y})$ を第 I 種の過誤率が α 以下になるように設計すればよい．ところが，個々の検定の過誤率が α 以下であっても，多数の検定を行うと，そのどれかで過誤をおかしてしまう確率，すなわちファミリー単位過誤率 $FWER$ は α よりも大きくなってしまう．このことを**検定の多重性** (multiplicity) という．ファミリー単位過誤率を制御する方法とは，この検定の多重性を考慮した方法である．ファミリー単位過誤率 $FWER$ を α 以下に保つことを，$FWER$ を保障する (guarantee, maintain)，あるいは $FWER$ を制御する (control) と表現する．

(3.7) 式の $FWER$ の定義は仮定している帰無仮説に依存する．そして実際にどの帰無仮説が成立しているかは未知である．そこで，完全帰無仮説を含めてすべての部分帰無仮説のもとで $FWER$ を α 以下に保障することを，強い意味で制御する (strongly control) という．一方，完全帰無仮説のもとでのみ $FWER$ を α 以下に保障することを，弱い意味で制御する (weekly control) という．

【注　事後的な仮説】　データを見たあとで事後的に仮説を設定して検定を行うことには注意が必要である．たとえば表 2.9 の小麦品種比較実験の例では，データを見ると品種 A_2 の収量が最大で，品種 A_4 の収量が最小である．そこで，品種 A_2 と A_4 の比較を行うことにすれば，仮に比較の回数は 1 回であるとしても検定結果は

有意になりやすい．この場合，事前に想定されるすべてのペアの対比較を考慮して (すべてのペアの対比較をファミリーと考えて)，ファミリー単位過誤率の制御を考えればよい．

3.3 対 比 較

処理 A_i と A_j のすべての対 (つい，ペア) を考えて，その母平均が等しいという帰無仮説

$$H_{ij}^0 : \mu_i = \mu_j \quad (\mu_i - \mu_j = 0) \quad (1 \leq i, j \leq a)$$

の検定 (比較) を行う方法を**対比較** (ついひかく，pairwise comparisons) という．対象となる比較の数は $m = {}_aC_2 = a(a-1)/2$ である．

最初に繰返し数の等しい場合 $n_i \equiv n$ について説明する．アンバランストな場合は，3.3.5項で扱う．例として乱塊法による小麦品種比較実験 (表2.9) のデータを解析する．

3.3.1 最小有意差法 (LSD 法)
a. 計算手順

判定基準値

$$LSD(\alpha) = \hat{\sigma} \sqrt{\frac{2}{n}} \cdot t(\nu_e; \alpha/2) \tag{3.9}$$

を計算する．$t(\nu_e; \alpha/2)$ は自由度 ν_e の t 分布の片側 $\alpha/2$ 点 (両側 α 点) である．$LSD(\alpha)$ は**最小有意差** (least significant difference, LSD) とよばれる．2つの処理平均の差の絶対値が

$$|\bar{y}_{i\cdot} - \bar{y}_{j\cdot}| > LSD(\alpha) \tag{3.10}$$

のときに，処理 A_i と A_j に有意差ありと判定する．

多くの統計パッケージでこの計算を実行するプログラムが用意されている．3.3.6項に SAS による実行結果を示す．統計パッケージを利用しない場合は次のように実行すればよい．処理平均を昇順に並べたものを，

$$\bar{y}_{(1)\cdot} \leq \bar{y}_{(2)\cdot} \leq \cdots \leq \bar{y}_{(a)\cdot}$$

とする．外側 $\bar{y}_{(a)\cdot} - \bar{y}_{(1)\cdot}$ から始め，内側に向かって比較を進めていく．途中

3.3 対比較

で $\bar{y}_{(i)\cdot}$ と $\bar{y}_{(j)\cdot}$ $(i<j)$ が有意差なしと判定されれば，$i \leq s \leq j$ なる s については比較を継続する必要はない．

表 2.9 の小麦品種比較試験の例では，$\alpha = 0.05$ として，判定基準値は

$$n = 3, \quad \hat{\sigma}^2 = 0.0752, \quad \nu_e = 8, \quad t(8; 0.025) = 2.306$$
$$LSD(0.05) = \sqrt{2 \times 0.0752/3} \times 2.306 = 0.516$$

となる．判定結果は以下のとおりである．この表記法は，下線で結ばれた処理のあいだには有意差がないことを示している．

	A_4	A_1	A_3	A_5	A_2
	4.97	5.27	5.57	6.07	6.33

b. LSD 法の特徴と考え方

(3.10) 式の判定方式は，

$$|\bar{y}_{i\cdot} - \bar{y}_{j\cdot}| > LSD(\alpha) \iff |t| = \frac{|\bar{y}_{i\cdot} - \bar{y}_{j\cdot}|}{\hat{\sigma}\sqrt{2/n}} > t(\nu_e; \alpha/2)$$

と書き直すことができる．すなわち LSD 法は，各比較に有意水準 α の t 検定を実行していることと同値である．したがって，比較単位過誤率 $CWER$ が α 以下に保障される．しかしペアの総数は $a(a-1)/2 = 5(5-1)/2 = 10$ であり，これら 10 回の検定のうち，どこかで間違って有意差ありと判定する確率，すなわちファミリー単位過誤率 $FWER$ は α より高くなる．完全帰無仮説 $H^0_{12345}: \mu_1 = \cdots = \mu_5$ のもとで，ファミリー単位過誤率は $FWER = 0.236$ である．

c. 保護付き LSD 法，保護なし LSD 法

まず最初に分散分析の F 検定で，完全帰無仮説

$$H^0_{1\cdots a}: \mu_1 = \cdots = \mu_a$$

を検定し，この完全帰無仮説が棄却された場合のみ，LSD 法を実行する方法を保護付き LSD 法 (protected LSD, PLSD, Fisher's PLSD) という．一方，完全帰無仮説の検定を実行することなく，LSD 法による検定を行う方法を保護なし LSD 法 (unprotected LSD) という．

保護付き LSD 法は，完全帰無仮説のもとではファミリー単位過誤率 $FWER$ を α 以下に保障する．しかし，その他の部分帰無仮説のもとでは必ずしもファミリー単位過誤率を保障しない．たとえば小麦品種比較実験の例 $(a=5)$ において，品

種 $A_1, \ldots, A_4$ にはまったく差がなく，品種 A_5 のみ収量が大きく異なる，すなわち

$$\mu_1 = \cdots = \mu_4 \ll \mu_5$$

と仮定する．この場合，最初の F 検定は確実に有意になる．そのあと $A_1, \ldots, A_4$ のいずれかの処理に関して有意差ありと判定する確率は α よりも大きくなる．

3.3.2 Tukey 法
a. 計算手順
Tukey (テューキー) 法では，LSD 法よりも厳しい判定基準値

$$HSD_a(\alpha) = \left(\frac{\hat{\sigma}}{\sqrt{n}}\right) \cdot q(a, \nu_e; \alpha) \tag{3.11}$$

を計算する．$q(a, \nu_e; \alpha)$ はスチューデント化した範囲 (Studentized range) の上側 α 点である．$HSD_a(\alpha)$ は Tukey の HSD (honestly significant difference) とよばれる．$HSD_a(\alpha)$ の値は処理の数 a に依存し，a が増えるほど値が大きくなる (判定が厳しくなる)．

判定手順は LSD 法と同じで

$$|\bar{y}_{i \cdot} - \bar{y}_{j \cdot}| > HSD_a(\alpha) \tag{3.12}$$

のときに，処理 A_i と A_j とに有意差ありと判定する．

表 2.9 の小麦品種比較試験の例では，判定基準値は

$$a = 5, \quad n = 3, \quad \hat{\sigma}^2 = 0.0752, \quad \nu_e = 8, \quad q(5, 8; 0.05) = 4.886$$
$$HSD_5(0.05) = \sqrt{0.0752/3} \times 4.886 = 0.773$$

となる．計算手順は，LSD 法と同じように実行すればよい．判定結果は以下のとおりである．

A_4	A_1	A_3	A_5	A_2
4.97	5.27	5.57	6.07	6.33

b. Tukey 法の特徴と考え方
Tukey 法では，$a(a-1)/2$ 回の検定を行ったときに，どこかで間違って有意差ありと判定してしまう確率 (ファミリー単位過誤率) が α (たとえば 5%) 以下に

なるように設計されている．すなわち，まったく間違いをおかさない確率が $1-\alpha$ (たとえば 95%) 以上となる．そのため，個別の判定 (3.12) 式は，かなり厳しくなっている．

Tukey 法では，処理のすべてのペアに対して母平均の差 $\mu_i - \mu_j$ の同時信頼区間 $CI_{ij}(\boldsymbol{y})$ $(1 \leq i, j \leq a)$

$$\mu_i - \mu_j \in CI_{ij}(\boldsymbol{y}) = [\bar{y}_{i.} - \bar{y}_{j.} - HSD_a(\alpha),\ \bar{y}_{i.} - \bar{y}_{j.} + HSD_a(\alpha)]$$

を考える．この同時信頼区間 $CI_{ij}(\boldsymbol{y})$ $(1 \leq i, j \leq a)$ に関して

$$\Pr\{\mu_i - \mu_j \in CI_{ij}(\boldsymbol{y}),\quad 1 \leq i, j \leq a\} = 1 - \alpha \tag{3.13}$$

が成り立つ．実はスチューデント化した範囲の上側 α 点 $q(a, \nu_e; \alpha)$ は，この式が成り立つように定められている．(3.12) 式の判定方式は，信頼区間が 0 を含まないことと同値，すなわち

$$|\bar{y}_{i.} - \bar{y}_{j.}| > HSD_a(\alpha) \iff 0 \notin CI_{ij}(\boldsymbol{y}) \tag{3.14}$$

である．このとき，どのような部分帰無仮説のもとでもファミリー単位過誤率 $FWER$ が α 以下になる (証明は付録 A.2.2 項に示す).

Tukey 法は，ファミリー単位過誤率を制御するとともに，パラメータの同時信頼区間を与えるという点で有効な方法である．

【注 同時信頼区間】 同時信頼区間 (simultaneous confidence intervals) とは，複数のパラメータが存在するときに，各パラメータに対して信頼区間を構成し，すべてのパラメータがそれらの区間に同時に含まれる確率が一定値以上 ($1-\alpha$ 以上) となるように構成されたものである．対比較では，$m = a(a-1)/2$ 個のパラメータ $\mu_i - \mu_j$ に対して信頼区間を考える．このとき $m = a(a-1)/2$ 個のパラメータすべてが信頼区間に含まれる確率 (3.13) 式が $1-\alpha$ となる (そうなるように $q(a, \nu_e; \alpha)$ の値が決められている).

3.3.3 REGWQ 法

a. 計算手順

$a-1$ 個の判定基準値

$$R_p = \left(\frac{\hat{\sigma}}{\sqrt{n}}\right) \cdot q(p, \nu_e; \alpha_p) \quad (p = 2, \ldots, a) \tag{3.15}$$

$$\alpha_p = \begin{cases} 1 - (1-\alpha)^{p/a} & (p < a-1) \\ \alpha & (p = a-1, a) \end{cases}$$

を計算する．$q(p,\nu_e;\alpha_p)$ はスチューデント化した範囲の上側 α_p 点である．ただし，

$$R_2 \leq R_3 \leq \cdots \leq R_a$$

となるように調整する．すなわち，(3.15) 式の計算により $R_p > R_{p+1}$ となった場合は，R_{p+1} を R_p で置き換える $(p = 2,\ldots,a-1)$．付表 1〜4 に，$\alpha = 0.05$ と $\alpha = 0.01$ に対する $q(p,\nu_e;\alpha_p)$ の値を与える．ただしこれらの付表では，$q(2,\nu_e;\alpha_2) \leq \cdots \leq q(a,\nu_e;\alpha_a)$ となるように調整されている．

統計パッケージが利用できない場合で，繰返し数が等しい場合 $(n_i \equiv n)$ は，次のように計算すればよい．LSD 法と同様に，昇順に処理平均を並べたものを

$$\bar{y}_{(1)\cdot} \leq \bar{y}_{(2)\cdot} \leq \cdots \leq \bar{y}_{(a)\cdot}$$

とし，外側から順次，内側へ向かって検定する．

$$\begin{aligned}
\bar{y}_{(a)\cdot} - \bar{y}_{(1)\cdot} &> R_a &\Longrightarrow& \quad \text{有意差あり} \\
\bar{y}_{(a)\cdot} - \bar{y}_{(2)\cdot} &> R_{a-1} &\Longrightarrow& \quad \text{有意差あり} \\
&\vdots& &\quad \vdots \\
\bar{y}_{(a)\cdot} - \bar{y}_{(a-1)\cdot} &> R_2 &\Longrightarrow& \quad \text{有意差あり} \\
\bar{y}_{(a-1)\cdot} - \bar{y}_{(1)\cdot} &> R_{a-1} &\Longrightarrow& \quad \text{有意差あり} \\
&\vdots& &\quad \vdots \\
\bar{y}_{(2)\cdot} - \bar{y}_{(1)\cdot} &> R_2 &\Longrightarrow& \quad \text{有意差あり}
\end{aligned}$$

一般的に表せば，$\bar{y}_{(j)\cdot} - \bar{y}_{(i)\cdot} > R_{j-i+1}$ $(i < j)$ のとき，処理 A_i と A_j に有意差ありと判定する．ただし，$\bar{y}_{(i)\cdot}$ と $\bar{y}_{(j)\cdot}$ $(i < j)$ が有意差なしと判定されれば，$i \leq k \leq j$ なる A_k については，いずれも有意差なしと判定する．

小麦品種比較実験 (表 2.9) の例では，

$$a = 5, \quad n = 3, \quad \hat{\sigma}^2 = 0.0752, \quad \nu_e = 8$$

および，付表 1 を使って，$a - 1 = 4$ 個の判定基準値は

p	2	3	4	5
$q(p,\nu_e;\alpha_p)$	4.082	4.525	4.529	4.886
R_p	0.646	0.716	0.717	0.773

である．判定結果は以下のとおりである．

A_4	A_1	A_3	A_5	A_2
4.97	5.27	5.57	6.07	6.33

$\bar{y}_{2\cdot} - \bar{y}_{3\cdot} = 0.76$ は Tukey 法では有意とならない．しかし REGWQ 法では有意と判定される．

b. REGWQ 法の特徴と考え方

REGWQ 法は，ファミリー単位過誤率 $FWER$ を α 以下に保障する方法である．REGWQ 法の判定基準値は $R_2 \leq \cdots \leq R_a = HSD_a(\alpha)$ であり，Tukey 法よりも小さい判定基準値を使う．したがって REGWQ 法は Tukey 法よりも検出力が高くなる．ただし REGWQ 法では同時信頼区間を構成することができない．

この方法は，多重比較において $FWER$ を制御するための閉検定手順 (closed testing procedure) とよばれる方法に基づいている．閉検定手順については，本章冒頭に挙げた参考文献を参照されたい．

> 【注 名前の由来】 REGWQ 法は，Ryan (1960)，Einot & Gabriel (1975)，Welsch (1977) らによって改良が加えられながら発展した．そのため，この手法は Ryan-Einot-Gabriel-Welsch 法とよばれている (たとえば，Hsu (1996) や，SAS，SPSS などの統計パッケージ)．ところが，(3.15) 式の α_p は Tukey (1953) の有名な未公刊の文献ですでに紹介されていた．したがって，REGWQ 法は Tukey-Welsch 法とよばれることもある (たとえば，Hochberg & Tamhane (1987)，永田・吉田 (1997) など)．

3.3.4 その他の方法 (SNK 法，Duncan 法)

統計パッケージで利用できる対比較手法として，Student-Newman-Keuls 法や Duncan 法などがある．

a. Student-Newman-Keuls 法の計算手順

Student-Newman-Keuls 法 (スチューデント-ニューマン-クールズ法，SNK 法) の計算手順は REGWQ 法と同様である．ただし $a-1$ 個の判定基準値として

$$R_p^{SNK} = \left(\frac{\hat{\sigma}}{\sqrt{n}}\right) \cdot q(p, \nu_e; \alpha) \quad (p = 2, \ldots, a) \tag{3.16}$$

を用いる．REGWQ 法に比較して $q(p, \nu_e; \alpha) \leq q(p, \nu_e; \alpha_p)$ であるから，SNK 法の方が REGWQ 法よりも判定基準値が小さくなる．すなわち有意差ありと判定する確率が高くなる．

小麦品種比較実験 (表 2.9) のデータについての判定結果は

A_4	A_1	A_3	A_5	A_2
4.97	5.27	5.57	6.07	6.33

となり，REGWQ 法と同じである．

b. Student-Newman-Keuls 法の特徴と考え方

SNK 法では，想定される部分帰無仮説として

$$H_V^0: \mu_i = \cdots = \mu_j \quad (i < j)$$

のタイプだけを考えている．たとえば処理平均が複数のグループに分かれているような部分帰無仮説

$$H_V^0: \mu_1 = \mu_2 \neq \mu_3 = \mu_4 = \mu_5$$

は考えていない．したがって，このようなタイプの帰無仮説のもとでは，ファミリー単位過誤率 $FWER$ は α 以下に保障されない．

c. Duncan 法

Duncan 法 (ダンカン法) も計算手順は REGWQ 法と同様である．ただし $a-1$ 個の判定基準値として

$$R_p^D = \left(\frac{\hat{\sigma}}{\sqrt{n}}\right) \cdot q(p, \nu_e; \alpha_p^D) \quad (p = 2, \ldots, a) \tag{3.17}$$
$$\alpha_p^D = 1 - (1-\alpha)^{p-1}$$

を用いる．Duncan 法のための $q(p, \nu_e; \alpha_p^D)$ の値は付表 5, 6 に与えられている．小麦品種比較実験 (表 2.9) のデータについての判定結果は

A_4	A_1	A_3	A_5	A_2
4.97	5.27	5.57	6.07	6.33

となり，LSD 法と同じである．

d. Duncan 法の特徴と考え方

Duncan 法における確率 α_p^D の値は，$p = 2$ 以外では $\alpha_p^D > \alpha$ $(p > 2)$ である．たとえば $p = 5, \alpha = 0.05$ とすると，$\alpha_5^D = 1 - 0.95^{5-1} = 0.185$ となる．したがって Duncan 法はファミリー単位過誤率 $FWER$ を α 以下に保障することはない．実際，小麦品種比較試験の例 $(a = 5)$ で完全帰無仮説が成り立っている場合 (すべての処理の母平均が等しい場合)，5% の名目で Duncan 法を実施すると，どれかの比較で間違って有意差ありと判定する確率は 20% 近くになる．

Duncan 法では，処理の数 a が増えたときに，ファミリー単位過誤率は大きく

なってもよいと考えられている．その代償として，検出力を高くしようというものである．LSD 法と同じくらい差が有意であると判定される場合が多い．Duncan 法についての議論は三輪 (1997) を参照されたい．

【注　多重範囲検定】 REGWQ 法・SNK 法・Duncan 法では，判定基準値 R_p ($p = 2, \ldots, a$) が変化するので，多重範囲検定 (multiple range tests) とよばれることもある．たとえば Duncan 法は DMRT (Duncan's multiple range tests) などとよばれる．これに対し，LSD 法・Tukey 法では一定の判定基準値を使用する．

3.3.5　アンバランストモデルでの対比較

a.　アンバランストモデルでの判定基準値

一元配置完全無作為化法実験では，処理の繰返し数 n_i がそろっていない場合がある (2.1.8 項)．そのときは，処理 A_i, A_j の繰返し数を n_i, n_j とすると，繰返し数がそろっている場合の判定基準値計算の $\hat{\sigma}/\sqrt{n}$ の部分をすべて

$$\hat{\sigma}\sqrt{\frac{1}{2}\left(\frac{1}{n_i} + \frac{1}{n_j}\right)}$$

に置き換えて判定基準値を計算すればよい．たとえば，LSD 法・Tukey 法・REGWQ 法では

$$\text{LSD 法：} \quad LSD(\alpha)(i,j) = \hat{\sigma}\sqrt{\frac{1}{n_i} + \frac{1}{n_j}} \cdot t(\nu_e; \alpha/2)$$

$$\text{Tukey 法：} \quad HSD_a(\alpha)(i,j) = \hat{\sigma}\sqrt{\frac{1}{2}\left(\frac{1}{n_i} + \frac{1}{n_j}\right)} \cdot q(a, \nu_e; \alpha)$$

$$\text{REGWQ 法：} R_p(i,j) = \hat{\sigma}\sqrt{\frac{1}{2}\left(\frac{1}{n_i} + \frac{1}{n_j}\right)} \cdot q(p, \nu_e; \alpha_p)$$

となる．判定基準値は n_i と n_j に依存するので，比較するペアごとに計算しなければならない．

b.　Tukey-Kramer 法

特に Tukey 法で，アンバランストな場合に，

$$|\bar{y}_{i\cdot} - \bar{y}_{j\cdot}| > HSD_a(\alpha)(i,j) \implies \text{有意差あり}$$

によって検定する方式を Tukey-Kramer (クレイマー) 法という．これは，アンバランストな場合でも同時信頼区間

$$CI_{ij}(\boldsymbol{y}) = [\bar{y}_{i\cdot} - \bar{y}_{j\cdot} - HSD_a(\alpha)(i,j),\ \bar{y}_{i\cdot} - \bar{y}_{j\cdot} + HSD_a(\alpha)(i,j)]$$

に対して,

$$\Pr\{\mu_i - \mu_j \in CI_{ij}(\boldsymbol{y}),\quad 1 \leq i,j \leq a\} \geq 1 - \alpha \qquad (3.18)$$

が成り立つことに基づく. (3.18) 式が成り立つことは, 多くの人によって予想されていた (Tukey-Kramer 予想とよばれる). この予想は Hayter (1984) によって正しいことが証明された.

3.3.6 SASによる対比較の実行例

出力 3.1 に, SAS による一元配置乱塊法実験データ (小麦品種比較実験, 表 2.9) の解析プログラムを示す. SAS で多重比較を実行するには, GLM プロシージャの Means ステートメントにおいて, LSD, Tukey などのオプションを指定する. 出力 3.1 では例示のために, LSD から Tukey までを指定している. 通常の解析では, 実験の目的に応じてどれか 1 つの多重比較オプションを指定する.

出力 3.2 に出力結果の一部 (LSD 法, REGWQ 法, Tukey 法の結果) を示す.

出力 3.1　SAS による一元配置乱塊法実験の解析プログラム

```
Data wheatdata;
  Do A = 1 to 5;
    Do R = 1 to 3;
      Input yield @@;
      Output;
    End;
  End;
DataLines;
  4.9 5.8 5.1
  5.9 6.9 6.2
  5.6 5.9 5.2
  4.9 4.9 5.1
  6.0 6.5 5.7
;
Run;
Proc GLM Data=wheatdata;
  Class R A;
  Model yield = R A / SS2;
  Means A / LSD Duncan SNK REGWQ Tukey;
Run;
```

出力 3.2　SAS の対比較出力結果

GLM プロシジャ
分類変数の水準の情報
分類　　　　水準　　　値

3.3 対　比　較　　　　　　　　　　　　　　　　　　　　65

```
         R              3    1 2 3
         A              5    1 2 3 4 5
  読み込んだオブザベーション数        15
  使用されたオブザベーション数        15
```

従属変数：yield

要因	自由度	平方和	平均平方	F 値	Pr > F
Model	6	4.75466667	0.79244444	10.54	0.0020
Error	8	0.60133333	0.07516667		
Corrected Total	14	5.35600000			

R2 乗	変動係数	Root MSE	yield の平均
0.887727	4.861089	0.274565	5.640000

Type II

要因	自由度	平方和	平均平方	F 値	Pr > F
R	2	0.97200000	0.48600000	6.47	0.0213
A	4	3.78266667	0.94566667	12.58	0.0016

NOTE: Means from the MEANS statement are not adjusted for other terms in the model. For adjusted means, use the LSMEANS statement.

GLM プロシジャ

yield における t 検定 (LSD)

NOTE: この検定は第 1 種の 1 比較当たりの過誤を制御しますが、実験全体での過誤は制御しません。

```
        アルファ        0.05
        誤差の自由度       8
        誤差の平均平方  0.075167
        t の棄却値     2.30600
        最小有意差      0.5162
```

ラベルがすべての水準で同じ文字であるとき、どの対比較も統計的には有意ではありません。

t グループ		平均	N	A
	A	6.3333	3	2
B	A	6.0667	3	5
B	C	5.5667	3	3
D	C	5.2667	3	1
D		4.9667	3	4

GLM プロシジャ

yield における Ryan-Einot-Gabriel-Welsch 多重範囲検定

NOTE: この検定は第 1 種の実験全体での過誤を制御します。

```
        アルファ        0.05
        誤差の自由度       8
        誤差の平均平方  0.075167
```

平均の数	2	3	4	5
棄却域	0.6461524	0.716324	0.716856	0.773353

ラベルがすべての水準で同じ文字であるとき、どの対比較も統計的には有意ではあ

りません。

REGWQ グループ		平均	N	A
	A	6.3333	3	2
B	A	6.0667	3	5
B	C	5.5667	3	3
	C	5.2667	3	1
	C	4.9667	3	4

GLM プロシジャ

yield における Tukey のスチューデント化範囲 (HSD) 検定

NOTE: この検定は第 1 種の実験全体での過誤を制御しますが，一般的に第 2 種の過誤は REGWQ より高いです。

アルファ	0.05
誤差の自由度	8
誤差の平均平方	0.075167
スチューデント化範囲の棄却値	4.88569
最小な有意差	0.7734

ラベルがすべての水準で同じ文字であるとき，どの対比較も統計的には有意ではありません。

Tukey グループ		平均	N	A
	A	6.3333	3	2
	A	6.0667	3	5
B	A	5.5667	3	3
B		5.2667	3	1
B		4.9667	3	4

3.4 対照処理との比較

3.4.1 仮説のファミリーと対立仮説

処理のうちの 1 つが対照 (control) 処理であり，この対照処理と他の試験処理との比較のみに興味がある場合を考える．ここでは A_1 を対照処理とする．帰無仮説のファミリーは

$$\mathcal{H} = \{H_{i1}^0: \mu_i = \mu_1 \quad (\mu_i - \mu_1 = 0), \quad i = 2, \ldots, a\}$$

であり，興味の対象となる比較の数は $m = a - 1$ となる．

対照処理との比較の問題においては，「他の処理が対照処理と異なるかどうか」を検討したい場合と，「他の処理は対照処理よりも値が大きいか (あるいは小さいか)」を検討したい場合がある．この検出したい事柄を対立仮説として

1) $H_{i1}^{A\pm}: \mu_i \neq \mu_1$ （両側対立仮説）
2) $H_{i1}^{A+}: \mu_i > \mu_1$ （上片側対立仮説）

3) $H_{i1}^{A-} : \mu_i < \mu_1$ （下片側対立仮説）

のように表す．1) に対応する検定を両側検定，2) と 3) に対応する検定を片側検定という．

【注】 両側検定を行うか片側検定を行うか (さらに上側か下側か) は，データを見たあとで決めてはいけない．たとえば，対照処理よりも大きな値が観測されたので上片側対立仮説を設定するという方法では，ファミリー単位過誤率は保障されない．どの対立仮説を設定するかは研究 (実験) の目的に依存し，実験計画の段階で決めておくべきである．

3.4.2 対照処理との比較の例

対照処理に対して上片側検定を行うための実験を例 3.1 に示す．

例 3.1 子豚の体重増への飼料の影響 (対照処理との比較)

例として，タンパク質を強化した飼料が現行飼料に対して子豚の体重増に効果があるかどうかを調べるために行った実験を考える．取り上げた処理は次の 6 つである．

A_1: 現行飼料
A_2: 植物性タンパク質を標準量添加したもの
A_3: 植物性タンパク質を標準量の 2 倍添加したもの
A_4: 植物性タンパク質を標準量の 3 倍添加したもの
A_5: 動物性タンパク質を標準量添加したもの
A_6: 動物性タンパク質を標準量の 2 倍添加したもの

完全無作為化法により各処理をランダムに 3 頭の子豚に与えた (配置方法については第 1 章参照)．一定期間 (6 週間) 後の体重増のデータを表 3.2 に，その分散分析表を表 3.3 に示す．分散分析の結果はほとんど 1% 水準で有意である ($p = 0.0144$)．

表 3.2 子豚の体重増 (kg)

飼料	A_1	A_2	A_3	A_4	A_5	A_6
	23	23	29	29	27	34
	25	27	24	27	30	29
	21	24	23	32	24	32
平均	23.0	24.7	25.3	29.3	27.0	31.7

この実験の目的は現行飼料 (対照処理) A_1 に対して効果のある飼料を選ぶことなので，上片側対立仮説

表 3.3 子豚の体重増の分散分析表 (一元配置完全無作為化法)

変動因	自由度	平方和	平均平方	F 比	p-値
飼料 A	5	153.83	30.77	4.58*	0.0144
誤差 E	12	80.67	6.72		
全体 T	17	234.50			

$$H_{i1}^{A+} : \mu_i > \mu_1 \quad (i = 2, \ldots, 5)$$

を考える. また, 対照処理以外の処理 $A_2, \ldots, A_5$ のあいだの差の比較には興味はない.

3.4.3 Dunnett 法

対照との比較において, ファミリー単位過誤率を制御するための代表的な方法が Dunnett 法 (ダネット法) である.

a. 両側 Dunnett 法の計算手順

両側対立仮説 $H_{i1}^{A\pm} : \mu_i \neq \mu_1$ については

$$|\bar{y}_{i\cdot} - \bar{y}_{1\cdot}| > \hat{\sigma}\sqrt{\frac{2}{n}} \cdot d''(a-1, \nu_e; \alpha) \tag{3.19}$$

のときに, μ_i は μ_1 より有意に異なると判定する.

b. 片側 Dunnett 法の計算手順

上片側対立仮説 $H_{i1}^{A+} : \mu_i > \mu_1$ については,

$$\bar{y}_{i\cdot} - \bar{y}_{1\cdot} > \hat{\sigma}\sqrt{\frac{2}{n}} \cdot d'(a-1, \nu_e; \alpha) \tag{3.20}$$

のときに, μ_i は μ_1 より有意に大きいと判定する. 一方, 下片側対立仮説 H_{i1}^{A-} : $\mu_i < \mu_1$ については,

$$\bar{y}_{i\cdot} - \bar{y}_{1\cdot} < -\hat{\sigma}\sqrt{\frac{2}{n}} \cdot d'(a-1, \nu_e; \alpha) \tag{3.21}$$

のときに, μ_i は μ_1 より有意に小さいと判定する.

判定基準値の計算のためには, $d''(a-1, \nu_e; \alpha)$ と $d'(a-1, \nu_e; \alpha)$ のための数表が必要である. これらの値は, 先に示した参考文献に与えられている.

c. 解析例

例 3.1 の子豚の体重増に対する飼料比較の実験データを解析する. この実験では, 対照処理 (現行飼料) よりもプラスの効果をもつ処理を検出することが目的

であるから，上片側検定を行う．
$$a = 6, \quad n = 3, \quad \hat{\sigma}^2 = 6.72, \quad \nu_e = 12, \quad d'(5, 12; 0.05) = 2.502$$
を使って，判定基準値は
$$\hat{\sigma}\sqrt{\frac{2}{n}} \cdot d'(a-1, \nu_e; \alpha) = \sqrt{6.72} \cdot \sqrt{\frac{2}{3}} \cdot 2.502 = 5.30$$
となる．各処理と対照処理との差は
$$\bar{y}_{2\cdot} - \bar{y}_{1\cdot} = 1.7, \quad \bar{y}_{3\cdot} - \bar{y}_{1\cdot} = 2.3, \quad \bar{y}_{4\cdot} - \bar{y}_{1\cdot} = 6.3,$$
$$\bar{y}_{5\cdot} - \bar{y}_{1\cdot} = 4.0, \quad \bar{y}_{6\cdot} - \bar{y}_{1\cdot} = 8.7$$
であるから，A_1 に比べて有意に効果のあるのは A_4 と A_6 である．

d. Dunnett 法の特徴と考え方

Dunnett 法はファミリー単位過誤率 $FWER$ を α 以下に保障する手法である．Tukey 法と同様に Dunnett 法では同時信頼区間を構築する．(3.19) 式と (3.20) 式における判定基準値を
$$D_a''(\alpha) = \hat{\sigma}\sqrt{\frac{2}{n}} \cdot d''(a-1, \nu_e; \alpha)$$
$$D_a'(\alpha) = \hat{\sigma}\sqrt{\frac{2}{n}} \cdot d'(a-1, \nu_e; \alpha)$$
とおく．まず，両側対立仮説 $H_{i1}^{A\pm} : \mu_i \neq \mu_1$ については，両側信頼区間
$$\mu_i - \mu_1 \in CI_{i1}(\boldsymbol{y}) = [\bar{y}_{i\cdot} - \bar{y}_{1\cdot} - D_a''(\alpha), \ \bar{y}_{i\cdot} - \bar{y}_{1\cdot} + D_a''(\alpha)]$$
を考える．このとき
$$\Pr\{\mu_i - \mu_1 \in CI_{i1}(\boldsymbol{y}), \quad i = 2, \ldots, a\} = 1 - \alpha$$
が成り立つ (この式が成り立つように $d''(a-1, \nu_e; \alpha)$ の値が決められている)．(3.19) 式の判定方式はこの信頼区間が 0 を含まないことと同値であり，
$$|\bar{y}_{i\cdot} - \bar{y}_{1\cdot}| > D_a''(\alpha) \iff 0 \notin CI_{i1}(\boldsymbol{y})$$
が成り立つ．このことによりファミリー単位過誤率が α 以下に保障されることの証明は Tukey 法の場合と同様である (3.3.2 項参照)．

上片側対立仮説 $H_{i1}^{A+} : \mu_i > \mu_1$ に対しては，上片側信頼区間
$$\mu_i - \mu_1 \in CI_{i1}^U(\boldsymbol{y}) = [\bar{y}_{i\cdot} - \bar{y}_{1\cdot} - D_a'(\alpha), \ \infty)$$
を考える．両側同時信頼区間の場合と同様に

$$\Pr\{\mu_i - \mu_1 \in CI_{i1}^U(\boldsymbol{y}), \quad i = 2, \ldots, a\} = 1 - \alpha$$

が成り立つ．両側検定の場合と同様に，

$$\bar{y}_{i\cdot} - \bar{y}_{1\cdot} > D'_a(\alpha) \iff 0 \notin CI_{i1}^U(\boldsymbol{y})$$

が成り立ち，(3.20) 式の判定方式は同時信頼区間が 0 を含まないことと同値である．

e. アンバランストモデルでの Dunnett 法

一元配置完全無作為化法で繰返し数 n_i が不ぞろいの場合，繰返し数が等しいことを仮定した $d''(a-1, \nu_e; \alpha)$, $d'(a-1, \nu_e; \alpha)$ を使うとファミリー単位過誤率 $FWER$ が保障されない場合がある．アンバランスの程度が極端でない場合は繰返し数が等しい場合の基準値を使用しても大きく $FWER$ がずれることはない．アンバランスの程度が大きい場合でも，SAS などの統計パッケージでは計算可能である．

3.4.4 対照処理との比較の t 検定

対照処理との比較において比較単位過誤率 $CWER$ を制御するには，各比較の過誤率が α 以下になるように個々の検定を設計すればよい．したがって，各比較において通常の t 検定を実行する．すなわち各対立仮説に対して次のように検定すればよい．

- 両側対立仮説 $H_{i1}^{A\pm} : \mu_i \neq \mu_1$

$$|\bar{y}_{i\cdot} - \bar{y}_{1\cdot}| > \hat{\sigma}\sqrt{\frac{2}{n}} \cdot t(\nu_e; \alpha/2) \implies \text{帰無仮説を棄却}$$

- 上片側対立仮説 $H_{i1}^{A+} : \mu_i > \mu_1$

$$\bar{y}_{i\cdot} - \bar{y}_{1\cdot} > \hat{\sigma}\sqrt{\frac{2}{n}} \cdot t(\nu_e; \alpha) \implies \text{帰無仮説を棄却}$$

- 下片側対立仮説 $H_{i1}^{A-} : \mu_i < \mu_1$

$$\bar{y}_{i\cdot} - \bar{y}_{1\cdot} < -\hat{\sigma}\sqrt{\frac{2}{n}} \cdot t(\nu_e; \alpha) \implies \text{帰無仮説を棄却}$$

ここで，$t(\nu_e; \alpha)$ は自由度 ν_e の t 分布の片側 α 点である．実は Dunnett 法の (3.19)～(3.21) 式は，t 検定における $t(\nu_e; \alpha/2)$ を $d''(a-1, \nu_e; \alpha)$ で置き換え，$t(\nu_e; \alpha)$ を $d'(a-1, \nu_e; \alpha)$ で置き換えたものである．

3.4 対照処理との比較　　71

【注】 対照処理との比較では，例 3.1 のように，探索的に多数の処理を実験に取り入れて対照処理との比較を行う場合が多い．このとき比較単位の過誤のみを考慮していると間違って多くの処理を有意差ありと判定してしまう可能性があるので注意が必要である．

比較単位過誤率の制御を考えるのは，各比較のそれぞれが個別の実験目的となっている場合である．

3.4.5　SAS による Dunnett 法の実行例

SAS による Dunnett 法の解析プログラム (出力 3.3) と実行例 (出力 3.4) を示す．Dunnett 法の上片側検定を実行するには，Means ステートメントにおいて，DunnettU を指定する．

出力 3.3　SAS による Dunnett 法の解析プログラム

```
Data swinedata;
  Do R = 1 to 3;
    Do A = 1 to 6;
      Input w @@;
      Output;
    End;
  End;
DataLines;
  23  23  29  29  27  34
  25  27  24  27  30  29
  21  24  23  32  24  32
  ;
Run;
Proc GLM Data=swinedata;
  Class R A;
  Model w = A / SS2;
  Means A / DunnettU;
Run;
```

出力 3.4　SAS による Dunnett 法の出力結果

```
                  GLM プロシジャ
                分類変数の水準の情報
            分類      水準    値
             R         3     1 2 3
             A         6     1 2 3 4 5 6

         読み込んだオブザベーション数      18
         使用されたオブザベーション数      18

従属変数 : w
要因          自由度    平方和       平均平方      F 値   Pr > F
Model            5   153.8333333   30.7666667    4.58  0.0144
Error           12    80.6666667    6.7222222
```

```
Corrected Total         17    234.5000000

             R2 乗      変動係数     Root MSE    w の平均
             0.656006   9.662329    2.592725    26.83333

                              Type II
要因                    自由度      平方和        平均平方        F 値   Pr > F
A                          5    153.8333333    30.7666667      4.58  0.0144
```

GLM プロシジャ
w に対する Dunnett の片側 t 検定
NOTE: この検定は全処理群とコントロールの間の比較に対する第 1 種の過誤の確率を制御します．

```
                アルファ                  0.05
                誤差の自由度               12
                誤差の平均平方          6.722222
                Dunnett の t の棄却値   2.50225
                最小な有意差             5.2971
```

有意水準 0.05 で有意に差があることを *** で示しています．

```
     A                      同時 95% 信頼限
    比較      平均の差              界

   6 - 1      8.667       3.370  Infinity    ***
   4 - 1      6.333       1.036  Infinity    ***
   5 - 1      4.000      -1.297  Infinity
   3 - 1      2.333      -2.964  Infinity
   2 - 1      1.667      -3.630  Infinity
```

3.5 対比の検定

3.5.1 対比のファミリー

処理効果の母平均 μ_i $(i=1,\ldots,a)$ の線形結合

$$\sum_{i=1}^{a} c_i \mu_i$$

で，係数 c_i $(i=1,\ldots,a)$ の和が 0 になるもの，すなわち，

$$\sum_{i=1}^{a} c_i = 0 \tag{3.22}$$

を満たすものを対比 (たいひ，contrast) という．この対比が 0 かどうかを実験データから検定するために，帰無仮説

3.5 対比の検定

$$H_{\mathbf{c}}^0: \sum_{i=1}^{a} c_i\,\mu_i = 0 \tag{3.23}$$

を考える．(3.22) 式を満たす対比は無限に存在する．そのどれを帰無仮説のファミリーとするかは実験の目的による．後述の Scheffé 法では，無限に存在する対比についての帰無仮説全体

$$\mathcal{H} = \Big\{ H_{\mathbf{c}}^0: \sum_{i=1}^{a} c_i\,\mu_i = 0 \ \ \Big(\sum_{i=1}^{a} c_i = 0\Big) \Big\} \tag{3.24}$$

をファミリーとして考えている．

3.5.2 対比の検定の例

表 2.5 の水稲 6 品種についての葉いもち病斑面積率データ (2.1.8 項) の処理平均を表 3.4 に示す．誤差分散は分散分析表 (表 2.7) から $\hat{\sigma}^2 = V_e = 6.06$ ($\nu_e = 18$) と推定される．

表 3.4 水稲 6 品種の葉いもち病斑面積率の平均値

品種	A_1	A_2	A_3	A_4	A_5	A_6
繰返し数 n_i	4	3	5	3	5	4
処理平均 $\bar{y}_{i\cdot}$	24.5	28.3	22.4	29.0	33.6	30.5

$\hat{\sigma}^2 = V_e = 6.06$ ($\nu_e = 18$)

この例において 6 つの処理 $A_1, \ldots, A_6$ は対等な立場ではなく，品種群 $\{1,2,3\}$ と $\{4,5,6\}$ とは，異なる母本 (品種の親) からの品種であり，葉いもち病に対する抵抗性が異なっている可能性がある．そこで，帰無仮説

$$H_{\mathbf{c}}^0: \frac{\mu_1 + \mu_2 + \mu_3}{3} - \frac{\mu_4 + \mu_5 + \mu_6}{3} = 0$$

を考える．この線形結合が対比であることは容易に確かめられる．

3.5.3 対比の t 検定

a. 計算手順

対比に対する t 検定では，

$$\Big| \sum_{i=1}^{a} c_i\,\bar{y}_{i\cdot} \Big| > \hat{\sigma}\sqrt{\sum_{i=1}^{a}(c_i^2/n_i)} \cdot t(\nu_e; \alpha/2) \tag{3.25}$$

のときに，帰無仮説 $H_{\mathbf{c}}^0: \sum_{i=1}^{a} c_i\,\mu_i = 0$ を棄却する．ここで，$t(\nu_e; \alpha/2)$ は自由

度 ν_e の t 分布の片側 $\alpha/2$ 点 (両側 α 点) である．

表 3.4 の水稲品種比較実験の例では，データから計算される対比の推定値は

$$\sum_{i=1}^{a} c_i \bar{y}_{i\cdot} = \frac{\bar{y}_{1\cdot} + \bar{y}_{2\cdot} + \bar{y}_{3\cdot}}{3} - \frac{\bar{y}_{4\cdot} + \bar{y}_{5\cdot} + \bar{y}_{6\cdot}}{3} = -6.0$$

となる．一方，(3.25) 式右辺の判定基準値は，1% 水準の $t(18; 0.01/2) = 2.878$ を使うと

$$\sum_{i=1}^{a} \frac{c_i^2}{n_i} = \frac{1}{9}\left(\frac{1}{4} + \frac{1}{3} + \frac{1}{5} + \frac{1}{3} + \frac{1}{5} + \frac{1}{4}\right) = 0.174$$

$$\hat{\sigma}\sqrt{\sum_{i=1}^{a}(c_i^2/n_i)} \cdot t(\nu_e; \alpha/2) = \sqrt{6.06 \times 0.174} \times 2.878 = 2.96$$

である．したがって帰無仮説

$$H_{\mathbf{c}}^0 : \frac{\mu_1 + \mu_2 + \mu_3}{3} - \frac{\mu_4 + \mu_5 + \mu_6}{3} = 0$$

は，1% 水準で棄却される．

b. t 検定の特徴と考え方

データから計算される対比の推定量 $\sum_{i=1}^{a} c_i \bar{y}_{i\cdot}$ に関して，その期待値と分散は

$$\mathrm{E}\left[\sum_{i=1}^{a} c_i \bar{y}_{i\cdot}\right] = \sum_{i=1}^{a} c_i \mu_i, \quad \mathrm{V}\left[\sum_{i=1}^{a} c_i \bar{y}_{i\cdot}\right] = \sigma^2 \sum_{i=1}^{a} \frac{c_i^2}{n_i}$$

である．したがって，帰無仮説 $H_{\mathbf{c}}^0 : \sum_{i=1}^{a} c_i \mu_i = 0$ のもとで

$$t = \frac{\sum_{i=1}^{a} c_i \bar{y}_{i\cdot}}{\hat{\sigma}\sqrt{\sum_{i=1}^{a} c_i^2/n_i}}$$

は自由度 ν_e の t 分布に従う．(3.25) 式の判定方式は，この t 分布に従う統計量に対して

$$|t| > t(\nu_e; \alpha/2)$$

という通常の両側 t 検定を行っていることと同値である．

したがって，対比に対する t 検定は比較単位過誤率 $CWER$ を α 以下に制御する．しかし複数の対比を考えて，それぞれに t 検定を行えば，ファミリー単位過誤率 $FWER$ は α よりも大きくなる．ただ 1 つの対比を検定することが実験の目的である場合には t 検定を行うことができる．

3.5.4 Scheffé法

Scheffé法 (シェフェ法) は，すべての対比を考えたときの帰無仮説のファミリー (3.24) 式に対して，ファミリー単位過誤率 $FWER$ を α 以下に保障する方法である．

a. 計算手順

Scheffé法では，

$$\left|\sum_{i=1}^{a} c_i \bar{y}_{i\cdot}\right| > \hat{\sigma}\sqrt{(a-1)\cdot \sum_{i=1}^{a}(c_i^2/n_i)\cdot F(a-1,\nu_e;\alpha)} \quad (3.26)$$

のときに，帰無仮説 $H_{\boldsymbol{c}}^0: \sum_{i=1}^{a} c_i \mu_i = 0$ を棄却する．ここで，$F(a-1,\nu_e;\alpha)$ は自由度 $(a-1,\nu_e)$ の F 分布の上側 α 点である．

表3.4の水稲品種比較実験において，F 分布の1%点 $F(5,18;0.01) = 4.248$ を用いると，(3.26) 式の判定基準値は

$$\hat{\sigma}\sqrt{(a-1)\cdot \sum_{i=1}^{a}(c_i^2/n_i)\cdot F(a-1,\nu_e;\alpha)}$$
$$= \sqrt{6.06 \times 5 \times 0.174 \times 4.248} = 4.73$$

となる．したがってScheffé法においても1%水準で有意である．

b. Scheffé法の特徴と考え方

Scheffé法では，あらゆる対比 $\sum_{i=1}^{a} c_i \mu_i$ を考えたときに，ファミリー単位過誤率 $FWER$ を α 以下に制御する方法である．その構成法は Tukey 法や Dunnett 法と同様に同時信頼区間に基づいている．

(3.26) 式の判定基準値を

$$S_{\boldsymbol{c}}(\alpha) = \hat{\sigma}\sqrt{(a-1)\cdot \sum_{i=1}^{a}(c_i^2/n_i)\cdot F(a-1,\nu_e;\alpha)}$$

とおいて，対比についての同時信頼区間

$$\sum_{i=1}^{a} c_i \mu_i \in CI_{\boldsymbol{c}}(\boldsymbol{y}) = \left[\sum_{i=1}^{a} c_i \bar{y}_{i\cdot} - S_{\boldsymbol{c}}(\alpha),\ \sum_{i=1}^{a} c_i \bar{y}_{i\cdot} + S_{\boldsymbol{c}}(\alpha)\right] \quad (3.27)$$

を考える．これは対比の推定値 $\sum_{i=1}^{a} c_i \bar{y}_{i\cdot}$ に $\pm S_{\boldsymbol{c}}(\alpha)$ の幅を加えたものである．この同時信頼区間に関して

$$\Pr\left\{\text{すべての対比について}\quad \sum_{i=1}^{a} c_i \mu_i \in CI_{\boldsymbol{c}}(\boldsymbol{y})\right\} = 1 - \alpha \quad (3.28)$$

が成り立つ (証明は付録 A.2.2 項に与える). (3.26) 式の判定方式は信頼区間が 0 を含まないこと, すなわち

$$0 \notin CI_{\boldsymbol{c}}(\boldsymbol{y})$$

と同値である. このとき Tukey 法の場合と同様にしてファミリー単位過誤率が α 以下に保障されることが示される (3.3.2 項参照).

また Scheffé 法は分散分析の F 検定と密接な関係がある. 次の 2 つの事項
- 分散分析の F 検定で有意となる
- Scheffé 法で有意となる対比 $\sum_{i=1}^{a} c_i \mu_i$ が少なくとも 1 つ存在する

は同値である (証明は付録 A.2.2 項参照). したがって, 分散分析の F 検定で有意とならないときは, Scheffé 法で有意となる対比は存在しない.

3.3 節の対比較 $H_{ij}^0 : \mu_i - \mu_j = 0$, および 3.4 節の対照との比較 $H_{i1}^0 : \mu_i - \mu_1 = 0$ は, いずれも対比の一種である. したがって, これらの比較にも原理的には Scheffé 法を用いることが可能である. しかし Scheffé 法は無限個の対比に対してファミリー単位過誤率を制御しているので対比較や対照との比較においては検出力が低くなる (第 II 種の過誤率が高くなる). たとえば 3.3 節で検討した小麦品種比較実験の対比較の問題に対して Scheffé 法を用いると, (3.26) 式の判定基準値は

$$a = 5, \quad n = 3, \quad \hat{\sigma}^2 = 0.0752, \quad \nu_e = 8, \quad F(4, 8; 0.05) = 3.838$$

$$\hat{\sigma}\sqrt{(a-1) \cdot \sum_{i=1}^{a} (c_i^2/n_i) \cdot F(a-1, \nu_e; \alpha)}$$
$$= \sqrt{0.0752 \times 4 \times (2/3) \times 3.838} = 0.877$$

である. Tukey 法の判定基準 $HSD_5(0.05) = 0.773$ よりもさらに厳しい判定基準となる. したがって, 対比較や対照との比較のように行うべき比較が実験の目的から決まっているときには Scheffé 法を使用すべきではない.

Chapter 4
二元配置実験の解析

2つの因子を取り上げる二元配置実験データの解析法を解説する．第1章で説明したように，因子間の交互作用を把握することは実験結果を実際に適用するときに重要になる．二元配置実験は因子間の交互作用を評価することができるので，情報の獲得の観点から有効な実験計画である．二元配置実験においても，完全無作為化法で実施される場合と乱塊法で実施される場合とがある．

4.1 二元配置完全無作為化法

4.1.1 二元配置完全無作為化法実験のデータ

水準数 a の因子 A と水準数 b の因子 B による二元配置実験 (2因子実験) を考える．処理組合せの数は ab となる．各処理組合せに対して n 個の値を観測するものとする．完全無作為化法では，処理を abn 個の実験単位にランダムに配置する．水準 A_iB_j の第 k 番目の観測データを y_{ijk} ($i=1,\ldots,a;\ j=1,\ldots,b;\ k=1,\ldots,n$) とする (表 4.1)．二元配置実験では，データ y_{ijk} は3つの添え字をもつ．第1の添え字 i は因子 A の第 i 水準を，第2の添え字 j は因子 B の第 j 水準を，第3の添え字 k は第 k 番目の繰返しを示す．

表 4.2 は二元配置完全無作為化法によるラットに対する毒性試験データである．実験配置は例 1.3 (表 1.12) に与えられている．2つの因子として，性別 (因子 S) の2水準と薬剤濃度 (因子 C) の4水準を取り上げた．各性別ごとにランダムに5匹のラットに各濃度の薬剤を使用し，13週間後の赤血球数 ($\times 10^4$) を特性値として観測した．性別×薬剤濃度の処理組合せに対する平均値を表 4.3 に示す．

表 4.1 二元配置完全無作為化法実験のデータ

因子 A	因子 B	繰返し					平均
A_1	B_1	y_{111}	$\cdots$	y_{11k}	$\cdots$	y_{11n}	$\bar{y}_{11\cdot}$
	$\vdots$	$\vdots$		$\vdots$		$\vdots$	$\vdots$
	B_b	y_{1b1}	$\cdots$	y_{1bk}	$\cdots$	y_{1bn}	$\bar{y}_{1b\cdot}$
$\vdots$	$\vdots$	$\vdots$		$\vdots$		$\vdots$	$\vdots$
A_i	B_j	y_{ij1}	$\cdots$	y_{ijk}	$\cdots$	y_{ijn}	$\bar{y}_{ij\cdot}$
	$\vdots$	$\vdots$		$\vdots$		$\vdots$	$\vdots$
$\vdots$	$\vdots$	$\vdots$		$\vdots$		$\vdots$	$\vdots$
A_a	B_1	y_{a11}	$\cdots$	y_{a1k}	$\cdots$	y_{a1n}	$\bar{y}_{a1\cdot}$
	$\vdots$	$\vdots$		$\vdots$		$\vdots$	$\vdots$
	B_b	y_{ab1}	$\cdots$	y_{abk}	$\cdots$	y_{abn}	$\bar{y}_{ab\cdot}$
						総平均	$\bar{y}_{\cdots}$

表 4.2 ラット毒性試験データ (赤血球数 $\times 10^4$)
(二元配置完全無作為化法)

性別 S	薬剤濃度 C	繰返しデータ					平均
S_1:雄	C_1: 0 ppm	803	838	836	822	804	820.6
	C_2: 25 ppm	824	839	772	812	844	818.2
	C_3: 50 ppm	786	775	768	758	730	763.4
	C_4:100 ppm	722	779	647	716	710	714.8
S_2:雌	C_1	705	744	716	777	799	748.2
	C_2	733	818	750	769	718	757.6
	C_3	745	809	721	777	739	758.2
	C_4	712	720	718	703	707	712.0
						総平均	761.6

表 4.3 性別 × 薬剤濃度二元表
(赤血球数の平均値 $\times 10^4$)

性別	薬剤濃度				平均
	C_1	C_2	C_3	C_4	
S_1	820.6	818.2	763.4	714.8	779.3
S_2	748.2	757.6	758.2	712.0	744.0
平均	784.4	787.9	760.8	713.4	761.6

4.1.2 分散分析の考え方と平方和の計算

分散分析においては, 一元配置の場合と同様にデータ全体の変動を意味のある変動に分解する. 2つの因子 A と B の組合せによる処理の変動は, さらに主効果

と交互作用に分解される.すなわち,二元配置完全無作為化法の分散分析においては,全体の変動は次の4つの変動要因から構成される.

- 処理の組合せによる変動
  1) 因子 A の主効果による変動
  2) 因子 B の主効果による変動
  3) 因子 A と因子 B との交互作用による変動
- 実験誤差による変動
  4) 実験誤差によるランダムな変動

a. 平方和の計算

一元配置の場合と同様に,平均値 $\bar{y}$ の添え字に使われる "." (ドット) は,その添え字に関して平均を計算することを表す.すなわち次の平均

$$\bar{y}_{ij\cdot} = \frac{1}{n}\sum_{k=1}^{n} y_{ijk} \quad (処理組合せ A_i B_j における平均)$$

$$\bar{y}_{i\cdot\cdot} = \frac{1}{bn}\sum_{j=1}^{b}\sum_{k=1}^{n} y_{ijk} \quad (処理 A_i における平均)$$

$$\bar{y}_{\cdot j\cdot} = \frac{1}{an}\sum_{i=1}^{a}\sum_{k=1}^{n} y_{ijk} \quad (処理 B_j における平均)$$

$$\bar{y}_{\cdot\cdot\cdot} = \frac{1}{abn}\sum_{i=1}^{a}\sum_{j=1}^{b}\sum_{k=1}^{n} y_{ijk} \quad (総平均)$$

を考える.

- 総平方和 (total sum of squares):

$$S_T = \sum_{i=1}^{a}\sum_{j=1}^{b}\sum_{k=1}^{n}(y_{ijk} - \bar{y}_{\cdots})^2 \tag{4.1}$$

$$自由度:\nu_T = abn - 1 \tag{4.2}$$

- 処理平方和 (treatment sum of squares):

$$S_{(AB)} = \sum_{i=1}^{a}\sum_{j=1}^{b}\sum_{k=1}^{n}(\bar{y}_{ij\cdot} - \bar{y}_{\cdots})^2 = n\sum_{i=1}^{a}\sum_{j=1}^{b}(\bar{y}_{ij\cdot} - \bar{y}_{\cdots})^2 \tag{4.3}$$

$$自由度:\nu_{(AB)} = ab - 1 \tag{4.4}$$

1) A の主効果 (sum of squares for main effect A):

$$S_A = \sum_{i=1}^{a}\sum_{j=1}^{b}\sum_{k=1}^{n}(\bar{y}_{i\cdot\cdot} - \bar{y}_{\cdots})^2 = bn\sum_{i=1}^{a}(\bar{y}_{i\cdot\cdot} - \bar{y}_{\cdots})^2 \tag{4.5}$$

$$\text{自由度：} \nu_A = a - 1 \tag{4.6}$$

2) B の主効果 (sum of squares for main effect B)：

$$S_B = \sum_{i=1}^{a}\sum_{j=1}^{b}\sum_{k=1}^{n}(\bar{y}_{\cdot j \cdot} - \bar{y}_{\cdots})^2 = an\sum_{j=1}^{b}(\bar{y}_{\cdot j \cdot} - \bar{y}_{\cdots})^2 \tag{4.7}$$

$$\text{自由度：} \nu_B = b - 1 \tag{4.8}$$

3) $A \times B$ 交互作用 (interaction sum of squares)：

$$S_{A \times B} = \sum_{i=1}^{a}\sum_{j=1}^{b}\sum_{k=1}^{n}(\bar{y}_{ij\cdot} - \bar{y}_{i\cdot\cdot} - \bar{y}_{\cdot j\cdot} + \bar{y}_{\cdots})^2$$

$$= n\sum_{i=1}^{a}\sum_{j=1}^{b}(\bar{y}_{ij\cdot} - \bar{y}_{i\cdot\cdot} - \bar{y}_{\cdot j\cdot} + \bar{y}_{\cdots})^2$$

$$= S_{(AB)} - S_A - S_B \tag{4.9}$$

$$\text{自由度：} \nu_{A \times B} = (a-1)(b-1) \tag{4.10}$$

4) 誤差平方和 (error sum of squares)：

$$S_e = \sum_{i=1}^{a}\sum_{j=1}^{b}\sum_{k=1}^{n}(y_{ijk} - \bar{y}_{ij\cdot})^2 \tag{4.11}$$

$$\text{自由度：} \nu_e = ab(n-1) \tag{4.12}$$

一元配置の場合と同様に，平方和と自由度に関して加法性

$$S_T = S_A + S_B + S_{A \times B} + S_e$$

$$\nu_T = \nu_A + \nu_B + \nu_{A \times B} + \nu_e$$

が成り立つ．

【注　平方和と自由度の加法性】因子 A と因子 B の ab とおりの水準組合せを，1つの因子の ab 個の水準だと考えると，表 4.1 は一元配置完全無作為化法の表 2.1 と同じ形をしていることが分かる．そして，$S_{(AB)}$ と S_e は一元配置完全無作為化法としての処理平方和と誤差平方和であり，

$$S_T = S_{(AB)} + S_e$$

$$\nu_T = \nu_{(AB)} + \nu_e$$

が成り立つ．次に

$$\bar{y}_{ij\cdot} - \bar{y}_{\cdots} = (\bar{y}_{i\cdot\cdot} - \bar{y}_{\cdots}) + (\bar{y}_{\cdot j\cdot} - \bar{y}_{\cdots}) + (\bar{y}_{ij\cdot} - \bar{y}_{i\cdot\cdot} - \bar{y}_{\cdot j\cdot} + \bar{y}_{\cdots})$$

の両辺を 2 乗して和を計算すると，積の項の和が 0 になることから

$$S_{(AB)} = S_A + S_B + S_{A\times B}$$

が得られる．

交互作用平方和における $\bar{y}_{ij\cdot} - \bar{y}_{i\cdot\cdot} - \bar{y}_{\cdot j\cdot} + \bar{y}_{\cdots}$ について，添え字 i と j に関して和を計算すると，それぞれ

$$\sum_{i=1}^{a}(\bar{y}_{ij\cdot} - \bar{y}_{i\cdot\cdot} - \bar{y}_{\cdot j\cdot} + \bar{y}_{\cdots}) = 0$$

$$\sum_{j=1}^{b}(\bar{y}_{ij\cdot} - \bar{y}_{i\cdot\cdot} - \bar{y}_{\cdot j\cdot} + \bar{y}_{\cdots}) = 0$$

のように 0 になる．すなわち交互作用平方和においては，ab 個の $\bar{y}_{ij\cdot} - \bar{y}_{i\cdot\cdot} - \bar{y}_{\cdot j\cdot} + \bar{y}_{\cdots}$ のうち，$(a-1) \times (b-1)$ 個が自由な値を取ることができる．したがって，交互作用の自由度が $\nu_{A\times B} = (a-1)(b-1)$ となる．これより，

$$\nu_{(AB)} = \nu_A + \nu_B + \nu_{A\times B}$$

が得られる．ちなみに，因子 A と B との交互作用は掛け算の記号 "×" を用いて $A\times B$ と表される．このとき交互作用の自由度が数値的にも主効果 A と主効果 B の自由度の掛け算 $\nu_{A\times B} = \nu_A \times \nu_B$ となっているので覚えやすい．

b. 分散分析表

平方和を対応する自由度で割った値を平均平方として，結果は表 4.4 の分散分析表にまとめられる．

表 4.4 分散分析表 (二元配置完全無作為化法)

変動因	自由度	平方和	平均平方 V	F 比	$E[V]$
主効果 A	$\nu_A = a-1$	S_A	$V_A = \dfrac{S_A}{\nu_A}$	$\dfrac{V_A}{V_e}$	$\sigma^2 + bn\,\eta_A^2$
主効果 B	$\nu_B = b-1$	S_B	$V_B = \dfrac{S_B}{\nu_B}$	$\dfrac{V_B}{V_e}$	$\sigma^2 + an\,\eta_B^2$
交互作用 $A\times B$	$\nu_{A\times B} = (a-1)(b-1)$	$S_{A\times B}$	$V_{A\times B} = \dfrac{S_{A\times B}}{\nu_{A\times B}}$	$\dfrac{V_{A\times B}}{V_e}$	$\sigma^2 + n\,\eta_{A\times B}^2$
誤差 E	$\nu_e = ab(n-1)$	S_e	$V_e = \dfrac{S_e}{\nu_e}$		σ^2
全体 T	$\nu_T = abn-1$	S_T			

4.1.3　データの構造モデルと要因効果の検定

二元配置完全無作為化法実験データの構造モデルは，

$$y_{ijk} = \mu_{ij} + e_{ijk} = \mu + \alpha_i + \beta_j + (\alpha\beta)_{ij} + e_{ijk} \tag{4.13}$$
$$(i = 1, \ldots, a;\ j = 1, \ldots, b;\ k = 1, \ldots, n)$$

と表される．ここで，

μ_{ij}： 水準組合せ $A_i B_j$ における特性値の母平均
$$\mu_{ij} = \mu + \alpha_i + \beta_j + (\alpha\beta)_{ij}$$

μ： 一般平均
$$\mu = \frac{1}{ab}\sum_{i=1}^{a}\sum_{j=1}^{b}\mu_{ij}$$

α_i： 水準 A_i の主効果 $\left(\sum_{i=1}^{a}\alpha_i = 0\right)$

β_j： 水準 B_j の主効果 $\left(\sum_{j=1}^{b}\beta_j = 0\right)$

$(\alpha\beta)_{ij}$： 水準組合せ $A_i B_j$ における交互作用効果
$$(\alpha\beta)_{ij} = \mu_{ij} - (\mu + \alpha_i + \beta_j)$$
$$\left(\sum_{i=1}^{a}(\alpha\beta)_{ij} = 0,\quad \sum_{j=1}^{b}(\alpha\beta)_{ij} = 0\right)$$

e_{ijk}： 平均 0，分散 σ^2 の正規分布 $N(0, \sigma^2)$ に従う実験誤差

である．

【注】 ここで交互作用の記号 $(\alpha\beta)_{ij}$ は α と β の掛け算ではなく単独の数値を表す．したがって交互作用を1つのギリシャ文字を用いて γ_{ij} のように表現してもよい．伝統的に $(\alpha\beta)_{ij}$ の記号が使われる．その理由は，γ は別の因子 C が出てきたときのために取っておきたいし，$(\alpha\beta)_{ij}$ の方が因子 A と B との2因子交互作用であるということが分かりやすいからである．

a. 平均平方の期待値

平均平方の期待値は

$$\mathrm{E}[V_A] = \mathrm{E}\left[\frac{S_A}{\nu_A}\right] = \sigma^2 + n\,b\,\eta_A^2 \tag{4.14}$$

$$\mathrm{E}[V_B] = \mathrm{E}\left[\frac{S_B}{\nu_B}\right] = \sigma^2 + n\,a\,\eta_B^2 \tag{4.15}$$

$$\mathrm{E}[V_{A\times B}] = \mathrm{E}\left[\frac{S_{A\times B}}{\nu_{A\times B}}\right] = \sigma^2 + n\,\eta_{A\times B}^2 \tag{4.16}$$

$$\mathrm{E}[V_e] = \mathrm{E}\left[\frac{S_e}{\nu_e}\right] = \sigma^2 \tag{4.17}$$

で与えられる．ここで，

$$\eta_A^2 = \frac{1}{a-1}\sum_{i=1}^{a}\alpha_i^2$$

$$\eta_B^2 = \frac{1}{b-1}\sum_{j=1}^{b}\beta_i^2$$

$$\eta_{A\times B}^2 = \frac{1}{(a-1)(b-1)}\sum_{i=1}^{a}\sum_{j=1}^{b}(\alpha\beta)_{ij}^2$$

である．

【注】 ここでは，一元配置乱塊法実験 (2.2.3 項) で指摘したルールに従って計算する．観測値のベクトル $\boldsymbol{y}$ から計算される自由度 ν の平方和を $S(\boldsymbol{y})$，$\boldsymbol{y}$ に期待値 $\mathrm{E}[\boldsymbol{y}] = \boldsymbol{\mu}$ を代入した値を $S(\boldsymbol{\mu})$ とすると，

$$\mathrm{E}[S(\boldsymbol{y})] = \nu\sigma^2 + S(\boldsymbol{\mu})$$

が成り立つ．たとえば $A\times B$ 交互作用平方和

$$S_{A\times B} = \sum_{i=1}^{a}\sum_{j=1}^{b}\sum_{k=1}^{n}(\bar{y}_{ij\cdot} - \bar{y}_{i\cdot\cdot} - \bar{y}_{\cdot j\cdot} + \bar{y}_{\cdot\cdot\cdot})^2$$

において，

$$\mathrm{E}[\bar{y}_{ij\cdot} - \bar{y}_{i\cdot\cdot} - \bar{y}_{\cdot j\cdot} + \bar{y}_{\cdot\cdot\cdot}]$$
$$= (\mu + \alpha_i + \beta_j + (\alpha\beta)_{ij}) - (\mu + \alpha_i) - (\mu + \beta_j) + \mu = (\alpha\beta)_{ij}$$

より，

$$\mathrm{E}[S_{A\times B}] = \nu_{A\times B}\sigma^2 + n\sum_{i=1}^{a}\sum_{j=1}^{b}(\alpha\beta)_{ij}^2$$

が得られる．他の平方和 S_A, S_B, S_e についても同様である．

b. 交互作用に関する帰無仮説の検定

因子 A と B とのあいだに交互作用が存在しないということは，因子 B の効果が他方の因子 A の水準に依存しないということである．このことは構造モデルのパラメータを用いると

$$H_{A\times B}^0\colon \mu_{ij} = \mu + \alpha_i + \beta_j$$
$$(i=1,\ldots,a;\ j=1,\ldots,b)$$

すなわち

表 4.5 二元配置分散分析における母平均 μ_{ij}

	B_1	$\cdots$	B_j	$\cdots$	$B_{j'}$	$\cdots$	B_b	主効果
A_1	μ_{11}	$\cdots$	μ_{1j}	$\cdots$	$\mu_{1j'}$	$\cdots$	μ_{1b}	α_1
$\vdots$	$\vdots$		$\vdots$		$\vdots$		$\vdots$	$\vdots$
A_i	μ_{i1}	$\cdots$	μ_{ij}	$\cdots$	$\mu_{ij'}$	$\cdots$	μ_{ib}	α_i
$\vdots$	$\vdots$		$\vdots$		$\vdots$		$\vdots$	$\vdots$
A_a	μ_{a1}	$\cdots$	μ_{aj}	$\cdots$	$\mu_{aj'}$	$\cdots$	μ_{ab}	α_a
主効果	β_1	$\cdots$	β_j	$\cdots$	$\beta_{j'}$	$\cdots$	β_b	μ

$$H^0_{A \times B}: (\alpha\beta)_{ij} = \mu_{ij} - \mu - \alpha_i - \beta_j = 0 \qquad (4.18)$$
$$(i = 1, \ldots, a;\ j = 1, \ldots, b)$$

と表すことができる．A_i 水準において，因子 B の 2 つの水準 B_j と $B_{j'}$ の効果の差は $\mu_{ij} - \mu_{ij'}$ である (表 4.5 参照)．この値は帰無仮説 (4.18) 式のもとでは，

$$\mu_{ij} - \mu_{ij'} = \beta_j - \beta_{j'}$$

となり，もう一方の因子 A の水準に依存しないことが分かる．因子 A の効果についても同様に，他方の因子 B の水準に依存しない．図 4.1 は，この状況を表したものである．

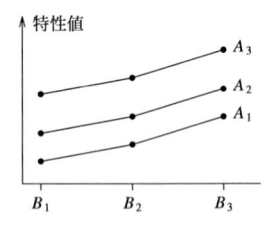

図 4.1 交互作用なし (図 1.6 再掲)

上記の平均平方の期待値の項の注で示したように交互作用効果 $(\alpha\beta)_{ij} = \mu_{ij} - \mu - \alpha_i - \beta_j$ の値は

$$\widehat{(\alpha\beta)}_{ij} = \bar{y}_{ij\cdot} - \bar{y}_{i\cdot\cdot} - \bar{y}_{\cdot j\cdot} + \bar{y}_{\cdots}$$
$$\mathrm{E}[\widehat{(\alpha\beta)}_{ij}] = (\alpha\beta)_{ij}$$

によって推定することができる．すなわち，交互作用が存在するとき (帰無仮説が成り立たないとき) には，$\widehat{(\alpha\beta)}_{ij}$ が 0 から離れた値を取りやすく，平方和

$$S_{A \times B} = \sum_{i=1}^{a} \sum_{j=1}^{b} \sum_{k=1}^{n} (\bar{y}_{ij\cdot} - \bar{y}_{i\cdot\cdot} - \bar{y}_{\cdot j\cdot} + \bar{y}_{\cdots})^2$$

の値が大きくなる．したがって，交互作用に関する帰無仮説 (4.18) は

$$F_{A \times B} = \frac{V_{A \times B}}{V_e} > F(\nu_{A \times B}, \nu_e; \alpha) \tag{4.19}$$

のときに棄却することができる．

主効果に対する検定は一元配置の場合と同様に，たとえば A の主効果に関しては，

$$F_A = \frac{V_A}{V_e} > F(\nu_A, \nu_e; \alpha)$$

のときに，帰無仮説 $H_A^0: \alpha_1 = \cdots = \alpha_a = 0$ を棄却する．ただし，交互作用が有意となった場合には，一方の因子の効果は他方の因子の水準に依存するので結果の解釈には注意が必要である．

4.1.4 解析例

表 4.2 のラット毒性試験データの分散分析表を表 4.6 に示す．$F_{S \times C} = 3.27 > 2.901 = F(3, 32; 0.05)$ であるから，交互作用は 5% 水準で有意である (1% に対する基準値は，$F(3, 32; 0.01) = 4.459$)．表 4.3 の二元表より，雄 (S_1) では 50 ppm (C_3) から機能の低下が現れるのに対し，雌 (S_2) では 100 ppm (C_4) で機能の低下が現れている．すなわち，薬剤に対する感受性が雄と雌とで異なっている．

表 4.6 ラット毒性試験の分散分析表

変動因	自由度	平方和	平均平方	F 比	p-値
性別 S	1	12425.6	12425.6	12.26**	0.00139
薬剤濃度 C	3	35354.1	11784.7	11.62**	2.59e-05
交互作用 $S \times C$	3	9946.9	3315.6	3.27*	0.03377
誤差 E	32	32444.8	1013.9		
全体 T	39	90171.4			

交互作用が有意となったときは，一方の因子の水準ごとに他方の因子の効果が異なるということであるから，一方の因子の水準を固定して，他方の因子について第3章の多重比較法を適用することが可能である．たとえば上記のラット毒性試験の例では，性別ごとに薬剤濃度間の多重比較を実施することが可能である．ただし，この例では帰無仮説が成り立たないとき (すなわち対立仮説のもとでは)，薬剤濃度が高くなるにつれて毒性の程度が増加する (赤血球数が減少する) ことが予測されるので，第3章の方法はそのままでは適用できない．このような対立

仮説を傾向のある対立仮説 (ordered alternative) という．傾向のある対立仮説に対する多重比較法については，第3章で紹介した文献を参考にされたい．

4.1.5 表計算ソフトウェアによる解析例

マイクロソフト社 Excel では，アドインの「データ分析ツール」を用いて二元配置完全無作為化法の分散分析を実行することができる．

図4.2に，二元配置完全無作為化法実験データ (ラット毒性試験，表4.2) を示す．まず2つの因子 (この例では，性別 S と薬剤濃度 C) で大きく区画を区切り，その中で繰返しデータを並べる．データ分析ツールで「分散分析：繰り返しのある二元配置」を選択する．結果の出力を図4.3に示す．「変動要因」の欄では，2つの因子が「標本」と「列」として示されている．

二元配置完全無作為化法（ラット毒性試験，赤血球数 x10^4）

	C1:0ppm	C2:25ppm	C3:50ppm	C4:100ppm
S1: 雄	803	824	786	722
	838	839	775	779
	836	772	768	647
	822	812	758	716
	804	844	730	710
S2: 雌	705	733	745	712
	744	818	809	720
	716	750	721	718
	777	769	777	703
	799	718	739	707

図 4.2　二元配置完全無作為化法 Excel データ

分散分析: 繰り返しのある二元配置

概要	C1:0ppm	C2:25ppm	C3:50ppm	C4:100ppm	合計
S1: 雄					
標本数	5	5	5	5	20
合計	4103	4091	3817	3574	15585
平均	820.6	818.2	763.4	714.8	779.25
分散	281.8	826.2	452.8	2198.7	2799.882
S2: 雌					
標本数	5	5	5	5	20
合計	3741	3788	3791	3560	14880
平均	748.2	757.6	758.2	712	744
分散	1582.7	1502.3	1215.2	51.5	1292
合計					
標本数	10	10	10	10	
合計	7844	7879	7608	7134	
平均	784.4	787.9	760.8	713.4	
分散	2284.711	2054.989	748.8444	1002.267	

分散分析表

変動要因	変動	自由度	分散	観測された分散比	P-値	F 境界値
標本	12425.63	1	12425.63	12.25528	0.00139	4.149097
列	35354.08	3	11784.69	11.62313	2.59E-05	2.90112
交互作用	9946.875	3	3315.625	3.27017	0.033768	2.90112
繰り返し誤差	32444.8	32	1013.9			
合計	90171.38	39				

図 4.3　分散分析表 (二元配置完全無作為化法)

4.2 二元配置乱塊法

4.2.1 二元配置乱塊法実験のデータ

水準数 a の因子 A と水準数 b の因子 B による二元配置実験を，r 個のブロック $R_1, \ldots, R_r$ で実施する乱塊法実験を考える．水準 $A_i B_j$ の第 k 番目のブロックにおける観測値を y_{ijk} ($i = 1, \ldots, a;\ j = 1, \ldots, b;\ k = 1, \ldots, r$) とする．乱塊法では，第 3 の添え字 k は第 k 番目のブロックを表す．

表 4.7 に，二元配置乱塊法で行われた大豆収量に関する農業実験データを示す (例 1.5, 図 1.13)．因子として，播種期 D (D_1: 5 月播種，D_2: 6 月播種，D_3: 7 月播種) と株間隔 (栽植密度) S (S_1: 10 cm, S_2: 20 cm, S_3: 30 cm) を検討する．3 つのブロックを構成し，各ブロック内では $3 \times 3 = 9$ とおりの処理組合せをランダムに配置する (図 1.13)．特性値として収量 (kg/a) を観測した．

データの並び方は二元配置完全無作為化法 (表 4.1) と同じ形式である．ただし k 番目の列はブロック R_k におけるデータを表している．

表 4.7 大豆播種期・栽植密度実験 (収量 kg/a)
(二元配置乱塊法)

播種期 D	株間隔 S	R_1	R_2	R_3	平均
D_1:	S_1: 10 cm	25	26	13	21.3
5 月播種	S_2: 20 cm	30	37	24	30.3
	S_3: 30 cm	37	39	33	36.3
D_2:	S_1	29	28	28	28.3
6 月播種	S_2	35	38	39	37.3
	S_3	36	33	23	30.7
D_3:	S_1	36	35	36	35.7
7 月播種	S_2	36	29	38	34.3
	S_3	32	22	18	24.0
	ブロック平均	32.9	31.9	28.0	30.9

4.2.2 平方和の計算と分散分析表

二元配置乱塊法の分散分析において，全体の変動は
- 処理の組合せによる変動
  1) 因子 A の主効果による変動
  2) 因子 B の主効果による変動

3) 因子 A と因子 B との交互作用による変動
- ブロックによる変動

4) ブロック間の変動
- 実験誤差による変動

5) 実験誤差によるランダムな変動

に分解できる．完全無作為化法の場合とほとんど同様であり，ブロック間の変動の項目が加わっている．

a. 平方和の計算

平方和の計算に関して，総平方和 S_T，1) A の主効果 S_A，2) B の主効果 S_B，3) $A\times B$ 交互作用 $S_{A\times B}$ は，完全無作為化法の場合の計算 (4.1)～(4.9) 式とまったく同じである．ブロック平方和と誤差平方和を新たに計算すればよい．

第 k 番目のブロックの平均を

$$\bar{y}_{..k} = \frac{1}{ab}\sum_{i=1}^{a}\sum_{j=1}^{b} y_{ijk}$$

と表す．ブロック平方和と誤差平方和は次式により計算される．

4) ブロック平方和，反復間平方和 (block sum of squares)：

$$S_R = \sum_{i=1}^{a}\sum_{j=1}^{b}\sum_{k=1}^{r}(\bar{y}_{..k}-\bar{y}_{...})^2 = ab\sum_{k=1}^{r}(\bar{y}_{..k}-\bar{y}_{...})^2 \quad (4.20)$$

$$\text{自由度：} \nu_R = r-1 \quad (4.21)$$

5) 誤差平方和 (error sum of squares)：

$$S_e = \sum_{i=1}^{a}\sum_{j=1}^{b}\sum_{k=1}^{r}(y_{ijk}-\bar{y}_{ij.}-\bar{y}_{..k}+\bar{y}_{...})^2$$
$$= S_T - S_R - S_A - S_B - S_{A\times B} \quad (4.22)$$
$$\text{自由度：} \nu_e = (ab-1)(r-1)$$
$$= \nu_T - \nu_A - \nu_B - \nu_{A\times B} - \nu_R \quad (4.23)$$

b. 分散分析表

平方和を対応する自由度で割った値を平均平方として，結果は表 4.8 の分散分析表にまとめられる．

4.2.3 構造モデルと要因効果の検定

二元配置乱塊法実験データの構造モデルは，

4.2 二元配置乱塊法

表 4.8 分散分析表 (二元配置乱塊法)

変動因	自由度	平方和	平均平方 V	F 比	$\mathrm{E}[V]$
ブロック R	$\nu_R = r-1$	S_R	$V_R = \dfrac{S_R}{\nu_R}$	$\dfrac{V_R}{V_e}$	$\sigma^2 + a\,b\,\eta_R^2$
主効果 A	$\nu_A = a-1$	S_A	$V_A = \dfrac{S_A}{\nu_A}$	$\dfrac{V_A}{V_e}$	$\sigma^2 + b\,r\,\eta_A^2$
主効果 B	$\nu_B = b-1$	S_B	$V_B = \dfrac{S_B}{\nu_B}$	$\dfrac{V_B}{V_e}$	$\sigma^2 + a\,r\,\eta_B^2$
交互作用 $A\times B$	$\nu_{A\times B} = (a-1)(b-1)$	$S_{A\times B}$	$V_{A\times B} = \dfrac{S_{A\times B}}{\nu_{A\times B}}$	$\dfrac{V_{A\times B}}{V_e}$	$\sigma^2 + r\,\eta_{A\times B}^2$
誤差 E	$\nu_e = (ab-1)(r-1)$	S_e	$V_e = \dfrac{S_e}{\nu_e}$		σ^2
全体 T	$\nu_T = abr-1$	S_T			

$$y_{ijk} = \mu_{ij} + \rho_k + e_{ijk} = \mu + \alpha_i + \beta_j + (\alpha\beta)_{ij} + \rho_k + e_{ijk} \quad (4.24)$$
$$(i=1,\ldots,a;\ j=1,\ldots,b;\ k=1,\ldots,r)$$

と表される. 各パラメータの意味は,

$$\rho_k:\ \text{ブロック } R_k \text{ の効果} \quad \left(\sum_{k=1}^{r} \rho_k = 0\right)$$

以外は完全無作為化法のモデルと同じである. 分散分析表の平均平方の期待値 $\mathrm{E}[V]$ に関しても,

$$\mathrm{E}[V_R] = \sigma^2 + a\,b\,\eta_R^2, \quad \eta_R^2 = \frac{1}{r-1}\sum_{k=1}^{r}\rho_k^2$$

となる以外は同じである. さらに F 検定の手順も, 完全無作為化法の場合と同様である.

4.2.4 解析例

表 4.7 の大豆収量実験の分散分析表を表 4.9 に示す.

表 4.9 大豆収量実験の分散分析表 (二元配置乱塊法)

変動因	自由度	平方和	平均平方	F 比	p-値
ブロック R	2	120.1	60.0	2.831	0.0886
播種期 D	2	37.0	18.5	0.872	0.4372
株間隔 S	2	143.6	71.8	3.387	0.0594
交互作用 $D\times S$	4	573.9	143.5	6.767**	0.0022
誤差 E	16	339.3	21.2		
全体	26	1213.9			

交互作用 $D\times S$ は高度に有意である ($p=0.0022$). すなわち株間隔 (栽植密度)

の効果 (S_1〜S_3 間の違い) は，播種期によって大きく異なることを意味している．このことは，播種期 × 株間隔の二元表 (表 4.10) を作成してみればよく分かる．

表 4.10 播種期 × 株間隔二元表
(収量の平均値 kg/a)

播種期	S_1 株間隔 S_2	S_3	平均
D_1	21.3 30.3	36.3	29.3
D_2	28.3 37.3	30.7	32.1
D_3	35.7 34.3	24.0	31.3
平均	28.4 34.0	30.3	30.9

ここで主効果に関しては，播種期 D，株間隔 S のいずれも 5% 水準では有意でない．これは 1.2.2 項で説明した逆転的な交互作用が生じているためである (図 1.5)．一方の因子の最適水準が他方の因子の水準に依存するので結果を適用する場合には注意が必要である．

4.2.5 ソフトウェア R による解析例

二元配置乱塊法実験データの解析は表計算ソフトのツールだけでは計算できないことがある．

出力 4.1 に，ソフトウェア R による二元配置乱塊法実験 (大豆収量品種比較実験，表 4.7, 表 4.9) の解析例を示す．分散分析は aov() 関数，または lm() 関数を用いて実行することができる．

出力 4.1 R による二元配置乱塊法実験データの解析

```
> ##-- soy experiment in 2-way RBD --##
> yield <- c(25, 26, 13, 30, 37, 24, 37, 39, 33,
+            29, 28, 28, 35, 38, 39, 36, 33, 23,
+            36, 35, 36, 36, 29, 38, 32, 22, 18)
> date <- factor(rep(c("May", "June", "July"), each=9))
> space <- factor(rep(c(10, 20, 30), each=3, times=3))
> block <- factor(rep(c("R1", "R2", "R3"), times=9))
> soy.dat <- data.frame(yield, date, space, block)
> soy.aov <- aov(yield~block+date*space, data=soy.dat)
> summary(soy.aov)
            Df Sum Sq Mean Sq F value  Pr(>F)
block        2  120.1   60.04   2.831 0.08856 .
date         2   37.0   18.48   0.872 0.43722
space        2  143.6   71.81   3.387 0.05936 .
date:space   4  573.9  143.48   6.767 0.00219 **
Residuals   16  339.3   21.20
---
Signif. codes:  0 '***' 0.001 '**' 0.01 '*' 0.05 '.' 0.1 ' ' 1
```

4.3 繰返しのない二元配置

4.3.1 実験計画とデータ

興味の対象となる 2 つの因子 A (a 水準) と B (b 水準) を取り上げ, ab とおりの処理組合せを 1 回だけ実施する実験を繰返しのない二元配置 (two-way layout without replication) という. ab とおりの処理はランダムに実験単位に配置する. 完全無作為化法において $n = 1$ の場合, あるいは乱塊法において 1 つのブロックだけ ($r = 1$) で実施する場合と考えることができる.

この実験計画は, Fisher 3 原則の「反復」の原則に従っていないので実験誤差を評価することができず, 主効果や交互作用の検定を行うことができない. 特別な場合として, 因子 A と因子 B とのあいだに交互作用が存在しないことが事前に分かっている場合は, 分散分析表の交互作用の欄を実験誤差とみなして主効果の検定を行うことができる.

例 4.1 繰返しのない二元配置実験

化学合成品の収率 (理論上可能な合成量に対する実際の合成量の割合) に対する影響を調べるため, 因子 A として異なるモデルの装置 3 水準, 因子 B として触媒量 4 水準 (B_1: 0.5%, B_2: 1.0%, B_3: 1.5%, B_4: 2.0%) を検討する. 交互作用はないと想定されるので, $3 \times 4 = 12$ とおりの処理組合せを 1 回だけ実施する. 実験は, 表 4.11 に従ってランダムな順序で行った. 表 4.12 に収率のデータを示す.

表 4.11 化学合成品収率実験 (ランダムな実験順序)

因子 A	B_1	B_2	B_3	B_4
A_1	3	5	6	4
A_2	7	12	1	11
A_3	10	9	8	2

表 4.12 化学合成品データ (収率 %) (繰返しのない二元配置)

装置 A	B_1 0.5%	B_2 1.0%	B_3 1.5%	B_4 2.0%	平均
A_1	72	74	88	85	79.8
A_2	62	85	84	79	77.5
A_3	63	73	81	74	72.8
平均	65.7	77.3	84.3	79.3	76.7

【注 一元配置乱塊法との比較】 データの並び方は一元配置乱塊法と似ている (たとえば, 表 2.9). しかし一元配置乱塊法の場合, 興味の対象となる因子は 1 つで

ある．ブロック因子は実験誤差 (系統誤差) を取り除くために導入した因子であり，ブロック因子の水準間の比較には意味がない．それに対し繰返しのない二元配置では，興味の対象となる 2 つの因子を考えている．

また，無作為化の方法も異なっている．本項の繰返しのない二元配置では，実験全体をランダムに配置する (表 4.11)．それに対し乱塊法実験では，まずブロックを構成し，ブロック内で処理をランダムに配置する (図 1.12, 表 1.13)．

4.3.2 平方和の計算と分散分析表

水準組合せ $A_i B_j$ に対するデータを y_{ij} ($i = 1, \ldots, a$; $j = 1, \ldots, b$) とする．平方和の計算は，完全無作為化法で $n = 1$ の場合，あるいは乱塊法で $r = 1$ の場合と同じになる．

- 総平方和 ($= AB$ 間処理平方和)：

$$S_T = S_{(AB)} = \sum_{i=1}^{a} \sum_{j=1}^{b} (y_{ij} - \bar{y}..)^2 \tag{4.25}$$

$$\text{自由度}：\nu_T = ab - 1 \tag{4.26}$$

1) A の主効果：

$$S_A = \sum_{i=1}^{a} \sum_{j=1}^{b} (\bar{y}_i. - \bar{y}..)^2 = b \sum_{i=1}^{a} (\bar{y}_i. - \bar{y}..)^2 \tag{4.27}$$

$$\text{自由度}：\nu_A = a - 1 \tag{4.28}$$

2) B の主効果：

$$S_B = \sum_{i=1}^{a} \sum_{j=1}^{b} (\bar{y}._j - \bar{y}..)^2 = a \sum_{j=1}^{b} (\bar{y}._j - \bar{y}..)^2 \tag{4.29}$$

$$\text{自由度}：\nu_B = b - 1 \tag{4.30}$$

3) 誤差平方和 ($= A \times B$ 交互作用)：

$$S_e = S_{A \times B} = \sum_{i=1}^{a} \sum_{j=1}^{b} (y_{ij} - \bar{y}_i. - \bar{y}._j + \bar{y}..)^2$$

$$= S_T - S_A - S_B \tag{4.31}$$

$$\text{自由度}：\nu_e = (a-1)(b-1) \tag{4.32}$$

計算結果は，表 4.13 の分散分析表にまとめられる．

表 4.13 分散分析表 (繰返しのない二元配置)

変動因	自由度	平方和	平均平方	F 比	$E[V]$
主効果 A	$f_A = a-1$	S_A	$V_A = S_A/f_A$	V_A/V_e	$\sigma^2 + b\eta_A^2$
主効果 B	$f_B = b-1$	S_B	$V_B = S_B/f_B$	V_B/V_e	$\sigma^2 + a\eta_B^2$
誤差 E	$f_e = (a-1)(b-1)$	S_e	$V_e = S_e/f_e$		σ^2
全体 T	$f_T = ab-1$	S_T			

4.3.3 解析例

表 4.12 の化学合成品収率実験の分散分析表を表 4.14 に示す．表 4.12 のデータを見ると，交互作用が存在するかもしれない (因子 A の水準によって，最適触媒量が異なるかもしれない)．しかし繰返しのない二元配置実験では，交互作用がないという条件のもとでデータの解析を行っている．すなわち，交互作用のように見える変動を誤差と考えている．もし交互作用を検討する必要があるのであれば，反復を取った実験を計画する必要がある．

表 4.14 化学合成品収率の分散分析表

変動因	自由度	平方和	平均平方	F 比	p-値
装置 A	2	102.2	51.1	2.313	0.1800
触媒 B	3	562.0	187.3	8.483*	0.0141
誤差 E	6	132.5	22.1		
全体 T	11	796.7			

Chapter 5

分割法実験

ここまでの実験計画では，完全無作為化法では処理組合せが実験単位全体にランダムに配置され，乱塊法ではブロック内で処理組合せがランダムに配置されていた．一方，2つ以上の因子を取り上げる多元配置実験において，ある因子の水準を細かく変更することが困難な場合がある．そのとき無作為化を段階的に行うことによって実験操作を効率化する方法が分割法である．分割法には利点とともに弱点もある．また分割法の利用形態は様々なパターンがある．本章では基本的な実験配置として二元配置乱塊法における分割法の適用を中心に解説する．

5.1 分割法実験の特徴

5.1.1 分割法とは

多元配置(多因子実験)において，無作為化(ランダム化)を段階的に行う方法を分割法(あるいは分割区法) (split-plot design) という．たとえば2つの因子 A と B に関して，まず因子 A の水準をランダムに配置し，次に因子 A の水準の中で因子 B の水準をランダムに配置する方法である．次の二元配置乱塊法を例に分割法の配置方法を説明する．

例 5.1 水稲品種 × リン酸施肥実験 (二元配置乱塊法での分割法)

水稲収量に対する効果を調べるため，品種 V (2水準：V_1, V_2) とリン酸施肥量 P (4水準：P_1, P_2, P_3, P_4) の2つの因子を取り上げた二元配置実験を3反復 (R_1, R_2, R_3) の乱塊法で実施する (表5.1)．全体で 2×4×3 = 24 の試験区 (実験単位) が必要になる．

表5.1の例では処理組合せの数は 2 (品種) × 4 (リン酸施肥量) = 8 とおりである．通常の乱塊法では，この8とおりの組合せを各ブロック内でランダムに配

5.1 分割法実験の特徴

表 5.1 水稲品種 × リン酸施肥量水準組合せ

因子	水準
1 次因子	
ブロック R	R_1　　　　R_2　　　　R_3
水稲品種 V	V_1: はなの舞　　V_2: 初星
2 次因子	
リン酸施肥量 P	P_1: 0 kg/10 a　P_2: 4 kg/10 a　P_3: 8 kg/10 a　P_4: 12 kg/10 a

図 5.1 通常の乱塊法実験　　　　図 5.2 分割法実験

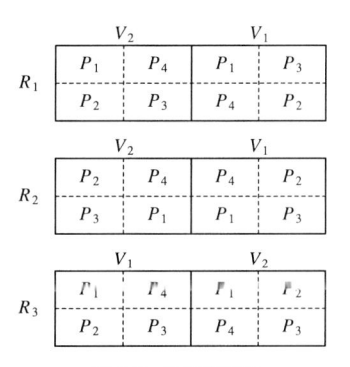

置する (図 5.1). しかし, 2 つの品種 V_1 と V_2 の最適な移植期 (田植え期) が異なっているため, 図 5.1 の実験配置は作業手順の観点から実施が困難である. たとえば, 代かき作業 (田植え前の入水・整地作業) などをパッチワーク状に実施しなければならない.

そこで図 5.2 のように各ブロック内に品種因子 V の 2 水準のための 2 つの大きな実験単位 (試験区) を作り, まず品種 2 水準をランダムに配置する. このとき, 最初に大きく設定した実験単位を **1 次単位** (あるいは主試験区) (main-plot) とよび, 1 次単位に配置する因子 (この例では品種 V) を **1 次因子** (あるいは主試験区因子) (main-plot factor) という.

次に 1 次単位を 4 つの小さな実験単位に分割し, リン酸施肥量 P の 4 水準をランダムに配置する. この小さな実験単位を **2 次単位** (あるいは副試験区) (sub-plot) とよび, そこに配置される因子 (この例ではリン酸施肥量 P) を **2 次因子** (あるいは副試験区因子) (sub-plot factor) という.

【注】　英語の "split-plot design" の用語は, 農業実験において試験区 (plot) を分割 (split) して小さい試験区 (sub-plot) を構成することに由来している. 直訳して「分割区法」とよばれることもある. しかし分割法は工業実験や生物実験において

5.1.2 分割法実験の例

例 5.1 では，乱塊法で二元配置実験を実施する場合の分割法を示した．しかし分割法は他の実験配置においても利用することができる．本項でいくつかの例を紹介する．

a. 完全無作為化法における分割法

特にブロック因子を使う必要がなければ，1次因子を完全無作為化法で配置することも可能である．

例 5.2 培養実験 (二元配置完全無作為化法における分割法)

培養実験において，インキュベータ (恒温器) の温度 (因子 A) と培地の種類 (因子 B) の2つの因子の影響を調べる実験を考える．特にブロックとなる要因は考えられないので完全無作為化法で繰返し数を2回として実施する．

因子	水準			
1次因子 恒温器温度 A	A_1: 32℃	A_2: 37℃	A_3: 42℃	
2次因子 培地種類 B	B_1	B_2	B_3	B_4

処理組合せの数は 3 (温度) × 4 (培地) = 12 である (実験単位数は 12×2 = 24)．しかし，これらの処理組合せごとにランダムに恒温器の温度を変化させることは現実的ではない．そこで，恒温器の水準をいったんどれかに設定したあとは，その条件で因子 B の4つの水準をランダムに実施する (表 5.2)．

工業実験においても，この例のように装置の温度設定の変更が容易ではない場合は，分割法による実験が行われることが多い．

表 5.2 完全無作為化法による分割法の実験順序
( ) 内は 24 回全体を通しての順序

1次因子 A		2次因子 B の水準			
水準	実験順序	B_1	B_2	B_3	B_4
A_1	5	3 (19)	4 (20)	1 (17)	2 (18)
	2	3 (7)	2 (6)	4 (8)	1 (5)
A_2	3	4 (12)	3 (11)	1 (9)	2 (10)
	1	2 (2)	1 (1)	3 (3)	4 (4)
A_3	6	1 (21)	3 (23)	2 (22)	4 (24)
	4	4 (16)	2 (14)	1 (13)	3 (15)

b. 二段分割法

三元配置 (3 因子) 以上の実験で，2 次単位をさらに分割して 3 次単位を作成し，3 番目の因子の水準をランダムに配置する実験計画を**二段分割法** (split-split-plot design) という．

> **例 5.3** 大豆収量実験 (三元配置乱塊法における二段分割法)

大豆収量に与える影響を調べるため，耕深 (因子 F) 2 水準，肥料種類 (因子 T) 2 水準，品種 (因子 V) 3 水準を取り上げ，2 反復の乱塊法を実施する．作業手順の観点から，耕深 (因子 F) を 1 次因子，肥料種類 (因子 T) を 2 次因子，品種 (因子 V) を 3 次因子とする二段分割法で実験を実施する．

因子			水準		
1 次因子	ブロック	R	R_1	R_2	
	耕深	F	F_1: 15 cm	F_2: 8 cm	
2 次因子	肥料種類	T	T_1: 堆肥のみ	T_2: 堆肥 + 化学肥料	(総窒素量は同じ)
3 次因子	品種	V	V_1: エンレイ	V_2: タマホマレ	V_3: 農林 2 号

圃場 (実験農場) での配置図は図 5.3 のようになる．各ブロックを 2 分割して**主試験区** (main-plot) とし，1 次因子の 2 水準をランダムに配置する．各主試験区を 2 分割して 2 つの**副試験区** (sub-plot) を作り，2 次因子の 2 水準をランダムに配置する．最後に副試験区を 3 分割して**副々試験区** (sub-sub-plot) を作り，3 次因子の 3 水準をランダムに配置する．

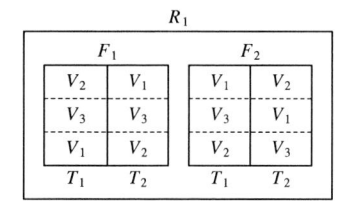

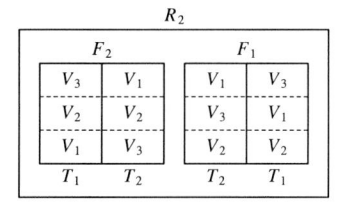

図 5.3 二段分割法実験

5.1.3 分割法実験の利点と弱点

図 5.2 の 1 次単位に着目すれば，1 次因子 V についての乱塊法による実験と考えることができる．そして，この 1 次単位のあいだに実験誤差が存在する可能性がある．この大きな 1 次単位間の実験誤差を **1 次誤差** (main-plot error) という．次に，2 次単位に配置されたリン酸施肥量 P の 4 水準は常に同じ 1 次単位の中で

比較されているので1次誤差の影響を受けない (1 次単位がブロックの役割を果たしている). 2次単位における実験誤差を **2 次誤差** (sub-plot error) という.

分割法実験には, 次のような利点と弱点がある.

- 分割法の利点
  - 1 次因子の水準の変更が容易である (実験を実施しやすい).
  - 2 次因子の効果 (交互作用も含めて) の検出力が高い (2 次誤差の方が一般に 1 次誤差より小さいことと, 2 次誤差の自由度が大きいことによる).
- 分割法の弱点
  - 1 次因子の効果の検出力が低い (1 次誤差の影響と自由度が小さいことによる).

5.2 分割法実験の解析

5.2.1 実験データと構造モデル

水準数 a の因子 A を 1 次因子, 水準数 b の因子 B を 2 次因子とし, r 個のブロックで分割法により実施する二元配置乱塊法実験を考える. 水準 $A_i B_j$ の第 k 番目ブロックにおける観測値を y_{ijk} $(i=1,\ldots,a; j=1,\ldots,b; k=1,\ldots,r)$ とする. 1 次因子は因子 A とブロック R なので, 第 1 の添え字 i (因子 A) と第 3 の添え字 k (ブロック R) が 1 次因子の水準を表し, 第 2 の添え字 j (因子 B) が 2 次因子の水準を表す.

例 5.1 の水稲品種 × リン酸施肥量分割法実験のデータを表 5.3 に示す. ここでは議論を一般的に進めるため, 1 次因子 (品種) の記号を A で表し, 2 次因子 (リ

表 5.3 水稲品種 × リン酸施肥量分割法実験データ (kg/10 a)

品種 A	リン酸施肥量 B	R_1	R_2	R_3	平均	平均
A_1	$B_1 = 0\,\mathrm{kg}/10\,\mathrm{a}$	147	156	184	162.3	409.3
はなの舞	$B_2 = 4$	351	359	373	361.0	
	$B_3 = 8$	561	567	564	564.0	
	$B_4 = 12$	541	549	560	550.0	
A_2	B_1	165	172	158	165.0	365.6
初星	B_2	324	325	326	325.0	
	B_3	407	508	439	451.3	
	B_4	538	523	502	521.0	
	平均	379.3	394.9	388.3		387.5

ン酸施肥量) の記号を B で表している.

a. データの構造モデル

観測データの構造モデルは

$$y_{ijk} = \mu + \alpha_i + \rho_k + e_{ik}^{(1)} + \beta_j + (\alpha\beta)_{ij} + e_{ijk}^{(2)} \tag{5.1}$$
$$(i = 1, \ldots, a;\ j = 1, \ldots, b;\ k = 1, \ldots, r)$$

と表される. ここで

μ: 一般平均

α_i: 水準 A_i の主効果 $\left(\sum_{i=1}^{a} \alpha_i = 0\right)$

ρ_k: ブロック R_k の効果 $\left(\sum_{k=1}^{r} \rho_k = 0\right)$

$e_{ik}^{(1)}$: 1次単位における正規分布に従う実験誤差: $e_{ik}^{(1)} \sim N(0, \sigma_1^2)$

β_j: 水準 B_j の主効果 $\left(\sum_{j=1}^{b} \beta_j = 0\right)$

$(\alpha\beta)_{ij}$: 水準組合せ $A_i B_j$ における交互作用効果

$$\left(\sum_{i=1}^{a} (\alpha\beta)_{ij} = 0,\quad \sum_{j=1}^{b} (\alpha\beta)_{ij} = 0\right)$$

$e_{ijk}^{(2)}$: 2次単位における正規分布に従う実験誤差: $e_{ijk}^{(2)} \sim N(0, \sigma_2^2)$

である. 1次誤差 $e_{ik}^{(1)}$ の添え字が "i" と "k" であることに注意せよ.

b. 変動の分解 (分散分析の考え方)

分割法による二元配置乱塊法では, 全体の変動は

- 1次単位の分析
  1) ブロック R 間の変動
  2) 因子 A の主効果による変動
  3) 1次誤差による変動
- 2次単位の分析
  4) 因子 B の主効果による変動
  5) 因子 A と因子 B との交互作用による変動
  6) 2次誤差による変動

に分解される.

5.2.2 平方和の計算と要因効果の検定

平方和の計算において,総平方和 S_T,ブロック平方和 S_R,主効果平方和 S_A,主効果平方和 S_B,交互作用平方和 $S_{A\times B}$ の計算は二元配置乱塊法の場合とまったく同じである.分割法においては,1次誤差平方和 S_{e1} と2次誤差平方和 S_{e2} を新たに計算する必要がある.

1次誤差を求めるためには1次因子の各水準において平均

$$\bar{y}_{i \cdot k} = \frac{1}{b} \sum_{j=1}^{b} y_{ijk}$$

を求め,表5.4の $A\times R$ 二元表を作成する.

表 5.4 $A\times R$ 二元表

品種	ブロック			平均
	R_1	R_2	R_3	
A_1	400.0	407.8	420.3	409.3
A_2	358.5	382.0	356.3	365.6
平均	379.3	394.9	388.3	387.5

この表は,因子 A に関して一元配置乱塊法の形をしている.1次誤差はこの一元配置乱塊法としての誤差として以下のように計算される.ただし,平方和の加法性が成り立つようにするため,(5.6)〜(5.10)式においては,2次因子の水準に関しても和を計算する.すなわち,平方和の計算において和の記号は常に $\sum_{i=1}^{a} \sum_{j=1}^{b} \sum_{k=1}^{r}$ の形をしている.

● 総平方和:

$$S_T = \sum_{i=1}^{a} \sum_{j=1}^{b} \sum_{k=1}^{r} (y_{ijk} - \bar{y}...)^2 \tag{5.2}$$

$$\text{自由度}:\nu_T = abr - 1 \tag{5.3}$$

● 1次単位の分析

1次単位平方和:

$$S_{(AR)} = \sum_{i=1}^{a} \sum_{j=1}^{b} \sum_{k=1}^{r} (\bar{y}_{i \cdot k} - \bar{y}...)^2 = b \sum_{i=1}^{a} \sum_{k=1}^{r} (\bar{y}_{i \cdot k} - \bar{y}...)^2 \tag{5.4}$$

$$\text{自由度}:\nu_{(AR)} = ar - 1 \tag{5.5}$$

1) ブロック平方和：

$$S_R = \sum_{i=1}^{a}\sum_{j=1}^{b}\sum_{k=1}^{r}(\bar{y}_{\cdot\cdot k} - \bar{y}_{\cdot\cdot\cdot})^2 = ab\sum_{k=1}^{r}(\bar{y}_{\cdot\cdot k} - \bar{y}_{\cdot\cdot\cdot})^2 \quad (5.6)$$

$$\text{自由度：}\nu_R = r - 1 \quad (5.7)$$

2) 主効果 A：

$$S_A = \sum_{i=1}^{a}\sum_{j=1}^{b}\sum_{k=1}^{r}(\bar{y}_{i\cdot\cdot} - \bar{y}_{\cdot\cdot\cdot})^2 = br\sum_{i=1}^{a}(\bar{y}_{i\cdot\cdot} - \bar{y}_{\cdot\cdot\cdot})^2 \quad (5.8)$$

$$\text{自由度：}\nu_A = a - 1 \quad (5.9)$$

3) 1次誤差：

$$S_{e1} = \sum_{i=1}^{a}\sum_{j=1}^{b}\sum_{k=1}^{r}(\bar{y}_{i\cdot k} - \bar{y}_{i\cdot\cdot} - \bar{y}_{\cdot\cdot k} + \bar{y}_{\cdot\cdot\cdot})^2$$

$$= S_{(AR)} - S_A - S_R \quad (5.10)$$

$$\text{自由度：}\nu_{e1} = (a-1)(r-1) \quad (5.11)$$

● 2次単位の分析

処理間平方和 (表 5.5 参照)：

$$S_{(AB)} = \sum_{i=1}^{a}\sum_{j=1}^{b}\sum_{k=1}^{r}(\bar{y}_{ij\cdot} - \bar{y}_{\cdot\cdot\cdot})^2 = r\sum_{i=1}^{a}\sum_{j=1}^{b}(\bar{y}_{ij\cdot} - \bar{y}_{\cdot\cdot\cdot})^2 \quad (5.12)$$

$$\text{自由度：}\nu_{(AB)} = ab - 1 \quad (5.13)$$

表 5.5　$A \times B$ 平均値

品種	B_1	B_2	B_3	B_4	平均
		リン酸施肥量			
A_1	162.3	361.0	564.0	550.0	409.3
A_2	165.0	325.0	451.3	521.0	365.6
平均	163.7	343.0	507.7	535.5	387.5

4) 主効果 B：

$$S_B = \sum_{i=1}^{a}\sum_{j=1}^{b}\sum_{k=1}^{r}(\bar{y}_{\cdot j\cdot} - \bar{y}_{\cdot\cdot\cdot})^2 = ar\sum_{j=1}^{b}(\bar{y}_{\cdot j\cdot} - \bar{y}_{\cdot\cdot\cdot})^2 \quad (5.14)$$

$$\text{自由度：}\nu_B = b - 1 \quad (5.15)$$

5) $A \times B$ 交互作用：

$$S_{A \times B} = \sum_{i=1}^{a} \sum_{j=1}^{b} \sum_{k=1}^{r} (\bar{y}_{ij\cdot} - \bar{y}_{i\cdot\cdot} - \bar{y}_{\cdot j\cdot} + \bar{y}_{\cdots})^2$$
$$= S_{(AB)} - S_A - S_B \tag{5.16}$$
$$\text{自由度：} \nu_{A \times B} = (a-1)(b-1) \tag{5.17}$$

6) 2次誤差：

$$S_{e2} = \sum_{i=1}^{a} \sum_{j=1}^{b} \sum_{k=1}^{r} (y_{ijk} - \bar{y}_{ij\cdot} - \bar{y}_{i\cdot k} + \bar{y}_{i\cdot\cdot})^2$$
$$= S_T - S_R - S_{(AB)} - S_{e1}$$
$$= S_T - S_R - S_A - S_B - S_{A \times B} - S_{e1} \tag{5.18}$$
$$\text{自由度：} \nu_{e2} = a(b-1)(r-1) \tag{5.19}$$

a. 分散分析表

平方和の計算の結果は表 5.6 の分散分析表にまとめられる．

表 5.6　分割法の分散分析表 (二元配置乱塊法)

変動因	自由度	平方和	平均平方 V	F 比	$E[V]$
1 次単位分析					
ブロック R	$\nu_R = r-1$	S_R	$V_R = \dfrac{S_R}{\nu_R}$	$\dfrac{V_R}{V_{e1}}$	$\sigma_2^2 + b\,\sigma_1^2 + ab\,\eta_R^2$
主効果 A	$\nu_A = a-1$	S_A	$V_A = \dfrac{S_A}{\nu_A}$	$\dfrac{V_A}{V_{e1}}$	$\sigma_2^2 + b\,\sigma_1^2 + br\,\eta_A^2$
1 次誤差 E_1	$\nu_{e1} = (a-1)(r-1)$	S_{e1}	$V_{e1} = \dfrac{S_{e1}}{\nu_{e1}}$		$\sigma_2^2 + b\,\sigma_1^2$
2 次単位分析					
主効果 B	$\nu_B = b-1$	S_B	$V_B = \dfrac{S_B}{\nu_B}$	$\dfrac{V_B}{V_{e2}}$	$\sigma_2^2 + ar\,\eta_B^2$
交互作用 $A \times B$	$\nu_{A \times B} = (a-1)(b-1)$	$S_{A \times B}$	$V_{A \times B} = \dfrac{S_{A \times B}}{\nu_{A \times B}}$	$\dfrac{V_{A \times B}}{V_{e2}}$	$\sigma_2^2 + r\,\eta_{A \times B}^2$
2 次誤差 E_2	$\nu_{e2} = a(b-1)(r-1)$	S_{e2}	$V_{e2} = \dfrac{S_{e2}}{\nu_{e2}}$		σ_2^2
全体 T	$\nu_T = abr - 1$	S_T			

b. 平均平方の期待値

分散分析表の平均平方の期待値 $E[V]$ 欄における

$$\eta_R^2 = \frac{1}{r-1} \sum_{k=1}^{r} \rho_k^2, \quad \eta_A^2 = \frac{1}{a-1} \sum_{i=1}^{a} \alpha_i^2, \quad \eta_B^2 = \frac{1}{b-1} \sum_{j=1}^{b} \beta_i^2$$

$$\eta_{A\times B}^2 = \frac{1}{(a-1)(b-1)}\sum_{i=1}^{a}\sum_{j=1}^{b}(\alpha\beta)_{ij}^2$$

は第 4 章の二元配置実験の場合と同じである．誤差分散に関して，2 次単位の要因には 2 次誤差の分散 σ_2^2 のみが現れるのに対し，1 次単位の要因には 1 次誤差の分散 σ_1^2 と 2 次誤差の分散 σ_2^2 の両方が現れている．

2 次単位の主効果 B の平方和 S_B の計算における $\bar{y}_{\cdot j \cdot}$ と $\bar{y}_{\cdots}$ は

$$\bar{y}_{\cdot j \cdot} = \frac{1}{ar}\sum_{i=1}^{a}\sum_{k=1}^{r}y_{ijk} = \mu + \beta_j + \bar{e}_{\cdot\cdot}^{(1)} + \bar{e}_{\cdot j\cdot}^{(2)}$$

$$\bar{y}_{\cdots} = \frac{1}{abr}\sum_{i=1}^{a}\sum_{j=1}^{b}\sum_{k=1}^{r}y_{ijk} = \mu + \bar{e}_{\cdot\cdot}^{(1)} + \bar{e}_{\cdots}^{(2)}$$

$$\bar{e}_{\cdot\cdot}^{(1)} = \frac{1}{ar}\sum_{i=1}^{a}\sum_{k=1}^{r}e_{ik}^{(1)}, \quad \bar{e}_{\cdot j\cdot}^{(2)} = \frac{1}{ar}\sum_{i=1}^{a}\sum_{k=1}^{r}e_{ijk}^{(2)}$$

と表される．ここで $\bar{y}_{\cdot j \cdot} - \bar{y}_{\cdots}$ を計算するときに 1 次誤差の部分 $\bar{e}_{\cdot\cdot}^{(1)}$ はキャンセルされるので，平方和の計算に現れてこない．そのため平方和 S_B は 2 次単位における 2 次誤差のみに影響され，4.2.2 項の二元配置乱塊法実験における分散分析表 (表 4.8) と同じになる．2 次単位の残りの平方和 $S_{A\times B}, S_{e2}$ についても同様に 1 次誤差は平方和の計算に影響を与えない．

1 次単位における平方和 S_R, S_A, S_{e1} に関しては，1 次単位における平均

$$\bar{y}_{i\cdot k} = \frac{1}{b}\sum_{j=1}^{b}y_{ijk} = \mu + \alpha_i + \rho_k + e_{ik}^{(1)} + \bar{e}_{i\cdot k}^{(2)}, \quad \bar{e}_{i\cdot k}^{(2)} = \frac{1}{b}\sum_{j=1}^{b}e_{ijk}^{(2)}$$

の $A\times R$ 二元表 (表 5.4) から計算される．この $\bar{y}_{i\cdot k}$ において，1 次誤差は共通の $e_{ik}^{(1)}$ が 1 つ加わっているのに対し，2 次誤差については b 個の $e_{ijk}^{(2)}$ が平均されている．したがって $\bar{y}_{i\cdot k}$ の分散は

$$V[\bar{y}_{i\cdot k}] = \frac{\sigma_2^2}{b} + \sigma_1^2$$

である．また $A\times R$ 二元表は因子 A に関して一元配置乱塊法の形式をしている．したがって一元配置乱塊法の分散分析表の計算より，たとえば因子 A の主効果に関して

$$E\left[\frac{1}{\nu_A}\sum_{i=1}^{a}\sum_{k=1}^{r}(\bar{y}_{i\cdot\cdot} - \bar{y}_{\cdots})^2\right] = \frac{\sigma_2^2}{b} + \sigma_1^2 + r\,\eta_A^2$$

が成り立つ．一方，平方和の計算の項で説明したように因子 A の主効果の平方和は

$$S_A = \sum_{i=1}^{a}\sum_{j=1}^{b}\sum_{k=1}^{r}(\bar{y}_{i..}-\bar{y}_{...})^2 = b\sum_{i=1}^{a}\sum_{k=1}^{r}(\bar{y}_{i..}-\bar{y}_{...})^2$$

により計算されるので

$$\mathrm{E}[V_A] = \mathrm{E}\left[\frac{S_A}{\nu_A}\right] = \sigma_2^2 + b\sigma_1^2 + br\eta_A^2$$

が得られる．$\mathrm{E}[V_R]$, $\mathrm{E}[V_{e1}]$ についても同様である．

c. 要因効果の検定

分散分析表 (表 5.6) の F 検定において，1 次単位における要因 (ブロック効果 R，主効果 A) は 1 次誤差 V_{e1} に対して F 比を計算する．一方 2 次単位における要因 (主効果 B，交互作用 $A \times B$) は 2 次誤差 V_{e2} に対して F 比を計算する．分散分析表の平均平方の期待値 $\mathrm{E}[V]$ の欄が示すように，因子 B の主効果や $A \times B$ 交互作用効果は 1 次誤差の影響を受けないので，2 次誤差 V_{e2} に対して F 比を計算する．

1 次因子 A の主効果は 1 次誤差 V_{e1} で検定し，2 次因子 B の主効果は 2 次誤差 V_{e2} で検定することは理解しやすい．ここで交互作用効果 $A \times B$ も 2 次誤差 V_{e2} で検定することに注意されたい．1.2.2 項の定義によると，交互作用というのは因子 B の水準間の差が他方の因子 A の水準ごとに異なっているかどうかということである．このとき 1 次因子 A の特定の水準 A_i で 2 次因子 B の水準間の差を計算すると 1 次誤差の影響が消えることになり，交互作用の評価に 1 次誤差が影響しないことになる．このことは分割法の利点でもある．

5.2.3 解析例

水稲の品種とリン酸施肥量についての分割法実験データ (例 5.1，表 5.3) の分散分析表を表 5.7 に示す．

分散分析表から次の点が分かる．

1) リン酸施肥量 B の主効果は高度に有意である (これは予想どおり)．
2) 品種とリン酸施肥量との交互作用 $A \times B$ は 1% 水準で有意である．リン酸施肥量の効果に関して，品種 A_1 (はなの舞) では $B_3 : 8$ (kg/10 a) の施肥量で飽和点に達するのに対し，品種 A_2 (初星) では $B_4 : 12$ (kg/10 a) の施肥量でも収量が上昇を続けている (表 5.5，および図 5.4)．

表 5.7 水稲品種 × リン酸施肥量分割法実験の分散分析表

変動因	自由度	平方和	平均平方	F 比	p-値
1 次単位分析					
ブロック R	2	984	492	0.666	0.600
品種 A	1	11484	11484	15.538	0.0587
1 次誤差 E_1	2	1478	739		
2 次単位分析					
リン酸施肥量 B	3	530554	176851	440.934***	1.5e-12
交互作用 $A \times B$	3	10772	3591	8.953**	0.00218
2 次誤差 E_2	12	4813	401		
全体	23	560086			

3) 品種 A の主効果 ($F_A = 15.538$) は，1 次誤差の自由度が少ないため 5% 水準では有意とならなかった．$\nu_{e1} = 2$ に対して F 分布の 5% 点は $F(1, 2; 0.05) = 18.51$ である．

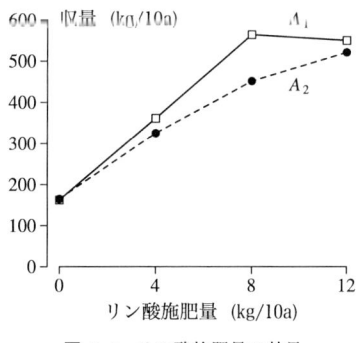

図 5.4 リン酸施肥量の効果

　分割法実験では，一般に 1 次誤差の自由度が小さいため，1 次因子の効果の検出は困難である．効果を検出したい因子を 1 次因子とするのは得策ではない．一方，2 次因子 (主効果と交互作用) については検出力が高くなる．分割法で実験を行う前に分散分析表を作成し，誤差の自由度がどのようになるかを検討しておくことが重要である．

5.2.4　処理平均の比較のための分散の推定

　第 3 章で解説した処理平均の多重比較を行うためには誤差分散の推定値が必要となる．分割法では 2 種類の誤差 (1 次誤差と 2 次誤差) が存在するので，処理平均の比較において適切な誤差の推定値を使う必要がある．

a. 1次因子 A の主効果の比較

因子 A の水準 A_i における処理平均

$$\bar{y}_{i..} = \frac{1}{br}\sum_{j=1}^{b}\sum_{k=1}^{r} y_{ijk}$$

の分散は

$$\mathrm{V}[\bar{y}_{i..}] = \frac{\sigma_2^2}{br} + \frac{\sigma_1^2}{r} = \frac{1}{br}(\sigma_2^2 + b\,\sigma_1^2)$$

である．ここで 1 次誤差については r 個の $e_{ik}^{(1)}$ ($k=1,\ldots,r$) の平均が計算されているので分散は σ_1^2/r となる．一方 2 次誤差については，br 個の $e_{ijk}^{(2)}$ ($j=1,\ldots,b;\ k=1,\ldots,r$) の平均が計算されているので $\sigma_2^2/(br)$ となる．水準 A_i と水準 $A_{i'}$ との差の分散は

$$\mathrm{V}[\bar{y}_{i..} - \bar{y}_{i'..}] = \frac{2}{br}(\sigma_2^2 + b\,\sigma_1^2)$$

である．分散分析表 (表5.6) の平均平方の期待値 $\mathrm{E}[V]$ の欄から，$\sigma_2^2 + b\,\sigma_1^2$ は 1 次誤差 V_{e1} によって推定できる．したがって，処理平均 $\bar{y}_{i..}$ ($i=1,\ldots,a$) に関して多重比較を適用するときは，繰返し数を br とし，誤差分散の推定値として V_{e1} を用いればよい．

ただし 5.2.3 項で解析した水稲品種 × リン酸施肥量実験 (分散分析表は表 5.7) のように交互作用が有意なときは，主効果の比較はあまり意味をもたない場合が多い．

b. 2次因子 B の主効果の比較

因子 B の水準 B_j における処理平均

$$\bar{y}_{\cdot j\cdot} = \frac{1}{ar}\sum_{i=1}^{a}\sum_{k=1}^{r} y_{ijk}$$

の分散は

$$\mathrm{V}[\bar{y}_{\cdot j\cdot}] = \frac{\sigma_2^2}{ar} + \frac{\sigma_1^2}{ar} = \frac{1}{ar}(\sigma_2^2 + \sigma_1^2)$$

である．1 次誤差，2 次誤差ともに ar 個の $e_{ik}^{(1)}$ と $e_{ijk}^{(2)}$ の平均が計算されている．ところが 5.2.2 項の平均平方の期待値の項と同様に，水準 B_j と水準 $B_{j'}$ との差を考えると 1 次誤差はキャンセルし

5.2 分割法実験の解析

$$\mathrm{V}[\bar{y}_{\cdot j\cdot} - \bar{y}_{\cdot j'\cdot}] = \frac{2}{ar}\sigma_2^2$$

となる．多重比較においては常に水準間の差を考えているので，2次因子 B の主効果の多重比較においては1次誤差は考えなくてもよい．σ_2^2 は2次誤差の分散 V_{e2} により推定することができる．したがって，処理平均 $\bar{y}_{\cdot j\cdot}$ $(j=1,\ldots,b)$ の多重比較においては，繰返し数を ar とし，誤差分散の推定値として V_{e2} を用いる．

c. A_i を固定して A_iB_j と $A_iB_{j'}$ を比較

交互作用が有意となったときは，因子 A と因子 B の水準組合せ A_iB_j における処理平均

$$\bar{y}_{ij\cdot} = \frac{1}{r}\sum_{k=1}^{r} y_{ijk}, \quad \mathrm{V}[\bar{y}_{ij\cdot}] = \frac{1}{r}(\sigma_2^2 + \sigma_1^2)$$

の $A \times B$ 二元表 (表 5.5) について検討することに意味がある．まず A_i を固定して A_iB_j と $A_iB_{j'}$ の差を考えると，B の主効果の場合と同様に1次誤差はキャンセルし

$$\mathrm{V}[\bar{y}_{ij\cdot} - \bar{y}_{ij'\cdot}] = \frac{2}{r}\sigma_2^2$$

が成り立つ．したがって多重比較においては，繰返し数を r とし，2次誤差 V_{e2} を誤差分散の推定値として用いればよい．

d. B_j を固定して A_iB_j と $A_{i'}B_j$ を比較

このときは1次誤差がキャンセルしないので，処理平均の差の分散は

$$\mathrm{V}[\bar{y}_{ij\cdot} - \bar{y}_{i'j\cdot}] = \frac{2}{r}(\sigma_2^2 + \sigma_1^2)$$

となる．ところが分散分析表 (表 5.6) からは $\sigma_2^2 + \sigma_1^2$ の推定値は直接的には与えられない．そこで，

$$\mathrm{E}[V_{e1}] = \sigma_2^2 + b\sigma_1^2, \quad \mathrm{E}[V_{e2}] = \sigma_2^2$$

の関係から

$$V_e^* = \frac{1}{b}V_{e1} + \frac{b-1}{b}V_{e2}, \quad \mathrm{E}[V_e^*] = \sigma_2^2 + \sigma_1^2 \tag{5.20}$$

を使って $\sigma_2^2 + \sigma_1^2$ を推定する．V_e^* を使ったときの自由度は，Satterthwaite の近似法により

$$\nu_e^* = \frac{\{V_{e1} + (b-1)V_{e2}\}^2}{\frac{V_{e1}^2}{\nu_{e1}} + \frac{(b-1)^2 V_{e2}^2}{\nu_{e2}}} \tag{5.21}$$

で与えられる (付録 A.1.2 項参照)．

e. 適用例

水稲品種 × リン酸施肥量実験 (5.2.3 項) について例を示す．この実験の主な目的は，リン酸施肥量 (因子 B) の効果が品種によって異なるかどうかを調べることである．交互作用が有意なので，各品種ごとにリン酸施肥量の水準を比較する．これは 1 次単位の水準内で 2 次単位の水準間の比較を行うので，誤差分散の推定値は 2 次誤差 $V_{e2} = 401$ を使う．処理平均の繰返し数 (反復数) は $r = 3$ である．たとえば Tukey の方法 (3.3.2 項) を適用すると，$b = 4$ 個の水準を比較するための判定基準値は，スチューデント化した範囲の 5% 点 $q(4, 12; 0.05) = 4.199$ を使って，

$$HSD_4(0.05) = \sqrt{\frac{V_{e2}}{r}} \cdot q(4, 12; 0.05) = \sqrt{\frac{401}{3}} \cdot 4.199 = 48.5 \quad (5.22)$$

となる．品種 A_1 (はなの舞) においては B_3 と B_4 との差

$$\bar{y}_{13\cdot} - \bar{y}_{14\cdot} = 564.0 - 550.0 = 14.0$$

が有意差なしである．それ以外の水準間の差は有意である．品種 A_2 (初星) においては因子 B のすべての水準間に有意差がある．

この例では 2 次因子 B の水準を固定して 1 次因子 A の水準間の比較を行うことに実用的な意味はない．ここでは計算方法を例示する．比較のための分散の推定値とその自由度は，(5.20) 式と (5.21) 式より，

$$V_e^* = \frac{1}{b} V_{e1} + \frac{b-1}{b} V_{e2} = \frac{739 + 3 \times 401}{4} = 486$$

$$\nu_e^* = \frac{\{V_{e1} + (b-1)V_{e2}\}^2}{\frac{V_{e1}^2}{\nu_{e1}} + \frac{(b-1)^2 V_{e2}^2}{\nu_{e2}}} = \frac{(739 + 3 \times 401)^2}{739^2/2 + (3 \times 401)^2/12} = 9.58$$

で与えられる．自由度は切り捨てて $\nu_e^* = 9$ とする．因子 A の水準数は $a = 2$ なので，LSD 法と Tukey 法とは同じ判定基準となる．t 分布の両側 5% 点 (片側 2.5% 点) $t(9; 0.05/2) = 2.262$ を使って，最小有意差は

$$LSD(0.05) = \sqrt{\frac{2 V_e^*}{3}} \cdot t(9; 0.025) = \sqrt{\frac{2 \times 486}{3}} \times 2.262 = 40.7$$

となる．因子 B の第 3 水準において，2 つの品種の差

$$\bar{y}_{13\cdot} - \bar{y}_{23\cdot} = 564.0 - 451.3 = 112.7$$

が有意である．因子 B の他の水準においては 2 つの品種間に有意差はない．

【注 検定の多重性について】 たとえば因子 A を特定の水準 A_i に固定して因子 B の水準間の比較を行うとき，Tukey 法を使ってファミリー単位過誤率 (第 3 章参照) を制御したとしても，同じ手順を因子 A の他の水準においても適用すれば，結局は数多くの検定を繰り返すことになる．多くの場合，このような多重性を厳密に制御することは困難である．

5.3 コンピュータによる解析例

出力 5.1 にソフトウェア R による解析例を示す．この例では 1 次単位となる実験単位を変数 mainplot で定義している．分散分析を行う aov() 関数のモデルの指定において，1 次単位を表す変数を Error() で指定する．

出力 5.1　R による分割法実験データの解析

```
> ## Split-plot ANOVA
> y <- c(147, 351, 561, 541, 165, 324, 407, 538,
+        156, 359, 567, 549, 172, 325, 508, 523,
+        184, 373, 564, 560, 158, 326, 439, 502)
> block    <- rep(c("R1", "R2", "R3"), each=8)
> var      <- rep(c("V1", "V2"), each=4, times=3)
> phos     <- factor(rep(c(0, 4, 8, 12), time=6))
> mainplot <- factor(rep(1:6, each=4))
> rice.dat <- data.frame(y, block, var, phos, mainplot)
> rice.aov <- aov(y ~ block + var*phos + Error(mainplot), data=rice.dat)
> summary(rice.aov)

Error: mainplot
          Df Sum Sq Mean Sq F value Pr(>F)
block      2    984     492   0.666 0.6003
var        1  11484   11484  15.538 0.0587 .
Residuals  2   1478     739
---
Signif. codes:  0 '***' 0.001 '**' 0.01 '*' 0.05 '.' 0.1 ' ' 1

Error: Within
          Df Sum Sq Mean Sq F value   Pr(>F)
phos       3 530554  176851 440.934 1.54e-12 ***
var:phos   3  10772    3591   8.953  0.00218 **
Residuals 12   4813     401
---
Signif. codes:  0 '***' 0.001 '**' 0.01 '*' 0.05 '.' 0.1 ' ' 1
>
> ## mean values ##
> tapply(y, list(var, phos), mean)
          0   4        8  12
V1 162.3333 361 564.0000 550
V2 165.0000 325 451.3333 521
```

Chapter 6
2 水準系直交表による実験計画

本章と次章において直交表を利用した一部実施要因実験について解説する．1.1.1 項の特性要因図に示したように，目的とする特性値に影響を与えると考えられる因子は数多く存在する．できるだけ多くの因子を実験に取り上げることができれば，技術開発や研究を効率的に進めることができる．しかし一方で多くの因子を取り上げると実験規模が大きくなってしまう．直交表実験は，実験規模を実施可能な範囲に保ちながら，できるだけ多くの因子を取り上げて効率的に情報を獲得するための方法である．

本章では 2 水準系の直交表について基本的な考え方を説明する．特に一部実施を実現するための定義対比について理解することが重要である．

6.1 直交表実験の考え方

6.1.1 因子数が多い場合の対策

複数の因子を取り上げる多元配置 (多因子実験) において，すべての水準組合せを実施する要因実験を行うと，因子数の増加に伴ってその水準組合せの数は急速に増大する．たとえば 4 水準の因子を 5 つ (因子 A, B, C, D, E) 考えると，要因実験では水準組合せの数は $4^5 = 1024$ となり実行不可能である．そこですべての因子を 2 水準とする．それでも水準組合せの数は $2^5 = 32$ となり，誤差を評価するために 2 反復を取ると実験単位は $32 \times 2 = 64$ 個 (農業実験だと 64 の試験区，工業実験だと 64 の試験品) が必要となる．この $2^5 = 32$ とおりの処理組合せを実施すると表 6.1 のような主効果と交互作用を評価することができる．

ところが，3 因子以上の交互作用は経験的に小さな値を取ることが多い．数学的に考えても，高次の交互作用 (3 因子以上の交互作用) は，特性値の応答関数の高次の項 (多項式近似の 3 次以上の項) を表しているので，滑らかな現象を扱うときには小さくなる．また，その情報を技術開発の現場で使用することも困難であ

6.1 直交表実験の考え方

表 6.1 2^5 実験の自由度の分割

要因効果	自由度の合計
主効果	$5 = {}_5C_1$
2 因子交互作用	$10 = {}_5C_2 = 5\times 4/2$
3 因子交互作用	$10 = {}_5C_3 = {}_5C_2$
4 因子交互作用	$5 = {}_5C_4 = {}_5C_1$
5 因子交互作用	$1 = {}_5C_5$
合計	$31 = 32 - 1$

る．そこで $2^5 = 32$ の処理組合せの一部分を実施し，必要な主効果と 2 因子交互作用を評価する実験計画が考えられる．この方法を一部実施要因実験 (1.2.5 項) という．一部実施要因実験としては，2 水準系の直交表や 3 水準系の直交表が用いられる．まず 2 水準系直交表実験の例を示す．

例 6.1 射出成形によるプラスチック加工 (直交表実験)

例 1.1 で，射出成形によるプラスチック製品の引張強度に関する一元配置完全無作為化法実験を考えた．そこでの因子は金型温度であり，4 水準を取り上げた．射出成形では，原料樹脂中の水分を除くための予備乾燥が成形前に必要となる．そして成形中のシリンダー内の樹脂温度も強度に影響する可能性がある．また工作機械として 2 つのモデルを使う．そこで，表 6.2 の 5 つの 2 水準因子を考える．因子 A, B, C, D のあいだには 2 因子交互作用が存在する可能性がある．

表 6.2 射出成形実験における因子

因子		第 1 水準	第 2 水準
予備乾燥温度	A	A_1: 140℃	A_2: 120℃
予備乾燥時間	B	B_1: 6 時間	B_2: 4 時間
樹脂温度	C	C_1: 280℃	C_2: 220℃
金型温度	D	D_1: 100℃	D_2: 40℃
工作機械	E	E_1: 新型	E_2: 旧型
特性値	y	引張強度 (kgf/mm^2)	

可能な水準組合せは $2^5 = 32$ とおりである．その 1/2 の 16 とおりの組合せで実験を行う (表 6.3)．"1" と "2" の数字は，各因子の水準を示している．また無作為化の原則 (1.3.3 項) に従って，16 とおりの処理組合せはランダムな順序で実行する．特性値としては引張強度 y を測定する．

この実験の特徴は
- $2^5 = 32$ とおりの組合せのうち半分の 16 とおりの処理組合せを実施する
- すべての主効果と必要な 2 因子交互作用を評価する

- 実験誤差を評価し統計的検定を行うことができる

ということである．

表 6.3 L_{16} 直交表による処理組合せ (1/2 実施)

実験番号 No.	1	2	3	4	5	6	7	8	9	10	11	12	13	14	15	16
実験順序 (ランダム化)	8	15	9	5	12	4	1	16	10	13	2	14	6	3	11	7
因子 A	1	1	1	1	1	1	1	1	2	2	2	2	2	2	2	2
因子 B	1	1	1	1	2	2	2	2	1	1	1	1	2	2	2	2
因子 C	1	1	2	2	1	1	2	2	1	1	2	2	1	1	2	2
因子 D	1	2	1	2	1	2	1	2	1	2	1	2	1	2	1	2
因子 E	1	2	2	1	2	1	1	2	2	1	1	2	1	2	2	1
引張強度 y (kgf/mm²)	9.6	6.4	6.3	8.5	9.3	6.4	8.6	7.5	9.2	7.8	8.1	6.3	7.7	5.1	5.2	5.4

6.1.2 直交表の考え方と $L_4(2^3)$ 直交表

因子の水準数が 2 の場合の主効果と交互作用の考え方を説明する．例として肥料 3 要素 (窒素 N, リン酸 P, カリウム K) のうち，窒素 N とリン酸 P のあり・なしで以下の 4 とおりの処理組合せを考える．母平均とデータに関して，"n" と "p" の添え字で処理組合せを区別する．

母平均	P あり	P なし
N あり	μ_{np}	μ_n
N なし	μ_p	μ_0

データ	P あり	P なし
N あり	y_{np}	y_n
N なし	y_p	y_0

a. N の主効果

窒素因子 N の効果 (N の「あり」と「なし」との収量の差) は，他の因子 P のそれぞれの水準で計算することができる．N の主効果はその平均として表される．また平方和は，二元配置実験 (第 4 章) における定義に従って計算すると以下のようになる．

○ N の効果 (N の「あり」と「なし」との収量の差，図 6.1)

P ありのとき：$\mu_{np} - \mu_p$ (1)

P なしのとき：$\mu_n - \mu_0$ (2)

- N の主効果 (N の効果の平均)

$$\frac{(1)+(2)}{2} = \frac{\mu_{np} + \mu_n - \mu_p - \mu_0}{2}$$

6.1 直交表実験の考え方

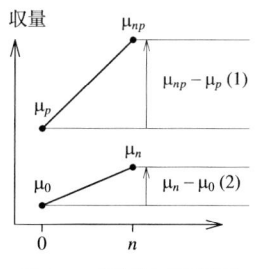

図 6.1 主効果と交互作用

- データからの推定値

$$\frac{y_{np} + y_n - y_p - y_0}{2}$$

"n" の添え字を含む項には "$+$",含まない項には "$-$" が付く.

- N の主効果の平方和 (自由度 $\nu_N = 1$)

$$\begin{aligned}
S_N &= \sum_{i=1}^{2}\sum_{j=1}^{2}(\bar{y}_{i\cdot} - \bar{y}_{\cdot\cdot})^2 = 2\sum_{i=1}^{2}(\bar{y}_{i\cdot} - \bar{y}_{\cdot\cdot})^2 \\
&= 2\left(\frac{y_{np}+y_n}{2} - \bar{y}_{\cdot\cdot}\right)^2 + 2\left(\frac{y_p+y_0}{2} - \bar{y}_{\cdot\cdot}\right)^2 \\
&= 2\left(\frac{y_{np}+y_n}{2} - \frac{y_{np}+y_n+y_p+y_0}{4}\right)^2 \\
&\quad + 2\left(\frac{y_p+y_0}{2} - \frac{y_{np}+y_n+y_p+y_0}{4}\right)^2 \\
&= \frac{(y_{np}+y_n-y_p-y_0)^2}{4} \\
&= \frac{(N\text{ありの合計}-N\text{なしの合計})^2}{\text{データ総数}} = \frac{(\text{効果の推定値の分子})^2}{\text{データ総数}}
\end{aligned}$$

b. P の主効果

リン酸因子 P の主効果についても同様である.

○ P の効果 (P の「あり」と「なし」との収量の差)

N ありのとき:$\mu_{np} - \mu_n$ (3)

N なしのとき:$\mu_p - \mu_0$ (4)

- P の主効果 (P の効果の平均)

$$\frac{(3)+(4)}{2} = \frac{\mu_{np} - \mu_n + \mu_p - \mu_0}{2}$$

- データからの推定値

$$\frac{y_{np} - y_n + y_p - y_0}{2}$$

"p" の添え字を含む項には "+"，含まない項には "−" が付く．

- P の主効果の平方和 (自由度 $\nu_P = 1$)

$$S_P = \frac{(y_{np} - y_n + y_p - y_0)^2}{4}$$
$$= \frac{(P\text{ありの合計} - P\text{なしの合計})^2}{\text{データ総数}} = \frac{(\text{効果の推定値の分子})^2}{\text{データ総数}}$$

c. $N \times P$ 交互作用

交互作用があるということは，一方の因子 N の効果が他の因子 P の水準ごとに異なっているということである．両方の因子が 2 水準のときは次のように計算することができる．

○ N の効果 (N の「あり」と「なし」との収量の差)

P ありのとき：$\mu_{np} - \mu_p$ （1）

P なしのとき：$\mu_n - \mu_0$ （2）

- $N \times P$ 交互作用 (P のあり・なしによる N の効果の違い)

$$\frac{(1) - (2)}{2} = \frac{(\mu_{np} - \mu_p) - (\mu_n - \mu_0)}{2} = \frac{\mu_{np} - \mu_n - \mu_p + \mu_0}{2}$$

主効果と形式をそろえるため 2 で割った値で定義する．

- データからの推定値

$$\frac{y_{np} - y_n - y_p + y_0}{2}$$

"n" と "p" 両方の添え字を含む項，どちらも含まない項に "+"，どちらか一方を含む項に "−" が付く．ここで添え字 "n" と "p" に関して対称なので，N のあり・なしによる P の効果の違いを考えても同じ式になる．

- $N \times P$ 交互作用平方和 (自由度 $\nu_{N \times P} = 1$)

$$S_{N \times P} = \sum_{i=1}^{2} \sum_{j=1}^{2} (y_{ij} - \bar{y}_{i\cdot} - \bar{y}_{\cdot j} + \bar{y}_{\cdot\cdot})^2$$
$$= \frac{(y_{np} - y_n - y_p + y_0)^2}{4}$$
$$= \frac{(\text{効果の推定値の分子})^2}{\text{データ総数}}$$

平方和に関しては，主効果・交互作用ともに定義に従って計算すると

$$\frac{(効果の推定値の分子)^2}{データ総数}$$

の形をしている．

表 6.4 要因効果の推定と $L_4(2^3)$ 直交表

試験区番号	処理組合せ n p (v)	データ	要因効果の推定 N P $N{\times}P$ (V)		No.	列番号 (1) (2) (3)
1	n p v	y_{np}	$+$ $+$ $+$ $+$		1	1 1 1
2	n	y_n	$+$ $-$ $-$ $-$		2	1 2 2
3	p	y_p	$-$ $+$ $-$ $-$		3	2 1 2
4	v	y_0	$-$ $-$ $+$ $+$		4	2 2 1
					列名	a a
					(成分)	b b

表 6.4 の左側は，要因効果 (N の主効果，P の主効果，$N{\times}P$ 交互作用) の推定における "$+$" と "$-$" の現れ方をまとめたものである．また，この表の N と P の主効果の列を見れば，どの試験区 (実験単位) に窒素 N とリン酸 P を与えるのかが一目で分かる．

【注 交互作用 $N{\times}P$ 列の符号】 N 列の値を変数 a ("$+1$" または "-1" の値を取る) で表し，P 列の値を変数 b ("$+1$" または "-1" の値を取る) で表すと，交互作用 $N{\times}P$ 列の値は積 $a \cdot b$ となっている．交互作用を掛け算の記号 "$\times$" を用いて表すことと対応しており覚えやすい．

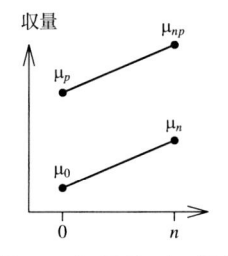

図 6.2 交互作用のない場合

交互作用が存在しないとき，すなわち N の効果が P のあり・なしによって影響を受けないときは

$$\mu_{np} - \mu_n - \mu_p + \mu_0 = 0$$

が成り立つ (図 6.2). このとき交互作用の平方和

$$S_{N\times P} = \frac{(y_{np} - y_n - y_p + y_0)^2}{4}, \quad \mathrm{E}[S_{N\times P}] = \sigma^2$$

は単に実験誤差を表している．すなわち，繰返しがなくても誤差分散 σ^2 の推定が可能となり，主効果 N と主効果 P に関する検定を行うことができる．

あるいは，$N\times P$ 列の "+" と "−" に従って別の因子として品種 V を対応付けることが可能となる．第 1 と第 4 の試験区で品種 V_1 を実施し，第 2 と第 3 の試験区で品種 V_2 を実施する．この V 列 ($=N\times P$ 列) の "+" と "−" の符号に従って，品種の主効果 (水準 V_1 と V_2 との差) を推定することができる (ただし，検定を行うためには誤差分散を別のところで推定する必要がある)．

すなわち直交表のアイデアは
- 高次の交互作用の部分から誤差分散を推定できる
- 新たな因子を割り当てることができる

ということである．

d. $L_4(2^3)$ 直交表

実際の実験では，2 つの水準はあり・なしとは限らないので，表 6.4 の右側のように，"+1" を "1" (第 1 水準)，"−1" を "2" (第 2 水準) と置き換える．この表 6.4 の右側を $L_4(2^3)$ 直交表という．もとの "+1" と "−1" で考えたとき，第 (3) 列の値が第 (1) 列と第 (2) 列の積であることを示すために，第 (1) 列に "a"，第 (2) 列に "b"，第 (3) 列に "ab" という列名を与える．列名については 6.1.4 項で説明する．

6.1.3　$L_8(2^7)$ 直交表

2 つの因子 (窒素 N, リン酸 P) の他に，第 3 の因子カリウム K を加え，$2^3=8$ とおりの処理組合せを考える．ここでは，観測データのみを示す．

	P あり		P なし	
	K あり	K なし	K あり	K なし
N あり	y_{npk}	y_{np}	y_{nk}	y_n
N なし	y_{pk}	y_p	y_k	y_0

主効果と 2 因子交互作用の推定と平方和の考え方は前項と同様である．

a. N の主効果 (N の効果について他の因子の水準組合せにおける平均)
- N の主効果の推定値

$$\frac{y_{npk} + y_{np} + y_{nk} + y_n - y_{pk} - y_p - y_k - y_0}{4}$$

"n" の添え字を含む項には "+"，含まない項には "−" が付く．
- N の主効果の平方和 (自由度 $\nu_N = 1$)

$$S_N = \sum_{i=1}^{2}\sum_{j=1}^{2}\sum_{k=1}^{2}(\bar{y}_{i..} - \bar{y}_{...})^2 = 4\sum_{i=1}^{2}(\bar{y}_{i..} - \bar{y}_{...})^2$$

$$= \frac{(y_{npk} + y_{np} + y_{nk} + y_n - y_{pk} - y_p - y_k - y_0)^2}{8}$$

$$= \frac{(効果の推定値の分子)^2}{データ総数}$$

b. P の主効果
- P の主効果の推定値

$$\frac{y_{npk} + y_{np} - y_{nk} - y_n + y_{pk} + y_p - y_k - y_0}{4}$$

"p" の添え字を含む項には "+"，含まない項には "−" が付く．
- P の主効果の平方和 (自由度 $\nu_P = 1$)

$$S_P = \frac{(y_{npk} + y_{np} - y_{nk} - y_n + y_{pk} + y_p - y_k - y_0)^2}{8}$$

$$= \frac{(効果の推定値の分子)^2}{データ総数}$$

c. K の主効果
- K の主効果の推定値

$$\frac{y_{npk} - y_{np} + y_{nk} - y_n + y_{pk} - y_p + y_k - y_0}{4}$$

"k" の添え字を含む項には "+"，含まない項には "−" が付く．
- K の主効果の平方和 (自由度 $\nu_K = 1$)

$$S_K = \frac{(y_{npk} - y_{np} + y_{nk} - y_n + y_{pk} - y_p + y_k - y_0)^2}{8}$$

$$= \frac{(効果の推定値の分子)^2}{データ総数}$$

d. $N \times P$ 交互作用

もう 1 つの因子 K の 2 つの水準において $N \times P$ 交互作用を考えることができる．その 2 つの交互作用の平均を $N \times P$ 交互作用と定義する．

○ $N \times P$ 交互作用

K ありのとき：$(y_{npk} - y_{nk} - y_{pk} + y_k)/2$ (5)

K なしのとき：$(y_{np} - y_n - y_p + y_0)/2$ (6)

- $N \times P$ 交互作用の推定値 (K あり・なしの平均)

$$\frac{(5)+(6)}{2} = \frac{y_{npk} + y_{np} - y_{nk} - y_n - y_{pk} - y_p + y_k + y_0}{4}$$

"n" と "p" 両方の添え字を含む項，どちらも含まない項に "+"，どちらか一方を含む項に "−" が付く．

- $N \times P$ 交互作用の平方和 (自由度 $\nu_{N \times P} = 1$)

$$S_{N \times P} = \frac{(y_{npk} + y_{np} - y_{nk} - y_n - y_{pk} - y_p + y_k + y_0)^2}{8}$$
$$= \frac{(効果の推定値の分子)^2}{データ総数}$$

e. $N \times K$ 交互作用

- $N \times K$ 交互作用の推定値

$$\frac{y_{npk} - y_{np} + y_{nk} - y_n - y_{pk} + y_p - y_k + y_0}{4}$$

"n" と "k" 両方の添え字を含む項，どちらも含まない項に "+"，どちらか一方を含む項に "−" が付く．

- $N \times K$ 交互作用の平方和 (自由度 $\nu_{N \times K} = 1$)

$$S_{N \times K} = \frac{(y_{npk} - y_{np} + y_{nk} - y_n - y_{pk} + y_p - y_k + y_0)^2}{8}$$
$$= \frac{(効果の推定値の分子)^2}{データ総数}$$

f. $P \times K$ 交互作用

- $P \times K$ 交互作用の推定値

$$\frac{y_{npk} - y_{np} - y_{nk} + y_n + y_{pk} - y_p - y_k + y_0}{4}$$

"p" と "k" 両方の添え字を含む項，どちらも含まない項に "+"，どちらか一方を含む項に "−" が付く．

- $P{\times}K$ 交互作用の平方和 (自由度 $\nu_{P\times K} = 1$)

$$S_{P\times K} = \frac{(y_{npk} - y_{np} - y_{nk} + y_n + y_{pk} - y_p - y_k + y_0)^2}{8}$$

$$= \frac{(効果の推定値の分子)^2}{データ総数}$$

g. $N{\times}P{\times}K$ 交互作用

K の 2 つの水準で定義した $N{\times}P$ 交互作用に関して，その差を考える．

○ $N{\times}P$ 交互作用

K ありのとき：$(y_{npk} - y_{nk} - y_{pk} + y_k)/2$ (5)

K なしのとき：$(y_{np} - y_n - y_p + y_0)/2$ (6)

- $N{\times}P{\times}K$ 交互作用

($N{\times}P$ 交互作用に関して，K のあり・なしによる違い)

$$\frac{(5)-(6)}{2} = \frac{y_{npk} - y_{np} - y_{nk} + y_n - y_{pk} + y_p + y_k - y_0}{4}$$

"n"，"p"，"k" の 3 つの添え字に関して，奇数個 (3 個または 1 個) 含む項に "+"，偶数個 (2 個または 0 個) 含む項に "−" が付く．ここで添え字 "n"，"p"，"k" に関して対称なので，どの因子を中心に考えても同じ式になる．

- $N{\times}P{\times}K$ 交互作用の平方和 (自由度 $\nu_{N\times P\times K} = 1$)

$$S_{N\times P\times K} = \frac{(y_{npk} - y_{np} - y_{nk} + y_n - y_{pk} + y_p + y_k - y_0)^2}{8}$$

$$= \frac{(効果の推定値の分子)^2}{データ総数}$$

表 6.5 の左側に，要因効果 (3 つの主効果 N, P, K, 3 つの 2 因子交互作用 NP, NK, PK, 1 つの 3 因子交互作用 NPK) の推定における "+" と "−" の現れ方を示す．ここで，交互作用 NP 列の値 ("+1" または "−1") は，N 列の値 ("+1" または "−1") と P 列の値 ("+1" または "−1") の積になっている．さらに 3 因子交互作用 NPK 列の値は，3 つの主効果 N, P, K の列の値の積となっていることも確認できる．

【注】 本章と次章では，スペースを省略するため交互作用における "×" の記号を省き，$N{\times}P$ や $N{\times}P{\times}K$ の代わりに NP や NPK のように表すことがある．

表 6.5 の右側は，左側の要因効果の推定における "+1" を "1" (第 1 水準) で置き換え，"−1" を "2" (第 2 水準) で置き換えたものである．この表を $L_8(2^7)$ 直

表 6.5 要因効果の推定と $L_8(2^7)$ 直交表

2^3 実験の要因効果の推定

処理組合せ	データ	N	P	NP	K	NK	PK	NPK
$n\ p\ k$	y_{npk}	+	+	+	+	+	+	+
$n\ p$	y_{np}	+	+	+	−	−	−	−
$n\quad k$	y_{nk}	+	−	−	+	+	−	−
n	y_n	+	−	−	−	−	+	+
$\quad p\ k$	y_{pk}	−	+	−	+	−	+	−
$\quad p$	y_p	−	+	−	−	+	−	+
$\qquad k$	y_k	−	−	+	+	−	−	+
	y_0	−	−	+	−	+	+	−

$L_8(2^7)$ 直交表

No.	(1)	(2)	(3)	(4)	(5)	(6)	(7)
1	1	1	1	1	1	1	1
2	1	1	1	2	2	2	2
3	1	2	2	1	1	2	2
4	1	2	2	2	2	1	1
5	2	1	2	1	2	1	2
6	2	1	2	2	1	2	1
7	2	2	1	1	2	2	1
8	2	2	1	2	1	1	2
列名 (成分)	a	b	a b	c	a c	b c	a b c
群	1 群		2 群			3 群	

交表とよぶ. $L_8(2^7)$ 直交表において,"1"="+1","2"="−1"とみなし,第 (1) 列の値を a (+1 または −1), 第 (2) 列の値を b (+1 または −1), 第 (4) 列の値を c (+1 または −1) とすると, 残りの列の値は, 列名の欄に示される積の値をもつ. たとえば第 (5) 列 (列名 $= ac$) の値は第 (1) 列 (列名 $= a$) と第 (4) 列 (列名 $= c$) の積になっている.

6.1.4 2 水準系直交表の特徴

2 水準系の直交表は,

$$L_N(2^{N-1})$$

と表される. ここで "L" はラテン方格 (1.2.6 項) の "L" であり, 直交表がラテン方格 (Latin square) に由来していることを示している. N は実験単位の総数 (実験規模) であり, 2 の累乗の値 $N = 2^m$ をもつ. $L_N(2^{N-1})$ の記号の "2" は, 各因子の水準数が 2 であることを表す. したがって主効果・交互作用効果の自由度はすべて 1 となる. $N − 1$ は自由度の合計が $N − 1$ であることを示し, それぞれ自由度 1 をもつ $N − 1$ 列が存在する. なお, $L_N(2^{N-1})$ を単に L_N と表すこともある.

表 6.5 に $L_8(2^7)$ 直交表を示す. この $L_8(2^7)$ を用いて直交表の特徴を説明する. 直交表の本体は, 数字 "1" と数字 "2" が並んだ N 行 $\times (N − 1)$ 列の表である. 行は "No." で示され (No. $= 1, \ldots , 8$), 列は括弧付きの列番号で示されている (列番号 $= (1), \ldots , (7)$).

6.1 直交表実験の考え方

第 (1) 列には，前半の $N/2$ 個 (L_8 の場合は 4 個) に "1" を，残りの $N/2$ 個に "2" を並べる．第 (2) 列には，$N/4$ 個 (L_8 の場合は 2 個) ずつ，"1" と "2" を交互に並べる．第 (3) 列は，第 (1) 列と第 (2) 列の交互作用を表している．第 (4) 列には，$N/8$ 個 (L_8 の場合は 1 個) ずつ，"1" と "2" を交互に並べる．以下，第 (5) 列から第 (7) 列に，残りの交互作用を表す列を記述する．交互作用の内容は列名の欄にアルファベットの小文字 $a, b, c, \ldots$ を用いて示されている．たとえば第 (5) 列 (列名 $= ac$) は，第 (1) 列 (列名 $= a$) と第 (4) 列 (列名 $= c$) との交互作用を表している．「列名」は文献によっては「成分」とよばれることもある．

直交表は次の性質をもっている．

1) どの列も，数字 "1" と数字 "2" が同じ回数現れる ($L_8(2^7)$ の場合は，$N/2 = 8/2 = 4$ 回ずつ)．
2) 任意の 2 列について，$(1,1), (1,2), (2,1), (2,2)$ の 4 つの組合せが同じ回数現れる ($L_8(2^7)$ の場合は，$N/4 = 8/4 = 2$ 回ずつ)．このことを，この 2 列は直交するという．
3) 任意の 2 列に対して，その交互作用に相当する列が存在する．たとえば，因子 X を第 (5) 列に対応させ，因子 Y を第 (6) 列に対応させると，6.1.2 項の議論より，交互作用は主効果を評価する "+1" と "−1" の積の値をもつ列から評価することができる．したがって，第 (3) 列が第 (5) 列と第 (6) 列との交互作用を表していることが分かる．

(5) 列	(6) 列		(3) 列
X	Y	$\Rightarrow$	$X \times Y$
1 (+1)	1 (+1)		1 (+1)
2 (−1)	2 (−1)		1 (+1)
1 (+1)	2 (−1)		2 (−1)
2 (−1)	1 (+1)		2 (−1)
2 (−1)	1 (+1)		2 (−1)
1 (+1)	2 (−1)		2 (−1)
2 (−1)	2 (−1)		1 (+1)
1 (+1)	1 (+1)		1 (+1)
列名 ac	bc		ab

どの列が交互作用を表すかは，表 6.5 の列名欄の掛け算から求めることができる．実際，第 (5) 列は ac (+1 または −1) という値をもち，第 (6) 列は bc (+1 または −1) という値をもっているので，交互作用の列は $ac \times bc = abc^2 = ab$ という値をもっているはずである．すなわち，第 (3) 列が第 (5) 列と第 (6)

列との交互作用を表すことが分かる．ここで $a, b, c, \ldots$ の値は $+1$ か -1 なので，

$$a^2 = b^2 = c^2 = \cdots = 1 \tag{6.1}$$

の関係が成り立つ．

4) $L_8(2^7)$ 直交表は，表 6.5 の左側に示すように第 (1) 列，第 (2) 列，第 (4) 列に 3 つの因子 N, P, K の主効果を対応させ，以下，2 因子交互作用，3 因子交互作用を考えることによって構成された．しかし上記 (3) に示したように，どの 2 列に主効果を対応させても，他のどれかの列から交互作用を評価することができる．その意味で，$L_8(2^7)$ 直交表の 7 つの列は対等な立場であると考えることができる．

6.2 因子の割付け

6.2.1 $L_{16}(2^{15})$ 直交表への因子の割付け

本項で，$L_{16}(2^{15})$ 直交表を用いて 2 水準系直交表による実験の計画を説明する．表 6.6 に $L_{16}(2^{15})$ 直交表を示す．L_{16} 直交表は，$N = 16$ の実験単位をもち，"1" と "2" の並び方は次のとおりである．

- 第 (1) 列 (列名 a)：前半の 8 個に "1"，残りの 8 個に "2" が並ぶ．
- 第 (2) 列 (列名 b)：4 つずつ "1" と "2" が交互に並ぶ．
- 第 (4) 列 (列名 c)：2 つずつ "1" と "2" が交互に並ぶ．
- 第 (8) 列 (列名 d)：1 つずつ "1" と "2" が交互に並ぶ．

他の列は，これらの列の交互作用を表し，全体の自由度 $N - 1 = 15$ に対応して，(1)〜(15) の列をもつ．

因子 A が 2 つの水準 A_1 と A_2 をもつとき，因子 A を，L_{16} 直交表のどれかの列に対応させれば，その列の数字 "1" と "2" に従って，因子 A の第 1 水準 A_1 と第 2 水準 A_2 を実施することができる．このように特定の因子を特定の列に対応させることを「因子を列に割り付ける」と表現する．

たとえば，因子 A を第 (1) 列に割り付けると，No. = 1〜8 では A_1 水準，No. = 9〜16 では A_2 水準で実施することになる．実験後は No. = 1〜8 のデータの合計と No. = 9〜16 のデータの合計の差から因子 A の効果を評価し，平方和を計算することができる (データの解析法については 6.3 節以降で解説する)．

表 6.6 $L_{16}(2^{15})$ 直交表と因子の割付け

No.	(1)	(2)	(3)	(4)	(5)	(6)	(7)	(8)	(9)	(10)	(11)	(12)	(13)	(14)	(15)	実験順序	データ y
1	1	1	1	1	1	1	1	1	1	1	1	1	1	1	1	8	9.6
2	1	1	1	1	1	1	1	2	2	2	2	2	2	2	2	15	6.4
3	1	1	1	2	2	2	2	1	1	1	1	2	2	2	2	9	6.3
4	1	1	1	2	2	2	2	2	2	2	2	1	1	1	1	5	8.5
5	1	2	2	1	1	2	2	1	1	2	2	1	1	2	2	12	9.3
6	1	2	2	1	1	2	2	2	2	1	1	2	2	1	1	4	6.4
7	1	2	2	2	2	1	1	1	1	2	2	2	2	1	1	1	8.6
8	1	2	2	2	2	1	1	2	2	1	1	1	1	2	2	16	7.5
9	2	1	2	1	2	1	2	1	2	1	2	1	2	1	2	10	9.2
10	2	1	2	1	2	1	2	2	1	2	1	2	1	2	1	13	7.8
11	2	1	2	2	1	2	1	1	2	1	2	2	1	2	1	2	8.1
12	2	1	2	2	1	2	1	2	1	2	1	1	2	1	2	14	6.3
13	2	2	1	1	2	2	1	1	2	2	1	1	2	2	1	6	7.7
14	2	2	1	1	2	2	1	2	1	1	2	2	1	1	2	3	5.1
15	2	2	1	2	1	1	2	1	2	2	1	2	1	1	2	11	5.2
16	2	2	1	2	1	1	2	2	1	1	2	1	2	2	1	7	5.4
列名 (成分)	a	a b	a b c	a c	a c	a c	a	a b d	a b d	a d	a d	a c d	a c d	a b c d	a b c d		
群	1群	2群	3群					4群									
4因子 1回実施	A	B	AB	C	AC	BC	e	D	AD	BD	e	CD	e	e	e		
5因子 1/2実施	A	B	AB	C	AC	BC DE		D	AD	BD	CE	CD	BE	AE	E	定義対比 $1=ABCDE$	
例6.1	A	B	AB	C	AC	BC		D	AD	BD		CD	e	e	E		
6因子 1/4実施 線点図	A	B EF	AB DF	C	AC	BC DE CF		D	AD	BD CE		CD F	BE AF	AE BF	E	定義対比 $1=ABCDE$ $1=CDF$	
(案1)	A	B	AB	C	AC	BC DE	D	e		e		F	e	e	E		
6因子 1/4実施 分解能IV	A	B CE	AB	C BE DF	AC AE	BC E		D	AD	BD CF	EF	CD	AF	F	DE BF	定義対比 $1=ABCE$ $1=ACDF$	
(案2)	A	B	AB	C	AC	BC	E	D	e	e	e	e	F	e	DE		
乱塊法	R	A	e	B	DE	AB	e	C	e	AC	D	BC	e	E	e	$R=ACD$	
分割法	R	A	$e^{(1)}$	B	DE	AB	$e^{(1)}$	C	$e^{(2)}$	AC	D	BC	$e^{(2)}$	E	$e^{(2)}$		
4水準因子 の割付け	X A	Y A	Z A	B B	XB AB	YB AB	ZB AB	C C	XC AC	YC AC	ZC AC	BC BC	e e	e e	e e		

6.2.2 4因子の1回実施

各2水準をもつ4つの因子 A, B, C, D を考える．処理組合せの総数は $2^4 = 16$ であり，すべての処理組合せを1回実施することができる．L_{16} 直交表の15の列は対等なので，これら4つの因子は，どの列に割り付けても構わない．しかし，因子のあいだの交互作用を評価したい場合には，どの列に交互作用が現れるかに注意しなければならない．たとえば，因子 A を第 (1) 列 (列名 a)，因子 B を第 (2) 列 (列名 b) に割り付けると，その交互作用 $A \times B$ は第 (3) 列 (列名 ab) に現れる (6.1.4項)．したがって，交互作用 $A \times B$ を評価したい場合は，第 (3) 列に他の因子を割り付けることはできない．仮に第 (3) 列に因子 C を割り付けると交互作用 $A \times B$ と因子 C の主効果がともに第 (3) 列に現れることになる．すなわち，第 (3) 列の "1"="+1" と "2"="−1" に従って効果 (あるいはその平方和) を計算すると，それは交互作用 $A \times B$ を表しているのか，因子 C の主効果を表しているのかが区別できない．このことを，交互作用 $A \times B$ と主効果 C とが**交絡する** (confounding) という．

4因子の場合は，列名が1文字の第 (1) 列 (列名 a)，第 (2) 列 (列名 b)，第 (4) 列 (列名 c)，第 (8) 列 (列名 d) に4つの因子を割り付ければよい．2因子交互作用はすべて列名が2文字の列に現れるので，主効果と2因子交互作用が交絡することはない．表6.6の「4因子1回実施」の欄に割付けを示す．3因子以上の交互作用の列から実験誤差を評価することができる．表6.6において，誤差を評価する列は "e" で示されている．

6.2.3 5因子の1/2実施

例6.1の射出成形によるプラスチック加工における5つの因子 A, B, C, D, E を考える．すべての可能な処理組合せの数は $2^5 = 32$ となる．評価したい交互作用は $A \times B, A \times C, A \times D, B \times C, B \times D, C \times D$ の6つであり，主効果と必要な2因子交互作用の合計は $5 + 6 = 11$ であるから，L_{16} 直交表での実施を考える．

4つの因子 A, B, C, D は，表6.6の「4因子1回実施」のように，第 (1) 列，第 (2) 列，第 (4) 列，第 (8) 列に割り付ける．5番目の因子 E は第 (15) 列に割り付けると，すべての2因子交互作用が交絡することなく評価できることが列名の計算から分かる．たとえば因子 A (第 (1) 列，列名 a) と因子 E (第 (15) 列，列名 $abcd$) との交互作用は，$AE = a \cdot abcd = a^2 bcd = bcd$ より，第 (14) 列 (列名 bcd) に現れる (ここで $a^2 = 1$ に注意)．この割付けを表6.6の「5因子1/2実施」

の欄に示す．因子 E と他の因子との交互作用は考慮しないので誤差として評価する (表 6.6 において "e" で示されている)．例 6.1 の表 6.3 に示した処理組合せはこの割付けに基づくものである．

a. 線点図

多くの実験計画法の教科書 (たとえば田口 (1976) など) では，列名から交互作用の現れる列を計算する労力を軽減するため線点図が与えられている．図 6.3 に 5 因子のための線点図を示す．点は因子 (主効果) を表し，2 点を結ぶ直線は，その 2 因子のあいだの交互作用を表す．この線点図を利用すれば，列名の計算をすることなく，主効果と 2 因子交互作用の現れる列が容易に分かる．図 6.3 の線点図は表 6.6 の「5 因子 1/2 実施」の欄と同じ内容を与えている．

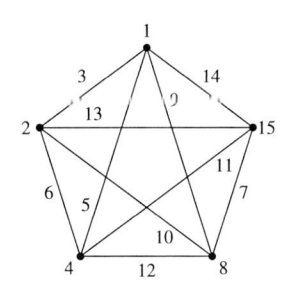

図 6.3 5 因子のための線点図

b. 定義対比

表 6.6 の「5 因子 1/2 実施」(あるいは線点図 6.3) では，次の列に因子を割り付けている．

- 因子 A：第 (1) 列 $\longrightarrow$ 列名 a
- 因子 B：第 (2) 列 $\longrightarrow$ 列名 b
- 因子 C：第 (4) 列 $\longrightarrow$ 列名 c
- 因子 D：第 (8) 列 $\longrightarrow$ 列名 d
- 因子 E：第 (15) 列 $\longrightarrow$ 列名 $abcd$

ここで，5 列の列名を掛け合わせると

$$ABCDE = a \cdot b \cdot c \cdot d \cdot abcd = a^2 \cdot b^2 \cdot c^2 \cdot d^2 = 1$$

となる．このことは，第 (1), (2), (4), (8), (15) 列の "$+1$" または "-1" の数値を掛け合わせると常に "$+1$" になることを意味している．そのためには，"-1" (第 2 水準) の数が偶数回 (0, 2, 4 回) 現れていなければならない．すなわち，表 6.3

(例 6.1) の実験計画において，どの実験 No. においても第 2 水準が偶数回現れている．

$2^5 = 32$ とおりのすべての組合せを考えれば，"+1" (第 1 水準) と "−1" (第 2 水準) のすべての組合せが現れるはずである．すなわち，第 2 水準が奇数個の組合せも含まれるはずである．その中から

$$1 = ABCDE \tag{6.2}$$

という制約条件を課すことによって，1/2 の 16 とおりの水準組合せ (表 6.3) が選ばれている (定義されている)．その意味で，(6.2) 式の "$1 = ABCDE$" を定義対比 (defining contrast) という．

逆に定義対比 $1 = ABCDE$ を決めれば，E を第 (15) 列に割り付ければよいことは容易に分かる．すなわち，$1 = ABCDE$ の両辺に $ABCD$ を掛ければ

$$1 \times ABCD = ABCDE \times ABCD = A^2 \cdot B^2 \cdot C^2 \cdot D^2 \cdot E = E$$
$$(A^2 = B^2 = C^2 = D^2 = 1 \text{ に注意})$$

より，

$$E = ABCD = abcd$$

となり，E を列名が $abcd$ の第 (15) 列に割り付ければよいことが分かる．

また，この定義対比 $1 = ABCDE$ から，たとえば

$$AB = 1 \times AB = ABCDE \times AB = CDE$$

となり，2 因子交互作用 $A \times B$ は 3 因子交互作用 $C \times D \times E$ と交絡している (AB と CDE が同じ列に現れる) ことが分かる．

c. 水準の対応と無作為化

各実験 No. ($= 1 \sim 16$) において，因子 A, B, C, D, E のどの水準で実験を実施するかは主効果を割り付けた列の "1" と "2" の数字を見ればわかる．各因子の 2 水準のうち，どちらを第 1 水準とするかはランダムに決めればよい．奥野・芳賀 (1969) では，望ましいと予想される処理を第 1 水準とする方法を推奨している．No.1 の実験単位ではすべての因子が第 1 水準で実施されるので，最適と予想される水準組合せが実験に含まれることになるからである．

実験の実施にブロックを考えない場合は，Fisher 3 原則の無作為化の原則に従って，各実験 No. ($= 1 \sim 16$) はランダムな順番で実施する．

6.2.4　6因子の1/4実施

6つの因子 A, B, C, D, E, F を考える．評価したい交互作用は $A \times B, A \times C, B \times C, D \times E$ であるとする．自由度の合計は $6 + 4 = 10$ であるから，L_{16} での実施を考える．可能なすべての処理組合せ数は $2^6 = 64$ であるから，$16/64 = 1/4$ 実施となる．

列名の計算から割付けを考えるのは労力を要するので線点図を利用する．まず知りたい主効果と交互作用から必要な線点図 (図 6.4) を作成する．次に教科書に与えられている線点図の一覧から，必要な線点図を含むものを選ぶ．たとえば，図 6.5 の 7 因子のための線点図は必要な線点図を含んでいる．選ばれた線点図において，必要のない点 (主効果) と線 (2 因子交互作用) を誤差として評価すればよい．この割付けを表 6.6 の「6 因子 1/4 実施 (案 1)」に示す．

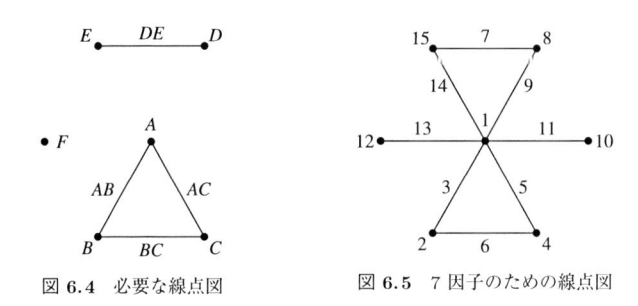

図 6.4　必要な線点図

図 6.5　7 因子のための線点図

a. 定義対比による考察

A, B, C, D は，第 (1), (2), (4), (8) 列に割り付ける (主効果と 2 因子交互作用は交絡しない)．次に，因子 E を第 (15) 列 (列名 $abcd$) に割り付けている．その定義対比 (実験規模を 1/2 にするための対比) は，上記「5 因子 1/2 実施」の議論から

$$1 = ABCDE$$

である．6 番目の因子 F を導入するためには，実験規模をさらに 1/2 にしなければならないので，新たな定義対比が必要になる．線点図による割付けでは，因子 F を第 (12) 列 (列名 cd) に割り付けているので，

$$F = CD$$

の関係が成り立つ．両辺に F を掛けることによって，

$$1 = F^2 = CDF$$

となり，新たな定義対比として
$$1 = CDF$$
が成り立つ．この定義対比 $1 = CDF$ から，
$$C = FD \quad (第 (4) 列)$$
$$D = CF \quad (第 (8) 列)$$
$$F = CD \quad (第 (12) 列)$$
の交絡関係が成り立つことが分かる．ここで，3つの交互作用 $C \times D, C \times F, D \times F$ は無視しているので，第 (4), (8), (12) 列は，それぞれ主効果 C, D, F として評価する．

ただし，交互作用を無視する場合に2つの状況が考えられる．

　状況 1：交互作用が存在しない (あるいは非常に小さい) ことが事前に分かっている．

　状況 2：交互作用が存在するか，しないかは不明である．しかし技術的な対策の観点からは交互作用の情報を必要としない．

2番目の状況が想定される場合は注意が必要である．仮に無視していた交互作用が大きな効果をもち，その交互作用が主効果と交絡していると，その主効果の評価に影響を与えてしまう可能性がある．交互作用が誤差の列に現れることは問題ない (誤差を大きく評価するだけである)．

　線点図を用いて割付けを考える場合でも，2因子交互作用がどの列に現れるか (特に，主効果との交絡がないか) を確認しておくことが望ましい．

b．レゾリューション IV の割付け

　定義対比が $1 = CDF$ のように3つの因子から構成されていると，主効果と2因子交互作用が交絡する．このような割付けをレゾリューション III (resolution III, 分解能 III) の割付けという．そこで，定義対比が常に4つ以上の因子を含むようにしておけば，主効果は2因子交互作用と交絡することはない．主効果は3因子以上の交互作用と交絡する．ただし2因子交互作用どうしは交絡する．このような方法をレゾリューション IV の割付けという．

　表 6.6 の「6因子 1/4 実施 (案 2)」の欄に，レゾリューション IV の割付けを示す．

　【注】　線点図を用いた例で，定義対比
$$1 = ABCDE$$

により，因子 E を第 (15) 列 (列名 $abcd$) に割り付けた．次に，因子 F を割り付けるために 4 因子からなる定義対比

$$1 = ABCF$$

を考える．そうすると，因子 F は第 (7) 列 (列名 abc) に割り付けることになる．この割付けは一見するとレゾリューション IV の割付けのように見える．しかし，1/4 実施の 2 つの定義対比の積も値が 1 になることに注意が必要である．すなわち，$1 = ABCDE$ と $1 = ABCF$ とを掛け合わせると

$$1 = ABCDE \cdot ABCF = A^2 \cdot B^2 \cdot C^2 \cdot DEF = DEF$$

が得られる．したがって，

$$D = EF, \quad E = DF, \quad F = DE$$

のように主効果と 2 因子交互作用が交絡してしまう．6 因子の 1/4 実施の場合，最初の定義対比を $1 = ABCDE$ と選ぶと，2 番目の定義対比をどのように選んでもレゾリューション IV の割付けにならないのである．

表 6.6 の「6 因子 1/4 実施 (案 2)」に示す割付けでは，2 つの定義対比として

$$1 = ABCE, \quad 1 = ACDF$$

を用いている．この 2 つの定義対比の積を計算すると

$$1 = ABCE \cdot ACDF = BDEF$$

のように 4 つの因子の積となるので主効果と 2 因子交互作用とは交絡しない．

文献に収録されている線点図の中には，レゾリューション IV の割付けになっていない場合があるので注意が必要である．

【注】 慣れないうちは，列名の計算からレゾリューション IV の割付けを構成することは困難である．奥野・芳賀 (1969)，奥野 (1994) には，標準的なレゾリューション IV の割付けが掲載されている．鷲尾 (1988) には，L_{16} に対するレゾリューション IV の割付けのための線点図が掲載されている．残念ながら，これらの図書は現在入手困難になっている．ただし，奥野 (1994) については「統計科学のための電子図書システム」(http://ebsa.ism.ac.jp/) より閲覧可能である．

6.2.5 ブロック因子の導入と分割法

a. ブロック因子の導入

$N = 16$ の実験全体を均一な場にコントロールできない場合，ブロック因子を導入して系統誤差の影響を除くことができる．たとえば工場実験において，前項の「6 因子の 1/4 実施」で考えた因子のうち，A, B, C, D, E の 5 つの因子が興

味の対象となる因子であるとする．1日で8回の実験単位が実施可能なので，実験日をブロックとして2日に分けて実験を実施する．

割付けのためには，興味のある因子とブロック因子を含めてレゾリューションIVの割付けを考えればよい．

【注】 2.2.5項で興味の対象となる処理とブロック因子との交互作用について説明した．ブロック内で処理組合せのすべてを実施する乱塊法 (完備ブロック計画) では，処理とブロックとの交互作用は仮に存在しても誤差として評価されるので問題はない．しかし直交表を利用した一部実施要因実験では，ある因子とブロック因子との交互作用が，他の因子の主効果と交絡することが起こりうるので注意が必要である．このことを防ぐためには，ブロック因子も含めてレゾリューション IV の割付けを行っておけばよい．

前項の「6因子の1/4実施」で示したレゾリューション IV の割付けで因子 F をブロック因子として利用することが可能である．すなわち因子 F を割り付けた第 (13) 列の値が "1" の実験番号を1日で実施し，値が "2" の実験番号を別の1日で実施すればよい．

b. ブロック因子の第 (1) 列への割付け

ブロック因子を第 (13) 列に割り付けると，数字 "1" と "2" の並び方が規則的ではないので各ブロックでの処理組合せを決めるときに混乱する恐れがある．また次項に説明する分割法を実施するときに問題が生じる．そこでブロック因子を第 (1) 列に割り付ければ，No. $= 1 \sim 8$ の実験単位は第1ブロックで実施し，No. $= 9 \sim 16$ の実験単位は第2ブロックで実施すればよいので便利である．ただし因子 A 以下の割り付ける列を再構築する必要がある．

前項の6因子1/4実施のレゾリューション IV の割付けにおいて，記号 F の代わりにブロック因子 R を用いれば，2つの定義対比は

$$1 = ABCE, \quad 1 = ACDR$$

となる．ブロック R を第 (1) 列 (列名 a) に割り付けたあと，因子 A を第 (2) 列 (列名 b)，因子 B を第 (4) 列 (列名 c)，因子 C を第 (8) 列 (列名 d) に割り付ける．ここまでは交互作用の交絡は生じない．因子 D の割り付けるべき列は定義対比 $1 = ACDR$ を変形して

$$D = RAC = abd$$

より第 (11) 列 (列名 abd) に割り付ければよいことが分かる．因子 E については，

もう一方の定義対比 $1 = ABCE$ を用いて，

$$E = ABC = bcd$$

より第 (14) 列 (列名 bcd) に割り付ける．交互作用の現れる列は列名の掛け算により求まる．たとえば $D \times E$ 交互作用は

$$DE = abd \cdot bcd = ac$$

より第 (5) 列 (列名 ac) に現れる．この割付けを表 6.6 の「乱塊法」の欄に示す．

無作為化については，まず No. $= 1 \sim 8$ のグループと No. $= 9 \sim 16$ のグループのどちらを第 1 ブロックで実施するかをランダムに決める．次に各ブロック内で，No. $= 1 \sim 8$ と No. $= 9 \sim 16$ をそれぞれランダムな順番で実施する．

c. 分割法

第 5 章で多元配置 (多因子実験) において無作為化を段階的に行う分割法を考えた．直交表実験においても多因子を取り上げるため分割法による実施が可能である．

農業実験において次の 5 つの因子 A, B, C, D, E と，ブロック因子 R を考える．興味のある交互作用は前項と同様に $A \times B, A \times C, B \times C, D \times E$ である．

1 次因子	R	ブロック	
	A	基肥窒素	(基肥は作物栽培前の施肥)
	B	基肥リン酸	
2 次因子	C	追肥窒素	(追肥は作物栽培中の追加の施肥)
	D	品種	
	E	栽植密度	

分割法の実施手順は次のとおりである．まず実験単位全体を 2 つのブロックに分け，各ブロック内に 4 つの 1 次単位 (農業実験では主試験区という) を作り，1 次因子の 4 つの水準組合せ $A_1B_1, A_1B_2, A_2B_1, A_2B_2$ を実施する．次に 1 次単位を 2 つの 2 次単位 (副試験区) に分割し，直交表の割付けに従って 2 次因子 C, D, E の水準組合せを実施する．

この分割法による実験配置を実行するためには，直交表の列名の下に与えられている**群番号**を利用する．群番号は数字 "1" と "2" がどのような規則で現れるかを示している (表 6.7)．

群番号を利用すると分割法は次の手順で実行することができる．まずブロック因子 R を第 (1) 列に割り付ける．1 次因子 A と B は 2〜3 群に割り付ければ，相

表 6.7 L_{16} 直交表における群の性質

1 群	第 (1) 列	"1" と "2" が 8 つずつまとまって現れる
2 群	第 (2)～(3) 列	"1" と "2" が 4 つずつまとまって現れる
3 群	第 (4)～(7) 列	"1" と "2" が 2 つずつまとまって現れる
4 群	第 (8)～(15) 列	"1" と "2" が実験 No. ごとに異なっている

続く 2 つの "1" または "2" の数値をまとめて 1 次単位と考えることができる．表 6.6 の割付け例では，第 (2) 列 (2 群) に因子 A，第 (4) 列 (3 群) に因子 B を割り付けている．2 次因子 C, D, E は第 4 群の列に割り付ける．具体的にどの列に割り付けるかはブロック因子の導入の項で示したように，一部実施を実施するための定義対比を用いて列名の計算により求める．表 6.6 の「分割法」の欄にこの割付けを示す．

実際の実験においては次のように無作為化を行う．まず No. $= 1 \sim 8$ のグループと No. $= 9 \sim 16$ のグループのどちらを第 1 ブロックで実施するかをランダムに決める．次に各ブロック内で 4 つの 1 次単位をランダムに配置し，さらに 1 次単位を 2 つの 2 次単位に分割して 2 次因子の水準組合せをランダムに配置する．たとえば農業実験における圃場 (実験農地) での配置を図 6.6 に示す．工場実験ではブロック R_1 と R_2 を異なる実験日と考えればよい．

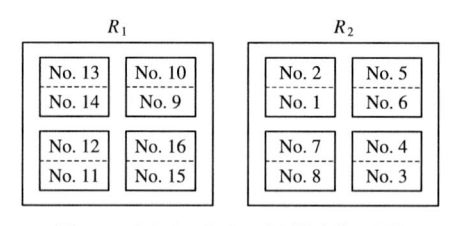

図 6.6 直交表における分割法実験の配置

【注】 ブロックを使う必要がなければ 1 次単位を完全無作為化法で実施することも可能である．そのときは 8 つの 1 次単位を作り，1 次因子の 4 つの水準組合せ $A_1B_1, A_1B_2, A_2B_1, A_2B_2$ をランダムに 2 回ずつ実施する (図 6.6 において，R_1, R_2 の区別をなくし 8 つの 1 次単位をランダムに配置する)．このとき因子 A を第 (1) 列 (1 群)，因子 B を第 (2) 列 (2 群) に割り付けてはいけない．このように割り付けると 1 次因子の 4 つの水準は 1 回だけしか実施されず，1 次誤差を評価することができないからである．

2 次因子が割り付けられた群に含まれる列から計算される誤差は 2 次誤差を表

す．この群の列では常に同じ 1 次単位の中で "1" と "2" が比較されるので，1 次誤差の影響がキャンセルされる．一方，1 次因子が割り付けられた群に含まれる列から計算される誤差は 1 次誤差を表す．ここで，主効果は 2 次因子であっても交互作用が 1 次因子を割り付けた群に現れる場合があるので注意が必要である．たとえば表 6.6 の割付けで，2 次因子 D と E の交互作用 $D \times E$ は第 (5) 列 (3 群) に現れる．この交互作用の効果を直交表の "1" ($= +1$) と "2" ($= -1$) に従って評価すると 1 次誤差の影響がキャンセルされない．したがって 1 次因子を割り付けた群に現れる交互作用は 1 次誤差を用いて検定する．

d. 因子の再割付けの手順

直交表実験で乱塊法や分割法を実施する場合，ブロック因子は第 (1) 列に割り付け，分割法の 1 次因子は低次の群に割り付ける必要がある．しかし与えられた線点図や割付け表では望みの実験計画が実現できないことがある．そのときは，次のような手順で因子を割り付ける列を変更すればよい．

1) 一部実施の割合を調べる．
   興味の対象となる因子とブロック因子の総数から何分の 1 実施になるかを決定する．因子数が 5 であれば 1/2 実施，因子数が 6 であれば 1/4 実施である．本項の例では A, B, C, D, E, R の 6 因子であるから 1/4 実施となる．
2) 定義対比を調べる．
   $$1/2 \text{ 実施} \implies \text{定義対比が 1 つ必要}$$
   $$1/4 \text{ 実施} \implies \text{定義対比が 2 つ必要}$$
   第 3 の付随的な定義対比にも注意 (6.2.4 項)

   線点図の例では $1 = ABCDE$ と $1 = CDR$ であり，レゾリューション IV の割付けでは $1 = ABCE$ と $1 = ACDR$ である．
3) ブロック因子を第 (1) 列に割り付ける．
4) 1 次因子を低次の群に割り付ける．
5) 2 次因子を高次の群に割り付ける．
   このとき定義対比の条件を満たすように割り付ける列を決定する．たとえば因子 R, A, C を割り付けたあと，因子 D は定義対比 $1 = ACDR$ を満たすように割り付ける列を決定する (上記のブロック因子の導入の項を参照).

6.2.6　4 水準因子の割付け

4 水準の因子は 2 水準系の直交表に割り付けることができる．3 つの因子 $A, B,$

C を考える．ここで因子 A は 4 水準，因子 B と C は 2 水準をもつとする．

表 6.8 4 水準因子の割付け

4水準因子	水準内容	擬因子		
A	窒素施肥	X	Y	$Z = XY$
A_1	0 kg/ha	1	1	1
A_2	20 kg/ha	1	2	2
A_3	40 kg/ha	2	1	2
A_4	60 kg/ha	2	2	1

A の 4 つの水準を表現するために，それぞれ 2 水準をもつ仮の因子 X と Y を考える．これらの因子を擬因子とよぶ．X と Y を 2 つの列に割り付けると，直交表の性質により (1,1), (1,2), (2,1), (2,2) の 4 とおりの組合せが同じ回数だけ現れるはずである．そこで，この 4 とおりの組合せを因子 A の 4 水準に対応させる (表 6.8)．ここで，擬因子 X と Y の交互作用 $Z = XY$ も 4 水準因子 A の主効果の一部である．すなわち，主効果 X (自由度 1)，主効果 Y (自由度 1)，交互作用 $Z = XY$ (自由度 1) の 3 つで，4 水準因子 A の主効果 (自由度 3) を表している．

交互作用 $A \times B$ は自由度 3 をもつ．この交互作用は，XB, YB, ZB の 3 つの列から評価することができる．交互作用 $A \times C$ (自由度 3) についても同様である．表 6.6 の「4 水準因子の割付け」の欄にこの実験計画の割付けを示す．

6.3 2 水準系直交表データの解析

6.3.1 列平方和の計算

$L_N(2^{N-1})$ 直交表を用いた実験のデータを $y_1, y_2, \ldots, y_N$ とする．総平方和と，その自由度は

$$S_T = \sum_{i=1}^{N}(y_i - \bar{y}.)^2 = \sum_{i=1}^{N} y_i^2 - \frac{T_.^2}{N}$$
$$\text{自由度：} \nu_T = N - 1$$

である．ただし $T.$ と $\bar{y}.$ は，

$$\text{総合計：} T. = \sum_{i=1}^{N} y_i$$

$$\text{総平均：} \bar{y}. = \frac{T.}{N} = \frac{1}{N}\sum_{i=1}^{N} y_i$$

を表す．

次に，第 (j) 列 $(j=1,\ldots,N-1)$ に対応する平方和を求める．第 (j) 列の第 1 水準の合計を $T_{(j)1}$ とし，第 2 水準の合計を $T_{(j)2}$ とする (総合計は $T. = T_{(j)1}+T_{(j)2}$ である)．一元配置分散分析における平方和の計算 (2.3) 式より，$T_{(j)1}$ と $T_{(j)2}$ が $N/2$ 個のデータの合計であることに注意して，第 (j) 列の平方和は

$$\begin{aligned}
S_{(j)} &= \frac{T_{(j)1}^2}{N/2} + \frac{T_{(j)2}^2}{N/2} - \frac{(T_{(j)1}+T_{(j)2})^2}{N} \\
&= \frac{2T_{(j)1}^2 + 2T_{(j)2}^2 - (T_{(j)1}+T_{(j)2})^2}{N} = \frac{(T_{(j)1}-T_{(j)2})^2}{N} \\
&= \frac{(\text{第 1 水準の合計} - \text{第 2 水準の合計})^2}{\text{総データ数}} \\
&\quad (j=1,\ldots,N-1)
\end{aligned} \tag{6.3}$$

と表される．どの列も水準数は 2 であるから，平方和の自由度は，

$$\nu_{(j)} = 1$$

である．$N-1$ 列の平方和を合計すると，総平方和と一致する：

$$S_T = \sum_{j=1}^{N-1} S_{(j)}$$

$$\nu_T = \sum_{j=1}^{N-1} \nu_{(j)} = N-1$$

6.3.2 分散分析表の作成

計算した平方和に基づいて分散分析表を作成する．要因効果 (主効果，交互作用) の自由度はすべて 1 である．したがって平方和と平均平方は同じ値になる．誤差の列については，まとめて 1 つの変動因とし，平方和を合計したあと，自由度の合計で割って平均平方を求める．

表 6.6 に示した各割付けに対して，分散分析を行ったときの自由度の分解を表 6.9 に示す．分割法実験の場合は 1 次誤差と 2 次誤差が現れる．

6.3.3 解析例

表 6.10 に例 6.1 (表 6.3) の L_{16} を用いた射出成形実験の分散分析表を示す．主

表 6.9 表 6.6 の割付けに対する分散分析表の自由度

4因子 1回実施		5因子 1/2実施		6因子 1/4実施		乱塊法		分割法		4水準因子	
変動因	自由度	変動因	自由度	変動因	自由度	変動因	自由度	変動因	自由度	変動因	自由度
A	1	A	1	A	1	R	1	R	1	A	3
B	1	B	1	B	1	A	1	A	1	B	1
C	1	C	1	C	1	B	1	B	1	C	1
D	1	D	1	D	1	C	1	AB	1	AB	3
AB	1	E	1	E	1	D	1	DE	1	AC	3
AC	1	AB	1	F	1	E	1	1次誤差	2	BC	1
AD	1	AC	1	AB	1	AB	1	C	1	誤差	3
BC	1	AD	1	AC	1	AC	1	D	1	全体	15
BD	1	BC	1	BC	1	BC	1	E	1		
CD	1	BD	1	DE	1	DE	1	AC	1		
誤差	5	CD	1	誤差	5	誤差	5	BC	1		
全体	15	誤差	4	全体	15	全体	15	2次誤差	3		
		全体	15					全体	15		

効果と2因子交互作用の平方和は, その要因を割り付けた列の平方和から求められる. たとえば因子 A は第 (1) 列に割り付けられているので, その平方和 (自由度 $\nu_A=1$) は,

$$S_A = S_{(1)} = \frac{(\text{No. 1〜8 の合計} - \text{No. 9〜16 の合計})^2}{16}$$
$$= \frac{(62.6 - 54.8)^2}{16} = 3.803$$

のように計算される. 交互作用平方和の計算も同様である. ただし実際の計算にはコンピュータを使う (6.4節参照). 誤差平方和は第 (7), (11), (13), (14) 列の合計として求められる (自由度 $\nu_e = 4$).

直交表実験では多くの因子を取り上げるため, 一般に誤差の自由度が少なくなる. そのため, 検定のための F 分布の基準値が大きくなり重要と思える要因が有意にならないことがある. ひとつの対策として, 分散分析表において誤差分散と同程度の平均平方を誤差として取り込む方法が考えられる. この方法をプーリングという. ただし値の小さい平均平方を誤差に取り込むので, 誤差を過小評価することになり, 逆に効果のない要因を間違って有意差ありと判定する可能性が高くなるので注意が必要である.

有意でない4つの交互作用 $A \times C$, $A \times D$, $B \times C$, $B \times D$ を誤差としてプールした分散分析表を表 6.11 に示す.

分散分析 (表 6.10, 6.11) の結果, 交互作用 $A \times B$ (乾燥温度 × 時間), $C \times D$

表 6.10 L_{16} 直交表実験 (射出成形実験) データの分散分析表

変動因	自由度	平方和	平均平方	F 比	p-値
乾燥温度 A	1	3.803	3.803	6.227	0.0671
乾燥時間 B	1	3.062	3.062	5.015	0.0887
樹脂温度 C	1	1.960	1.960	3.210	0.1477
金型温度 D	1	7.023	7.023	11.501*	0.0275
工作機械 E	1	2.890	2.890	4.733	0.0952
$A \times B$	1	5.062	5.062	8.291*	0.0450
$A \times C$	1	1.000	1.000	1.638	0.2698
$A \times D$	1	0.022	0.022	0.037	0.8571
$B \times C$	1	0.250	0.250	0.409	0.5571
$B \times D$	1	0.303	0.303	0.495	0.5203
$C \times D$	1	5.760	5.760	9.433*	0.0372
誤差	4	2.442	0.611		
全体 T	15	32.338			

表 6.11 誤差をプールした分散分析表

変動因	自由度	平方和	平均平方	F 比	p-値
乾燥温度 A	1	3.803	3.803	7.572*	0.02499
乾燥時間 B	1	3.062	3.062	6.098*	0.03874
樹脂温度 C	1	1.960	1.960	3.903	0.08362
金型温度 D	1	7.023	7.023	13.984**	0.00571
工作機械 E	1	2.890	2.890	5.755*	0.04325
$A \times B$	1	5.062	5.062	10.081*	0.01309
$C \times D$	1	5.760	5.760	11.470**	0.00955
誤差	8	4.017	0.502		
全体 T	15	32.338			

(樹脂温度 × 金型温度) が有意である．交互作用が存在するということは，一方の因子の効果が他方の因子の水準に依存するということであるから，2 つの因子の水準組合せに対して平均値の二元表を作成して検討する (表 6.12, 6.13)．表 6.12 より，乾燥温度が低く乾燥時間が短いときに強度が低くなることが分かる．それ以外の条件では，ほぼ同等である (高温で長時間乾燥する必要はない)．樹脂温度と金型温度との交互作用に関しては，金型温度が低いとき樹脂温度を高くすると，かえって強度が低くなる．金型温度は高いほど強度が高くなる．ただし 2 水準の実験からは，一方の水準が他方の水準より良いという結果しか得られない．さらに最適条件を探索したいときは，二元配置実験で説明したような水準数を増やした実験を計画する必要がある．

表 6.12 乾燥温度 × 時間

乾燥温度	乾燥時間 6 時間	4 時間	平均
140℃	7.70	7.95	7.83
120℃	7.85	5.85	6.85
平均	7.78	6.90	7.34

表 6.13 樹脂温度 × 金型温度

樹脂温度	金型温度 100℃	40℃	平均
280℃	8.95	6.43	7.69
220℃	7.05	6.92	6.99
平均	8.00	6.68	7.34

表 6.14 工作機械

工作機械	平均
新型	7.76
旧型	6.91
平均	7.34

6.4 コンピュータによる解析例

出力 6.1 にソフトウェア R による解析例を示す．`sample.int(16)` は，1〜16 までの乱数を発生させる関数である．この例では主効果の水準をデータとして入力している．交互作用についてはデータとして入力する必要はない．分散分析を実行する aov() 関数のモデルの指定 "y ~ (A+B+C+D)*(A+B+C+D)+E" において，"(A+B+C+D)*(A+B+C+D)" は，因子 A, B, C, D の主効果とすべての交互作用をモデルに含めることを意味する．

出力 6.1　R による L_{16} 直交表実験データの解析

```
> ## Randomization
> sample.int(16)
 [1]  8 15  9  5 12  4  1 16 10 13  2 14  6  3 11  7
>
> ## L16 ANOVA
> A <- c(1, 1, 1, 1, 1, 1, 1, 1, 2, 2, 2, 2, 2, 2, 2, 2)
> B <- c(1, 1, 1, 1, 2, 2, 2, 2, 1, 1, 1, 1, 2, 2, 2, 2)
> C <- c(1, 1, 2, 2, 1, 1, 2, 2, 1, 1, 2, 2, 1, 1, 2, 2)
> D <- c(1, 2, 1, 2, 1, 2, 1, 2, 1, 2, 1, 2, 1, 2, 1, 2)
> E <- c(1, 2, 2, 1, 2, 1, 1, 2, 2, 1, 1, 2, 1, 2, 2, 1)
> y <- c(9.6, 6.4, 6.3, 8.5, 9.3, 6.4, 8.6, 7.5,
+        9.2, 7.8, 8.1, 6.3, 7.7, 5.1, 5.2, 5.4)
> L16.dat <- data.frame(y, A=factor(A), B=factor(B),
+                       C=factor(C), D=factor(D), E=factor(E))
> L16.aov <- aov(y ~ (A+B+C+D)*(A+B+C+D)+E, data=L16.dat)
> summary(L16.aov)
          Df Sum Sq Mean Sq F value Pr(>F)
A          1  3.803   3.803   6.227 0.0671 .
B          1  3.062   3.062   5.015 0.0887 .
C          1  1.960   1.960   3.210 0.1477
D          1  7.023   7.023  11.501 0.0275 *
E          1  2.890   2.890   4.733 0.0952 .
A:B        1  5.062   5.062   8.291 0.0450 *
A:C        1  1.000   1.000   1.638 0.2698
A:D        1  0.022   0.022   0.037 0.8571
B:C        1  0.250   0.250   0.409 0.5571
B:D        1  0.303   0.303   0.495 0.5203
C:D        1  5.760   5.760   9.433 0.0372 *
Residuals  4  2.442   0.611
```

```
---
Signif. codes:  0 '***' 0.001 '**' 0.01 '*' 0.05 '.' 0.1 ' ' 1
>
> ## Pooling
> L16pool.aov <- aov(y ~ A+B+C+D+E + A:B+C:D, data=L16.dat)
> summary(L16pool.aov)
          Df Sum Sq Mean Sq F value  Pr(>F)
A          1  3.803   3.803   7.572 0.02499 *
B          1  3.062   3.062   6.098 0.03874 *
C          1  1.960   1.960   3.903 0.08362 .
D          1  7.023   7.023  13.984 0.00571 **
E          1  2.890   2.890   5.755 0.04325 *
A:B        1  5.062   5.062  10.081 0.01309 *
C:D        1  5.760   5.760  11.470 0.00955 **
Residuals  8  4.017   0.502
---
Signif. codes:  0 '***' 0.001 '**' 0.01 '*' 0.05 '.' 0.1 ' ' 1
>
> ## Tables of means
> tapply(y, list(A, B), mean)
     1    2
1 7.70 7.95
2 7.85 5.85
> tapply(y, list(C, D), mean)
     1     2
1 8.95 6.425
2 7.05 6.925
> tapply(y, E, mean)
     1      2
7.7625 6.9125
```

Chapter 7
3 水準系直交表による実験計画

各因子の水準数が 3 のときは 3 水準系の直交表を用いて一部実施要因実験を計画することができる．因子の割付け方法やデータの解析方法は第 6 章の 2 水準系直交表の場合とほとんど同じである．列名の掛け算の方法が 2 水準系の直交表とは少し異なっている．

7.1　3 水準系直交表の構成

3 水準系の直交表は，

$$L_N(3^{(N-1)/2})$$

と表される．2 水準系の直交表の場合と同様に N は実験単位の総数 (実験規模) である．ただし 3 水準系の直交表では N は 3 の累乗の値 $N = 3^m$ をもつ．$L_9(3^4)$, $L_{27}(3^{13})$, $L_{81}(3^{40})$, ... などがある．$L_N(3^{(N-1)/2})$ の記号の "3" は，各因子の水準数が 3 であることを表している．$(N-1)/2$ の部分は，全体の自由度 $N-1$ を各列の自由度 2 で割って，列の数が $(N-1)/2$ 本あることを示す．$L_9(3^4)$, $L_{27}(3^{13})$, $L_{81}(3^{40})$, ... は単に L_9, L_{27}, L_{81}, ... と表記されることもある．

7.1.1　$L_9(3^4)$ 直交表

2 水準系の直交表では，2 つの水準を表すために方程式 $x^2 = 1$ の 2 つの解 $x = +1$ と $x = -1$ を利用して直交表を構成した．3 水準系の直交表では，3 つの水準を表すために，方程式 $x^3 = 1$ の 3 つの解

$$x = 1$$
$$x = \frac{-1 + \sqrt{3}\,i}{2} = \omega$$
$$x = \frac{-1 - \sqrt{3}\,i}{2} = \omega^2$$

7.1 3水準系直交表の構成

を考える．これら3つの解は
$$x^3 - 1 = (x-1)(x^2+x+1) = 0$$
より求まる (i は虚数単位 $i = \sqrt{-1}$ を表す)．$\omega = (-1+\sqrt{3}i)/2$ は $x^3 = 1$ の解であるから
$$\omega^3 = 1, \quad (\omega^2)^3 = \omega^6 = 1$$
が成り立つ．

表 7.1　3乗根 ω による表現

No.	(1)	(2)	(3)	(4)
1	1	1	1	1
2	1	ω	ω	ω
3	1	ω^2	ω^2	ω^2
4	ω	1	ω	ω^2
5	ω	ω	ω^2	1
6	ω	ω^2	1	ω
7	ω^2	1	ω^2	ω
8	ω^2	ω	1	ω^2
9	ω^2	ω^2	ω	1
列名 (成分)	a		a	a^2
		b	b	b
要因	A	B	AB	AB
	CD	CD	C	D

表 7.2　$L_9(3^4)$ 直交表

No.	(1)	(2)	(3)	(4)
1	1	1	1	1
2	1	2	2	2
3	1	3	3	3
4	2	1	2	3
5	2	2	3	1
6	2	3	1	2
7	3	1	3	2
8	3	2	1	3
9	3	3	2	1
列名 (成分)	a		a	a^2
		b	b	b
要因	A	B	AB	AB
	CD	CD	C	D

3水準をもつ2つの因子 A (水準 A_1, A_2, A_3) と因子 B (水準 B_1, B_2, B_3) を考える．$3 \times 3 = 9$ とおりの水準組合せができる．$x^3 = 1$ の3つの解 $1, \omega, \omega^2$ を表 7.1 の第 (1) 列と第 (2) 列のように並べると，9 とおりの組合せを実現することができる．

第 (1) 列の数値を a ($1, \omega, \omega^2$ のいずれかの値を取る)，第 (2) 列の数値を b ($1, \omega, \omega^2$ のいずれかの値を取る) として，第 (3) 列に $a \cdot b$ の値，第 (4) 列に $a^2 \cdot b$ の値を並べる (表 7.1)．$\omega^3 = 1$ であるから，第 (3) 列，第 (4) 列のいずれの列にも，$1, \omega, \omega^2$ のどれかの値が現れる．たとえば，No. = 9 の行においては，第 (1) 列の $a = \omega^2$ と第 (2) 列の $b = \omega^2$ より，

$$\text{第 (3) 列}: a \cdot b = \omega^2 \cdot \omega^2 = \omega^4 = \omega$$
$$\text{第 (4) 列}: a^2 \cdot b = (\omega^2)^2 \cdot \omega^2 = \omega^4 \cdot \omega^2 = \omega^6 = 1$$

が得られる．

表 7.2 は，表 7.1 の "+1" を "1"（第 1 水準），"ω" を "2"（第 2 水準），"ω^2" を "3"（第 3 水準）で置き換えたものである．この表を $L_9(3^4)$ 直交表という．本質的に表 7.1 と表 7.2 とは同じ内容を表している．2 水準系直交表の場合と同様に，第 (1) 列の列名を a，第 (2) 列の列名を b と表す．表 7.1 ($x^3 = 1$ の 3 乗根 ω による表現) を考えたとき，第 (3) 列と第 (4) 列は実際に $a \cdot b$ と $a^2 \cdot b$ という値をもっている．

7.1.2 主効果と交互作用

表 7.2 において第 (1) 列に因子 A を割り付け，第 (2) 列に因子 B を割り付ける．第 (1) 列の 3 つの水準が因子 A の主効果 (自由度 $\nu_A = 2$) を表し，第 (2) 列の 3 つの水準が因子 B の主効果 (自由度 $\nu_B = 2$) を表すことは容易に分かる．

次に第 (3) 列 (列名 ab) と第 (4) 列 (列名 a^2b) の内容を検討する．これらの列の水準は表 7.3 と表 7.4 のように現れる．

表 7.3　第 (3) 列の水準

因子 A	B_1	B_2	B_3
A_1	1	2	3
A_2	2	3	1
A_3	3	1	2

表 7.4　第 (4) 列の水準

因子 A	B_1	B_2	B_3
A_1	1	2	3
A_2	3	1	2
A_3	2	3	1

因子 A と B の水準組合せにおけるデータを表 7.5 のように表すと，その母平均は第 4 章の二元配置実験における構造モデル (4.13) 式より，表 7.6 で与えられる．

表 7.5　水準組合せデータ

因子 A	B_1	B_2	B_3
A_1	y_{11}	y_{12}	y_{13}
A_2	y_{21}	y_{22}	y_{23}
A_3	y_{31}	y_{32}	y_{33}

直交表第 (3) 列の 3 つの水準ごとにデータを平均すると，その期待値は

$$\text{第 1 水準}: \mathrm{E}\left[\frac{y_{11} + y_{23} + y_{32}}{3}\right] = \mu + \frac{(\alpha\beta)_{11} + (\alpha\beta)_{23} + (\alpha\beta)_{32}}{3}$$

$$\text{第 2 水準}: \mathrm{E}\left[\frac{y_{12} + y_{21} + y_{33}}{3}\right] = \mu + \frac{(\alpha\beta)_{12} + (\alpha\beta)_{21} + (\alpha\beta)_{33}}{3}$$

表 7.6 各水準組合せにおける母平均

因子 A	因子 B		
	B_1	B_2	B_3
A_1	$\mu+\alpha_1+\beta_1+(\alpha\beta)_{11}$	$\mu+\alpha_1+\beta_2+(\alpha\beta)_{12}$	$\mu+\alpha_1+\beta_3+(\alpha\beta)_{13}$
A_2	$\mu+\alpha_2+\beta_1+(\alpha\beta)_{21}$	$\mu+\alpha_2+\beta_2+(\alpha\beta)_{22}$	$\mu+\alpha_2+\beta_3+(\alpha\beta)_{23}$
A_3	$\mu+\alpha_3+\beta_1+(\alpha\beta)_{31}$	$\mu+\alpha_3+\beta_2+(\alpha\beta)_{32}$	$\mu+\alpha_3+\beta_3+(\alpha\beta)_{33}$

$\alpha_1+\alpha_2+\alpha_3=0,\ \beta_1+\beta_2+\beta_3=0$

第 3 水準:$\mathrm{E}\left[\dfrac{y_{13}+y_{22}+y_{31}}{3}\right]=\mu+\dfrac{(\alpha\beta)_{13}+(\alpha\beta)_{22}+(\alpha\beta)_{31}}{3}$

となる.すなわち第 (3) 列の各水準は,因子 A に関して A_1, A_2, A_3 のすべてに現れるとともに,因子 B に関しても B_1, B_2, B_3 のすべてに現れるので,A と B の主効果の影響を受けない.第 (3) 列の 3 つの水準間の違いは交互作用の成分 $(\alpha\beta)_{ij}$ のみによって表される.すなわち第 (3) 列 (自由度 2) は,$A\times B$ 交互作用 (自由度 $\nu_{A\times B}=4$) の一部を表している.第 (4) 列 (自由度 2) についても同様である.

さらに,表 7.5 から計算される交互作用平方和を $S_{A\times B}$ とし,第 (3) 列と第 (4) 列から計算される水準間の平方和を $S_{(3)}$ と $S_{(4)}$ とすると

$$S_{A\times B}=S_{(3)}+S_{(4)} \tag{7.1}$$

の関係が成り立つ (証明の概略は付録 A.2.2 項を参照).

7.1.3 3 水準系直交表の特徴

3 水準系直交表は次の性質をもっている (表 7.2 の L_9,表 7.7 の L_{27} を参照).

1) どの列も,数字 "1","2","3" が同じ回数現れる (L_9 の場合は,$N/3=9/3=3$ 回ずつ).

2) 任意の 2 列について,(1,1), (1,2), (1,3), (2,1), (2,2), (2,3), (3,1), (3,2), (3,3) の 9 つの組合せが同じ回数現れる (L_9 の場合は,$N/9=9/9=1$ 回ずつ).このことを,この 2 列は直交するという.

3) 任意の 2 列に対して,その交互作用に相当する列が存在する.ただし,交互作用 (自由度 4 をもつ) は 2 つの列に現れる.どの列に交互作用が現れるかは列名の掛け算から求めることができる.

たとえば,L_9 直交表 (表 7.1, 7.2) において,因子 C を第 (3) 列 (列名 $x=ab$),因子 D を第 (4) 列 (列名 $y=a^2b$) に対応させる (割り付ける) とする.その交互作用 $C\times D$ は,列名の掛け算により

$$x \cdot y = ab \cdot a^2 b = a^3 b^2 = b^2 \qquad (7.2)$$
$$x^2 \cdot y = a^2 b^2 \cdot a^2 b = a^4 b^3 = a$$

の値をもつ列に現れる．ここで，$a, b, c, \ldots$ の値は，$x^3 = 1$ の解 $+1, \omega, \omega^2$ のいずれかなので，いずれも 3 乗すると 1 になる．すなわち

$$a^3 = b^3 = c^3 = \cdots = 1 \qquad (7.3)$$

が成り立つ．

4) 任意の列の列名を 2 乗しても，本質的に同じ列を表す．すなわち，

列名	水準		
z	1	ω	ω^2
z^2	1	ω^2	ω

の関係より，任意の列を 2 乗すると "ω" と "ω^2" が入れ替わる．これは第 2 水準と第 3 水準の番号を付け替えることに相当する．しかし水準をまとめて入れ替えても，その列から計算される平方和は同じである．

したがって，(7.2) 式の計算で現れた列名 b^2 は，第 (2) 列 (列名 b) を表す．すなわち，因子 C と D を第 (3) 列 (列名 ab) と第 (4) 列 (列名 $a^2 b$) に割り付けると，その交互作用 $C \times D$ は第 (1) 列 (列名 a) と第 (2) 列 (列名 b) に現れる．

【注】第 (4) 列の列名 $a^2 b$ は 2 乗すると

$$(a^2 b)^2 = a^4 \cdot b^2 = a \cdot b^2$$

となり，列名 $a^2 b$ と列名 ab^2 とは本質的に同じである．教科書によっては，第 (4) 列の列名 (成分ともいう) を ab^2 と表記することがある．

5) $L_9(3^4)$ 直交表の 4 つの列，あるいは $L_{27}(3^{13})$ 直交表の 13 の列は対等な立場であると考えることができる．

7.2　因子の割付け

$L_{27}(3^{13})$ 直交表 (表 7.7) を用いて，3 水準系直交表を用いた実験の計画を説明する．$L_{27}(3^{13})$ 直交表は，$N = 27$ の実験単位をもち，"1"，"2"，"3" の並び方は次のとおりである．

- 第 (1) 列 (列名 a)：9 つずつ "1"，"2"，"3" が順に並ぶ．

7.2 因子の割付け

表 7.7 $L_{27}(3^{13})$ 直交表と因子の割付け

No.	(1)	(2)	(3)	(4)	(5)	(6)	(7)	(8)	(9)	(10)	(11)	(12)	(13)	実験順序 日別	データ 収率 (%)
1	1	1	1	1	1	1	1	1	1	1	1	1	1	4	66
2	1	1	1	1	2	2	2	2	2	2	2	2	2	2	68
3	1	1	1	1	3	3	3	3	3	3	3	3	3	6	70
4	1	2	2	2	1	1	1	2	2	2	3	3	3	8	67
5	1	2	2	2	2	2	2	3	3	3	1	1	1	3	70
6	1	2	2	2	3	3	3	1	1	1	2	2	2	9	88
7	1	3	3	3	1	1	1	3	3	3	2	2	2	7	63
8	1	3	3	3	2	2	2	1	1	1	3	3	3	5	87
9	1	3	3	3	3	3	3	2	2	2	1	1	1	1	79
10	2	1	2	3	1	2	3	1	2	3	1	2	3	25	70
11	2	1	2	3	2	3	1	2	3	1	2	3	1	20	58
12	2	1	2	3	3	1	2	3	1	2	3	1	2	22	67
13	2	2	3	1	1	2	3	2	3	1	3	1	2	26	74
14	2	2	3	1	2	3	1	3	1	2	1	2	3	27	67
15	2	2	3	1	3	1	2	1	2	3	2	3	1	24	84
16	2	3	1	2	1	2	3	3	1	2	2	3	1	23	50
17	2	3	1	2	2	3	1	1	2	3	3	1	2	19	74
18	2	3	1	2	3	1	2	2	3	1	1	2	3	21	86
19	3	1	3	2	1	3	2	1	3	2	1	3	2	13	65
20	3	1	3	2	2	1	3	2	1	3	2	1	3	14	71
21	3	1	3	2	3	2	1	3	2	1	3	2	1	10	61
22	3	2	1	3	1	3	2	2	1	3	3	2	1	17	64
23	3	2	1	3	2	1	3	3	2	1	1	3	2	12	73
24	3	2	1	3	3	2	1	1	3	2	2	1	3	11	84
25	3	3	2	1	1	3	2	3	2	1	2	1	3	15	68
26	3	3	2	1	2	1	3	1	3	2	3	2	1	16	67
27	3	3	2	1	3	2	1	2	1	3	1	3	2	18	94

列名 (成分)	a b	a b	a^2 b		a c	a^2 c	c	a b c	a^2 b c	b c	a b^2 c	a^2 b^2 c	b^2 c		
群	1群	2群						3群							
3因子 1回実施	A	B	AB	AB	C	AC	AC	BC	e	e	BC	e	e		
4因子 1/3実施	A	B	AB CD	AB	C	AC BD	AC AD	BC D	AD	e	BC	BD	e CD	定義対比 $1 = ABCD^2$	
5因子 1/9実施 (線点図)	A	B	AB	AB	C	AC	AC	BC	D	e	BC	e	e	定義対比 $1 = ABCD^2$ $1 = A^2BCR^2$	
	A	B	AB	AB	C	AC	AC	BC	D	R	BC	e	e		
5因子 1/9実施 (乱塊法)	R BC AD	A DR	RA BC AD DR	RA D	B CD	RB AC CD	RB BC BD	AB AC	AB RC BD	RC	C	定義対比 $1 = A^2BCR^2$ $1 = ABCD^2$			
例7.1	R	A	BC	D	B	e	AC	AB	BC	AC	AB	e	C		

- 第 (2) 列 (列名 b)：3 つずつ "1", "2", "3" が順に並ぶ.
- 第 (5) 列 (列名 c)：1 つずつ "1", "2", "3" が順に並ぶ.

他の列は，これらの列の交互作用を表し，全体で (1)〜(13) の列がある.

特定の因子を特定の列に対応させることを「因子を列に割り付ける」と表現する．2 つの 3 水準因子 A と B の交互作用 $A \times B$ は 2 つの列に現れる (各列はそれぞれ自由度 2 をもつ)．どの列に現れるかは列名の掛け算によって調べることができる．このとき

- $a^3 = b^3 = c^3 = \cdots = 1$
- 列名を 2 乗しても同じ列を表す

ことに注意する (7.1.3 項).

7.2.1　3 因子の 1 回実施

各 3 水準をもつ 3 つの因子 A, B, C を考える．処理組合せの総数は $3^3 = 27$ であり，すべての処理組合せを 1 回実施することができる.

2 水準系直交表の場合と同様に，列名が 1 文字の第 (1), (2), (5) 列に 3 つの因子を割り付ければ，主効果と 2 因子交互作用は交絡しない．交互作用の現れる列は 7.1.3 項で説明した列名の計算によって求めることができる．表 7.7 の「3 因子 1 回実施」の欄に割付けを示す.

7.2.2　4 因子の 1/3 実施

4 つの因子 A, B, C, D を考える．評価したい交互作用は $A \times B, A \times C, B \times C$ とする．処理組合せの総数は $3^4 = 81$ である．しかし，主効果と必要な 2 因子交互作用の自由度の合計は 2×4 (主効果) $+ 4 \times 3$ (交互作用) $= 20$ であるから，L_{27} 直交表での実施を考える.

a.　線点図

L_{27} 直交表のためには，図 7.1 に示す線点図が与えられている．2 水準系直交表の場合と同様に，点は因子 (主効果) を表し，2 点を結ぶ直線はその 2 因子のあいだの交互作用を表す．ただし 3 水準系の直交表では交互作用として 2 つの列が示されている．主効果 A, B, C, D を第 (1), (2), (5), (9) 列に割り付ければ，必要な主効果と交互作用を評価することができる．交互作用の現れる列は列名の掛け算によっても求めることができる．この割付けを表 7.7 の「4 因子 1/3 実施」

の欄に示す．ここでは，因子 D と他の因子との交互作用は考えない．

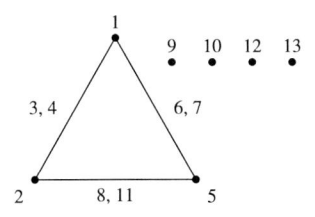

図 7.1 L_{27} 直交表のための線点図

b. 定義対比

図 7.1 の線点図による割付けにより，主効果は

- 因子 A：第 (1) 列　$\longrightarrow$　列名 a
- 因子 B：第 (2) 列　$\longrightarrow$　列名 b
- 因子 C：第 (5) 列　$\longrightarrow$　列名 c
- 因子 D：第 (9) 列　$\longrightarrow$　列名 abc

に割り付けられている．すなわち，"$D = ABC$" の関係が成り立つ．この両辺に D^2 を掛けることにより，定義対比は

$$1 = D^3 = ABCD^2$$

となる．つまり，この制約条件を課すことによって，81 とおりの水準組合せのうちの 1/3 が選ばれている．

【注】因子を表す大文字のアルファベット A, B, C, D についても，それぞれは a, b, c の累乗の積として $a^p b^q c^r$ の形をしているので

$$A^3 = B^3 = C^3 = D^3 = 1$$

が成り立つ．

7.2.3　5 因子の 1/9 実施

7.2.2 項の 4 因子 A, B, C, D に加え，5 番目の因子としてブロック因子 R を考える．評価したい交互作用は $A \times B$, $A \times C$, $B \times C$ である．

図 7.1 の線点図がそのまま使える．第 (10) 列 (列名 $a^2 bc$) にブロック因子 R を割り付ける．その割付けを表 7.7 の「5 因子 1/9 実施 (線点図)」の欄に示す．$R = A^2 BC$ の関係から，新たな定義対比は $1 = A^2 BCR^2$ となる．

a. ブロック因子の再割付け

2 水準系直交表におけるブロックの導入 (6.2.5 項) で説明したように，ブロック因子を第 (10) 列のように後半の列に割り付けると，水準が規則的に並んでいないため実験の実施が不便である．そこでブロック因子は第 (1) 列に割り付け，残りの因子の割付けを再構築する．

この計画は $1/9 = (1/3) \times (1/3)$ 実施なので 2 つの定義対比

$$1 = ABCD^2, \quad 1 = A^2BCR^2$$

が必要になる (1 つの定義対比で 1/3 を選び，もう 1 つの定義対比でさらに 1/3 を選ぶことになる)．まず列名が 1 文字の列に

- $R \longrightarrow$ 列名 a (1) 列
- $A \longrightarrow$ 列名 b (2) 列
- $B \longrightarrow$ 列名 c (5) 列

と割り付ける．次に因子 C と D については定義対比を使って

$$C = RAB^2 = abc^2 \quad (\text{定義対比 } 1 = A^2BCR^2 \text{ より})$$
$$D = ABC = ab^2 \quad (\text{定義対比 } 1 = ABCD^2 \text{ より})$$

となる．このままの列名は見つからないので，列名を 2 乗して

- $C \longrightarrow$ 列名 a^2b^2c (13) 列
- $D \longrightarrow$ 列名 a^2b (4) 列

に割り付ければよい．この割付けを表 7.7 の「5 因子 1/9 実施 (乱塊法)」の欄に示す．ここでは確認のためブロック因子を含めてすべての 2 因子交互作用の現れる列を示している．

3 水準系直交表では 5 因子以上を取り上げるとレゾリューション IV の計画は実施できないことが知られている．次善の策としては，まず興味のある因子についてはレゾリューション IV となるように定義対比を選び，次にブロック因子を割り付ければよい．

b. 割付け例

4 つの因子を乱塊法で実施する割付けを例 7.1 に与える．

例 7.1 化学合成実験 (L_{27} 直交表)

例 4.1 で化学合成品の収率 (理論上可能な合成量に対する実際の合成量の割合) に対する影響を調べるための 2 因子実験を考えた．しかし化学合成においては多

くの要因が影響する可能性があるので，表 7.8 の 4 つの因子 A, B, C, D を L_{27} 直交表を用いて検討する．因子 A, B, C については，交互作用が存在する可能性があるので，$A \times B, A \times C, B \times C$ を評価する．

表 7.8 化学合成実験のための因子と水準

因子		第 1 水準	第 2 水準	第 3 水準
ブロック	R	R_1: 第 1 日	R_2: 第 2 日	R_3: 第 3 日
触媒量	A	A_1: 0.5%	A_2: 1.0%	A_3: 1.5%
反応温度	B	B_1: 60℃	B_2: 70℃	B_3: 80℃
反応時間	C	C_1: 20 分	C_2: 30 分	C_3: 40 分
合成装置	D	D_1: 装置 1	D_2: 装置 2	D_3: 装置 3
特性値	y	収率 (%)		

1 日で 27 回の実験単位を実施するのは困難なので，ブロック因子を導入し 3 日間に分けて実施する．L_{27} 直交表への割付けは，表 7.7 の「5 因子 1/9 実施 (乱塊法)」に示すとおりである．

無作為化に関しては，まず No. = 1〜9, No. = 10〜18, No. = 19〜27 の 3 つのグループをブロック R_1, R_2, R_3 にランダムに配置する．次に各ブロック内で 9 つの実験単位をランダムな順番で実施する．ランダムな実験順序とデータを表 7.7 に示す．

7.2.4　2 水準因子の割付け (擬水準法)

2 水準の因子が存在するときは，擬水準法を用いて 3 水準系直交表に因子を割り付けることができる．いま仮に因子 F は 2 つの水準 F_1 と F_2 をもつとする．このとき，重要と思われる水準 (ここでは F_1 とする) をもう一度繰り返して新たな水準 F_3 とし，3 水準系直交表に割り付ける．この新たな水準を擬水準 (dummy level) とよぶ．

7.3　3 水準系直交表データの解析

7.3.1　列平方和の計算と分散分析表

a.　列平方和の計算

$L_N(3^{(N-1)/2})$ 直交表を用いた実験のデータを $y_1, y_2, \ldots, y_N$ とする．総平方和と，その自由度は

$$S_T = \sum_{i=1}^{N}(y_i - \bar{y}.)^2 = \sum_{i=1}^{N} y_i^2 - \frac{T_{\cdot}^2}{N}$$
$$\text{自由度}: \nu_T = N - 1$$

である.ただし,$T.$と$\bar{y}.$は,

$$\text{総合計}: T. = \sum_{i=1}^{N} y_i$$

$$\text{総平均}: \bar{y}. = \frac{T.}{N} = \frac{1}{N}\sum_{i=1}^{N} y_i$$

を表す.

次に第 (j) 列 $(j=1,\ldots,(N-1)/2)$ に対応する平方和を求める.残念ながら,2水準系直交表における (6.3) 式のような簡便な方法は存在しないので,定義式に従って計算する.3水準系直交表の各列は3つの水準をもつ.第 (j) 列の第 k 水準 $(k=1,2,3)$ における合計を $T_{(j)k}$ とし,平均を $\bar{y}_{(j)k}$ とする.一元配置分散分析における平方和の計算 (2.3) 式より,$T_{(j)k}$ が $N/3$ 個のデータの合計であることに注意して,第 (j) 列の平方和は

$$S_{(j)} = \frac{N}{3}\sum_{k=1}^{3}(\bar{y}_{(j)k} - \bar{y}.)^2 = \sum_{k=1}^{3}\frac{T_{(j)k}^2}{N/3} - \frac{T_{\cdot}^2}{N}$$
$$= \frac{T_{(j)1}^2 + T_{(j)2}^2 + T_{(j)3}^2}{N/3} - \frac{T_{\cdot}^2}{N} \quad (j=1,\ldots,(N-1)/2)$$

と表される.平方和の自由度は,

$$\nu_{(j)} = 3 - 1 = 2$$

である.$(N-1)/2$ 列の平方和を合計すると,総平方和と一致する:

$$S_T = \sum_{j=1}^{(N-1)/2} S_{(j)}$$
$$\nu_T = \sum_{j=1}^{(N-1)/2} \nu_{(j)} = N - 1$$

b. 分散分析表の作成

主効果 (自由度 2) は,その因子を割り付けた列の平方和から求められる.2因子交互作用の平方和 (自由度 4) は2つの列に現れる.実験誤差は,誤差を割り付

7.3.2 解析例

表 7.9 に，例 7.1 の直交表による化学合成実験データの分散分析表を示す．

表 7.9 L_{27} 直交表実験 (化学合成実験) データの分散分析表

変動因	自由度	平方和	平均平方	F 比	p-値
ブロック R	2	44.2	22.1	1.567	0.31439
触媒量 A	2	400.7	200.3	14.197*	0.01525
反応温度 B	2	898.7	449.3	31.843**	0.00349
反応時間 C	2	353.6	176.8	12.528*	0.01895
合成装置 D	2	37.6	18.8	1.331	0.36057
$A \times B$	4	659.3	164.8	11.681*	0.01767
$A \times C$	4	196.4	49.1	3.480	0.12721
$B \times C$	4	33.1	8.3	0.587	0.69099
誤差	4	56.4	14.1		
全体 T	26	2680.0			

分散分析 (表 7.9) の結果，主効果 A, B, C と交互作用 $A \times B$ (触媒量 × 反応温度) が有意である．交互作用が有意となったときは，平均値の二元表を作成して検討する (表 7.10)．触媒量 A としては 1.0% 以上，反応温度 B は 80℃ が最適水準である (温度を上げればさらに収率が上がる可能性がある)．反応時間 C は 30 分でよく，合成装置については違いがない．

表 7.10 触媒量 × 反応温度

触媒量	60℃	70℃	80℃	平均
0.5%	67.0	65.7	66.0	66.2
1.0%	68.3	70.0	85.3	74.6
1.5%	60.3	76.0	86.3	74.2
平均	65.2	70.6	79.2	71.7

表 7.11 反応時間

反応時間	平均
20 分	66.6
30 分	74.4
40 分	74.0
平均	71.7

表 7.12 合成装置

合成装置	平均
装置 1	73.1
装置 2	71.7
装置 3	70.2
平均	71.7

【注　確認実験】　多くの因子を取り上げた直交表実験では，効率的に情報を収集できる一方，検討している要因 (主効果，2 因子交互作用) に対して，取り上げなかった交互作用が交絡している可能性がある (表 7.7 のように，交絡している要因を書き下せることが望ましい)．したがって，直交表実験から求められた最適水準を用いて小規模の確認実験を実施することは意味のあることである．例 7.1 の L_{27} 直交

表実験については，触媒量 1.5%，反応時間 30 分，合成装置 (いずれでもよい) とし，反応温度については 80〜100℃ 程度に変化させた確認実験が考えられる．

7.4 コンピュータによる解析例

出力 7.1 にソフトウェア R による解析例を示す．このプログラムでは，因子を割り付けた列の水準を数式により作成している．たとえば変数 a に 1, 2, 3 のいずれかの値を与えると，a-1 の値は 0, 1, 2 となる．これは 1 の 3 乗根 1, ω, ω^2 の指数部分を表している．したがって，列名の掛け算が指数部分の足し算によって実行できる．%%3 は整数 3 で割った余り (0, 1, 2) を与える演算である．

出力 7.1　R による L_{27} 直交表実験データの解析

```
> ## Randomization
> rep((sample.int(3)-1)*9, each=9) +
+   c(sample.int(9), sample.int(9), sample.int(9))
 [1]  4  2  6  8  3  9  7  5  1 25 20 22 26 27 24 23 19 21
[19] 13 14 10 17 12 11 15 16 18
>
> ## Column name
> a <- rep(1:3, each=9)            # column  (1): a
> b <- rep(1:3, each=3, times=3)   # column  (2): b
> c <- rep(1:3, times=9)           # column  (5): c
> ## Factor assignment
> R <- a                           # column  (1): a
> A <- b                           # column  (2): b
> B <- c                           # column  (5): c
> C <- (2*(a-1)+2*(b-1)+(c-1))%%3+1 # column (13): a^2 b^2 c
> D <- (2*(a-1)+(b-1))%%3+1         # column  (4): a^2 b
> y <- c(66, 68, 70, 67, 70, 88, 63, 87, 79, 70, 58, 67, 74, 67, 84,
+        50, 74, 86, 65, 71, 61, 64, 73, 84, 68, 67, 94)
> L27.dat <- data.frame(y=y, R=factor(R), A=factor(A), B=factor(B),
+                       C=factor(C), D=factor(D))
> L27.aov <- aov(y ~ R + A+B+C+D + A:B+A:C+B:C, data=L27.dat)
> summary(L27.aov)
            Df Sum Sq Mean Sq F value  Pr(>F)
R            2   44.2    22.1   1.567 0.31439
A            2  400.7   200.3  14.197 0.01525 *
B            2  898.7   449.3  31.843 0.00349 **
C            2  353.6   176.8  12.528 0.01895 *
D            2   37.6    18.8   1.331 0.36057
A:B          4  659.3   164.8  11.681 0.01767 *
A:C          4  196.4    49.1   3.480 0.12721
B:C          4   33.1     8.3   0.587 0.69099
Residuals    4   56.4    14.1
---
Signif. codes:  0 '***' 0.001 '**' 0.01 '*' 0.05 '.' 0.1 ' ' 1
>
```

```
> ## Tables of means
> tapply(y, list(A, B), mean)
         1        2        3
1 67.00000 65.66667 66.00000
2 68.33333 70.00000 85.33333
3 60.33333 76.00000 86.33333
> tapply(y, list(C), mean)
       1        2        3
66.55556 74.00000 74.44444
> tapply(y, list(D), mean)
       1        2        3
73.11111 70.22222 71.66667
```

Chapter 8

不完備ブロック計画

2.2 節の乱塊法実験では，各ブロックにおいて処理のすべてが実施されていた．本章では，各ブロックにおいて処理の一部が実施される不完備ブロック計画による実験データを扱う．不完備ブロック計画に関しては，様々な種類の実験計画が存在するとともに，その構築方法やデータ解析に関しては，高度に数学的な取扱いが必要となる．本章では釣合い型不完備ブロック計画とよばれる実験計画について概要を解説する．

8.1 不完備ブロック計画

8.1.1 釣合い型不完備ブロック計画 (BIBD)

比較したい a とおりの処理 $A_1, \ldots, A_a$ を b 個のブロック $B_1, \ldots, B_b$ で実施する実験計画を考える．1 つのブロックで実施される処理の数を k とし，ブロックの大きさとよぶ．ここで $k < a$ とすると，各ブロックでは a とおりの処理のうち一部しか実施されないことになる．このような計画を不完備ブロック計画 (incomplete block design) とよぶ．

【注】いままで記号 B は興味の対象となる因子を表し，ブロックは R で表していた．しかし不完備ブロック計画の文献では，伝統的にブロックを B で表すことが多い．本章でも，その慣習に従ってブロックを B で表す．また，処理の数は v (農業実験における品種の "variety" より) や t ("treatment" より) が使われることもある．本書では処理の数は a で表す．

不完備ブロック計画の中で，さらに次の 3 つの条件
1) すべての処理は等しく r 回実施される (図 8.1 では $r = 5$)
2) すべてのブロックの大きさは等しく k である (図 8.1 では $k = 3$)
3) 任意の 2 つの処理 A_i, A_j は，等しく λ 個のブロックで同時に実施される (図

8.1 では $\lambda = 2$)

を満たす計画を釣合い型不完備ブロック計画 (balanced incomplete block design, BIBD) という．この λ を会合数とよぶ．

BIBD は 5 つのパラメータの組 (a, b, r, k, λ) によって特徴付けられる．このパラメータをもつ BIBD を BIBD(a, b, r, k, λ) と書くこともある．これら 5 つのパラメータのあいだには，次の 2 つの関係式

$$ar = bk \tag{8.1}$$
$$r(k-1) = \lambda(a-1) \tag{8.2}$$

が成り立つ．(8.1) 式は，実験単位の総数を N とおくと

$$ar = bk = N$$

より明らかである．次に特定の処理 A_i が実施されている r 個のブロックに着目する．

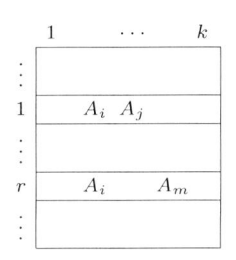

	1	$\cdots$	k
$\vdots$			
1	A_i A_j		
$\vdots$			
r	A_i		A_m
$\vdots$			

この r 個のブロックにおいて，A_i 以外の処理数の合計は $r(k-1)$ である．一方 A_i は，A_i 以外の $(a-1)$ 個の処理と λ 回ずつ会合しているので，r 個のブロックにおける A_i 以外の処理数の合計は $\lambda(a-1)$ である．したがって，(8.2) 式が成り立つ．ここで，(8.1) 式と (8.2) 式は，BIBD が存在するための必要条件であり，十分条件ではない (すなわち，(8.1) 式と (8.2) 式を満たしても，BIBD が存在しないことがある)．

8.1.2 BIBD 実験の例

BIBD 実験の例として $(a, b, r, k, \lambda) = (6, 10, 5, 3, 2)$ の BIBD を利用した実験を考える．

例 8.1　BIBD によるビスケット食味実験

開発中の食品 (野菜・穀類含有ビスケット) 6 種類 ($A_1, \ldots, A_6$) の味を比較するため 10 人の検査員を採用した (官能検査の分野では，検査員をパネリスト，検査員の集団をパネルとよぶことがある). 検査員のあいだの比較には興味がないので検査員はブロックと考える. 1 人の検査員が 6 種類のビスケットをすべて食べて比較することは困難なので，1 人の検査員は 3 種類のビスケットを味見し，0～9 の点数を付ける. その実験計画を図 8.1 に示す. 判定結果の点数は ( ) 内に与えられている.

ブロック	検査員番号	ビスケット種類 ( ) 内は点数			ブロック平均値
B_1	4	A_2 (6)	A_6 (4)	A_4 (9)	6.33
B_2	7	A_5 (4)	A_3 (5)	A_2 (4)	4.33
B_3	2	A_2 (2)	A_5 (9)	A_1 (4)	5.00
B_4	6	A_4 (3)	A_1 (2)	A_5 (4)	3.00
B_5	1	A_1 (2)	A_3 (7)	A_4 (4)	4.33
B_6	5	A_2 (4)	A_3 (8)	A_4 (7)	6.33
B_7	8	A_1 (3)	A_3 (2)	A_6 (2)	2.33
B_8	3	A_6 (5)	A_1 (4)	A_2 (4)	4.33
B_9	10	A_5 (4)	A_3 (2)	A_6 (2)	2.67
B_{10}	9	A_6 (2)	A_4 (2)	A_5 (7)	3.67

図 8.1　BIBD によるビスケット食味実験
(実験計画とデータ)

　実験配置においては各段階で無作為化を行うことに注意が必要である. まず 6 種類のビスケットをランダムに $A_1, \ldots, A_6$ に対応付ける. 次にどの検査員がどのブロックを担当するかをランダムに決める. 最後に各ブロック内での処理の順番もランダムに実施する.

　この実験計画では，6 つの処理 $A_1, \ldots, A_6$ すべてが同時に同じブロックで実施されているわけではない. しかし，たとえばブロック B_1 と B_2 に着目すると，処理 A_2 を共通に含んでいる. この共通の A_2 を介して，ブロック B_1 の処理 A_4, A_6 と，ブロック B_2 の処理 A_3, A_5 が比較できることになる. 検査員は 3 つの処理の相対的な評価をすればよい. 検査員 (ブロック) 間に大きな差があっても，処理 $A_1, \ldots, A_6$ 間の比較において，ブロック間の差を取り除くことができる.

8.2　BIBD の分散分析

8.2.1　構造モデルと平方和の計算

a.　構造モデル

処理 A_i のブロック B_j におけるデータを y_{ij} とすると，その構造モデルは

$$y_{ij} = \mu + \alpha_i + \beta_j + e_{ij}, \quad e_{ij} \sim N(0, \sigma^2) \tag{8.3}$$
$$(i = 1, \ldots, a; \; j = 1, \ldots, b)$$

と表される．ここで，

μ：一般平均

α_i：処理 A_i の効果　$\left(\sum_{i=1}^{a} \alpha_i = 0 \right)$

β_j：ブロック B_j の効果　$\left(\sum_{j=1}^{r} \beta_j = 0 \right)$

e_{ij}：平均 0，分散 σ^2 の正規分布 $N(0, \sigma^2)$ に従う実験誤差

である．(8.3) 式の添え字 "i" と "j" に関して，ab とおりのすべての組合せに対してデータが存在するわけではない．データの総数は $N = ar = bk$ である．

b.　平方和の計算

分散分析の考え方は一元配置乱塊法の場合と同様である．すなわち，総平方和を処理平方和，ブロック平方和，誤差平方和に分解する．ただし乱塊法の場合と違い，単純に計算した平方和は加法性が成り立たない．処理効果の検定を行うためには，処理平方和を調整する必要がある．

処理平均，ブロック平均，総平均を

$$\bar{y}_{i\cdot} = \frac{1}{r} \sum_{(j)} y_{ij} \quad (\text{処理平均})$$
$$\bar{y}_{\cdot j} = \frac{1}{k} \sum_{(i)} y_{ij} \quad (\text{ブロック平均})$$
$$\bar{y}_{\cdot\cdot} = \frac{1}{N} \sum_{(i)} \sum_{(j)} y_{ij} \quad (\text{総平均})$$

とする．ここで，$\sum_{(i)}$, $\sum_{(j)}$, $\sum_{(i)} \sum_{(j)}$ などの記号は，データの存在する添え字に関して和を計算することを意味する．たとえば処理平均 $\bar{y}_{i\cdot} = (1/r) \sum_{(j)} y_{ij}$ は，処理 A_i の実施された r 個のブロックのデータから A_i の処理平均を計算する．処理ごとに実施されているブロックが異なるので，処理平均 $\bar{y}_{i\cdot}$ はブロック

効果の影響を受けている．また，処理 A_i について

$$\bar{y}_{\cdot(i)} = \frac{1}{r} \sum_{A_i \in B_j} \bar{y}_{\cdot j}$$

を定義する．この値は，処理 A_i を含む r 個のブロックに関して，そのブロック平均をさらに平均したものである．たとえば図 8.1 の例で，処理 A_1 は 5 つのブロック B_3, B_4, B_5, B_7, B_8 で実施されているので，

$$\begin{aligned}\bar{y}_{\cdot(1)} &= \frac{\bar{y}_{\cdot 3} + \bar{y}_{\cdot 4} + \bar{y}_{\cdot 5} + \bar{y}_{\cdot 7} + \bar{y}_{\cdot 8}}{5} \\ &= \frac{5.00 + 3.00 + 4.33 + 2.33 + 4.33}{5} = 3.80\end{aligned}$$

となる．以上の平均値を使って，次のように平方和を計算する．

- 総平方和：

$$S_T = \sum_{(i)} \sum_{(j)} (y_{ij} - \bar{y}_{\cdot\cdot})^2 \tag{8.4}$$

$$\text{自由度：} \nu_T = N - 1 \tag{8.5}$$

1) ブロック平方和 (未調整)：

$$S_B = k \sum_{j=1}^{b} (\bar{y}_{\cdot j} - \bar{y}_{\cdot\cdot})^2 \tag{8.6}$$

$$\text{自由度：} \nu_B = b - 1 \tag{8.7}$$

2) 処理平方和 (調整済み)：

$$S_A^* = \frac{r}{e} \sum_{i=1}^{a} (\bar{y}_{i\cdot} - \bar{y}_{\cdot(i)})^2 \tag{8.8}$$

$$\text{自由度：} \nu_A = a - 1 \tag{8.9}$$

3) 誤差平方和：

$$S_e = S_T - S_B - S_A^* \tag{8.10}$$

$$\text{自由度：} \nu_e = N - a - b + 1 \tag{8.11}$$

(8.8) 式の e は

$$e = \frac{1 - 1/k}{1 - 1/a} = \frac{a(k-1)}{k(a-1)} = \frac{a\lambda}{kr} \tag{8.12}$$

で与えられ，効率係数とよばれる．乱塊法では $a = k$ により $e = 1$ となる．不完

備ブロック計画 ($k < a$) では $e < 1$ である．1つのブロックですべての処理が実施できないことにより，どれくらい処理間の比較の効率が悪くなるかを表している．図8.1の例では，

$$e = \frac{a\lambda}{kr} = \frac{6 \times 2}{3 \times 5} = \frac{4}{5}$$

である．

c. 分散分析表

平方和を対応する自由度で割った値を平均平方として，表8.1の分散分析表が得られる．処理間に差がないという帰無仮説 $H_A^0: \alpha_1 = \cdots = \alpha_a$ は，乱塊法の場合と同様に $F_A = V_A^*/V_e > F(\nu_A, \nu_e; \alpha)$ のときに棄却される．

表 8.1　分散分析表 (BIBD)

変動因	自由度	平方和	平均平方	F 比	$\mathrm{E}[V]$
ブロック D	$\nu_B = b - 1$	S_B			
処理 A	$\nu_A = a - 1$	S_A^*	$V_A^* = S_A^*/\nu_A$	V_A^*/V_e	$\sigma^2 + r e \eta_A^2$
誤差 E	$\nu_e = N - a - b + 1$	S_e	$V_e = S_e/\nu_e$		σ^2
全体 T	$\nu_T = N - 1$	S_T			

ブロックに関しては，その水準に再現性がなく，通常はブロック間の差の検定を行うことはない．仮にブロック間に差がないという帰無仮説 $H_B^0: \beta_1 = \cdots = \beta_b$ を検定したいのであれば，処理平方和の場合と同様に，処理に関して調整したブロック平方和を計算すればよい．

処理の平均平方 V_A^* の期待値は

$$\mathrm{E}[V_A^*] = \sigma^2 + r e \eta_A^2, \quad \eta_A^2 = \frac{1}{a-1} \sum_{i=1}^a \alpha_i^2$$

で与えられる．

【注】　乱塊法の分散分析において，最小二乗法 (第9章) の考え方を使って平方和の期待値を求める方法を示した (2.2.3項)．同じ方法が BIBD についても適用できる．(8.8) 式の平方和 S_A^* において，観測データ $\boldsymbol{y}$ にその期待値 $\mathrm{E}[\boldsymbol{y}] = \boldsymbol{\mu}$ を代入したものを $S_A^*(\boldsymbol{\mu})$ とすると

$$\mathrm{E}[S_A^*] = \nu_A \sigma^2 + S_A^*(\boldsymbol{\mu})$$

が成り立つ．(8.8) 式において，

$$\mathrm{E}[\bar{y}_{i\cdot} - \bar{y}_{\cdot(i)}] = \alpha_i - \frac{r-\lambda}{kr}\alpha_i = e\alpha_i$$

が確認できるので

$$\mathrm{E}[S_A^*] = \nu_A\,\sigma^2 + re\sum_{i=1}^{a}\alpha_i^2$$

が得られる.

8.2.2 解析例と調整済み処理平均

a. 解析例

不完備ブロック計画の分散分析の計算は複雑なので,通常は統計パッケージを利用する. 8.3.1項にソフトウェア R による解析プログラムを与える. 図 8.1 の食味実験データの分散分析表を表 8.2 に示す. 処理 A (ビスケット) の効果は 5% 水準 ($p = 0.0266$) で有意である.

表 8.2 ビスケット食味実験の分散分析表

変動因	自由度	平方和	平均平方	F 比	p-値
ブロック B	9	52.03			
ビスケット A	5	44.94	8.989	3.512*	0.0266
誤差 E	15	38.39	2.559		
全体 T	29	135.37			

b. 調整済み処理平均

処理水準間の違いを検討するとき,単純な処理平均 $\bar{y}_{i\cdot}$ を用いて比較することはできない. すべての処理が同じブロックで実施されているわけではないからである (ブロック効果の違いが処理平均に影響を与えている). そこで, ブロック効果を調整した調整済み処理平均

$$\bar{y}_{i\cdot}^* = \bar{y}_{\cdot\cdot} + \frac{1}{e}(\bar{y}_{i\cdot} - \bar{y}_{\cdot(i)}) \tag{8.13}$$

を計算する (表 8.3). たとえば A_1 と A_2 について,単純な平均値は $\bar{y}_{1\cdot} = 3.0$, $\bar{y}_{2\cdot} = 4.0$ である. しかし調整済み平均を計算すると $\bar{y}_{1\cdot}^* = 3.23, \bar{y}_{2\cdot}^* = 2.65$ と順位が入れ替わる. これは,処理 A_2 がブロック B_1, B_3, B_6 などの平均の高いブロックで実施されており,そのため単純平均の点数が引き上げられたためである. ブロック効果を調整した平均値は $\bar{y}_{2\cdot}^* = 2.65$ であり,全体では評価が最も低い.

調整済み平均 $\bar{y}_{i\cdot}^*$ ($i = 1, \ldots, a$) は,ブロック平均を用いて調整しているため,互いに独立とはならない. そのため,第 3 章で解説した処理平均の多重比較手法がそのままでは使えない. 調整済み平均の多重比較のためには特別な統計パッケージを使う必要がある.

表 8.3　処理平均値

ビスケット A	単純平均	調整済み平均
A_1	3.0	3.23
A_2	4.0	2.65
A_3	4.8	5.23
A_4	5.0	4.57
A_5	5.6	6.57
A_6	3.0	3.15

8.3　コンピュータによる解析例

8.3.1　ソフトウェアRによる解析例

出力 8.1 にソフトウェア R による分散分析の計算を示す．不完備ブロック計画では，aov() 関数において，「ブロック」→「処理」の順に指定すれば，処理に関して調整済み平方和が計算される．調整済み平均は lsmeans() 関数によって計算することができる．

R に限らず多くの統計パッケージでは，BIBD ほどバランスの取れていない不完備ブロック計画も扱うことができる．したがって，乱塊法実験で欠測値が生じた場合 (2.2.5 項) も，不完備ブロック計画として分散分析を実行することができる．

出力 8.1　R による BIBD 実験データの解析

```
> ## BIBD ANOVA
> y <- c(6, 4, 9, 4, 5, 4, 2, 9, 4, 3, 2, 4, 2, 7, 4,
+        4, 8, 7, 3, 2, 2, 5, 4, 4, 4, 2, 2, 2, 2, 7)
> block <- rep(c("B01", "B02", "B03", "B04", "B05",
+               "B06", "B07", "B08", "B09", "B10"), each=3)
> biscuit <- c("A2", "A6", "A4", "A5", "A3", "A2", "A2", "A5", "A1", "A4",
+              "A1", "A5", "A1", "A3", "A4", "A2", "A3", "A4", "A1", "A3",
+              "A6", "A6", "A1", "A2", "A5", "A3", "A6", "A6", "A4", "A5")
> bibd.dat <- data.frame(y, block, biscuit)
>
> ## Blocks are adjusted.
> bibd.aov <- aov(y ~ block + biscuit, data=bibd.dat)
> summary(bibd.aov)
            Df Sum Sq Mean Sq F value Pr(>F)
block        9  52.03   5.781   2.259 0.0784 .
biscuit      5  44.94   8.989   3.512 0.0266 *
Residuals   15  38.39   2.559
---
Signif. codes:  0 '***' 0.001 '**' 0.01 '*' 0.05 '.' 0.1 ' ' 1
>
> ## Adjusted means
> library(lsmeans)
```

```
Loading required package: estimability
> lsmeans(bibd.aov, "biscuit")
 biscuit    lsmean        SE df   lower.CL upper.CL
 A1       3.233333 0.7864399 15 1.5570764 4.909590
 A2       2.650000 0.7864399 15 0.9737431 4.326257
 A3       5.233333 0.7864399 15 3.5570764 6.909590
 A4       4.566667 0.7864399 15 2.8904098 6.242924
 A5       6.566667 0.7864399 15 4.8904098 8.242924
 A6       3.150000 0.7864399 15 1.4737431 4.826257

Results are averaged over the levels of: block
Confidence level used: 0.95
```

8.3.2　BIBDの構築

8.1.1 項で説明したように，BIBD の 5 つのパラメータ (a, b, r, k, λ) のあいだには 2 つの条件

$$ar = bk, \quad r(k-1) = \lambda(a-1)$$

が成り立つ．したがって 3 つのパラメータの値が決まれば残りの 2 つのパラメータの値は自動的に決まる．ただしすべてのパラメータの値は整数なので 3 つのパラメータの値は自由に選べるわけではない．また，この 2 つの条件は BIBD が存在するための必要条件であり，十分条件ではない．この 2 つの条件が成立しても，該当する BIBD が存在しない場合がある．一般に BIBD を構築するためには高度な数学的理論を必要とするので，通常は専門書に与えられた数表を利用する．(たとえば，Cochran & Cox (1992) など)．

通常は，処理数 a とブロックの大きさ k が実験の目的から決まっており，次に BIBD となるように必要なブロック数 b を決定する場合が多い．ここで，比較的容易な構築法を説明する．

a.　すべての組合せ

処理数 a とブロックの大きさ k が与えられたとき，a 個の処理から k 個を選ぶすべての組合せをブロックとすれば，

$$b = {}_aC_k = \frac{a!}{k!(a-k)!}$$

$$r = \frac{bk}{a} = {}_{a-1}C_{k-1}$$

$$\lambda = \frac{r(k-1)}{a-1} = {}_{a-2}C_{k-2}$$

の BIBD が得られる．$k = a-1$ の場合のブロック数は $b = a$ であり，$k = 2$

または $k = a - 2$ の場合のブロック数は $b = a(a-1)/2$ である．それ以外の $2 < k < a - 2$ の場合にはブロック数は大きくなる．

b. 相補的 BIBD

パラメータ (a, b, r, k, λ) をもつ BIBD が存在するとき，各ブロックに含まれない処理のみを新たにブロックとすると，パラメータ $a' = a, b' = b, k' = a - k$ をもつ BIBD が構築される．

表 8.4 にすべての組合せによるよりも少ないブロック数の BIBD の例を与える．たとえば，この表の BIBD(7, 7, 3, 3, 1) から，相補的な BIBD(7, 7, 4, 4, 2) を構築することができる．

表 8.4 $a \leq 9$ の BIBD の例 (上欄の ( ) 内はパラメータ (a, b, r, k, λ) を示す)

$\binom{6,10,}{5,3,2}$	$\binom{7,7,}{3,3,1}$	$\binom{8,14,}{7,4,3}$	$\binom{9,12,}{4,3,1}$	\multicolumn{2}{c}{(9, 18, 8, 4, 3)}
1 2 5	1 2 4	1 2 3 4	1 2 3	1 2 3 5	1 4 5 8
1 2 6	2 3 5	5 6 7 8	4 5 6	2 3 4 6	2 5 6 9
1 3 4	3 4 6	1 2 7 8	7 8 9	3 4 5 7	3 6 7 1
1 3 6	4 5 7	3 4 5 6	1 4 7	4 5 6 8	4 7 8 2
1 4 5	5 6 1	1 3 6 8	2 5 8	5 6 7 9	5 8 9 3
2 3 4	6 7 2	2 4 5 7	3 6 9	6 7 8 1	6 9 1 4
2 3 5	7 1 3	1 4 6 7	1 5 9	7 8 9 2	7 1 2 5
2 4 6		2 3 5 8	2 6 7	8 9 1 3	8 2 3 6
3 5 6		1 2 5 6	3 4 8	9 1 2 4	9 3 4 7
4 5 6		3 4 7 8	1 6 8		
		1 3 5 7	2 4 9		
		2 4 6 8	3 5 7		
		1 4 5 8			
		2 3 6 7			

c. ソフトウェア R による BIBD の構築

与えられたパラメータ (a, b, r, k, λ) をもつ BIBD を構築するためのソフトウェアも提供されている．R では ibd ライブラリの bibd 関数によって BIBD を求めることができる (出力 8.2)．なお，処理の番号を付け替えても BIBD としての性質は変わらないので，数表に与えられているものとは異なるものが出力されることもある．

出力 8.2 R による BIBD の構築

```
> ## BIBD construction by ibd package ##
> library(ibd)
> bibd(v=6, b=10, r=5, k=3, lambda=2)$design
```

	[,1]	[,2]	[,3]
[1,]	4	5	6
[2,]	1	4	5
[3,]	1	3	6
[4,]	1	3	5
[5,]	3	4	6
[6,]	1	2	4
[7,]	2	5	6
[8,]	1	2	6
[9,]	2	3	5
[10,]	2	3	4

Chapter 9
線形モデルと最小二乗法の基礎

　第2章以降における分散分析によるデータ解析手順は，本章の線形モデルの理論を用いて統一的に記述することができる．単に与えられた計算手順に従って分散分析の結果を求めるだけでなく，線形モデルの内容を理解しておくことは，より広い応用問題を扱うときに役に立つ．しかし分散分析における線形モデルでは，以下に説明する計画行列 X がフルランクにならないことにより，高度に数学的な取扱いが必要になる．たとえば，一般化逆行列とか線形射影子などの理論が使われる．本章においては，これらの高度な数学を使用することなく，行列とベクトルの基礎的な演算を用いて線形モデルと最小二乗法の考え方を説明する．本章で必要とする線形代数の事項については付録 A.2.1 項に与えられている．

9.1　正規線形モデル

　N 個の観測値 $y_1, \ldots, y_N$ が

$$y_i = \sum_{j=1}^{p} x_{ij}\theta_j + e_i, \quad e_i \sim N(0, \sigma^2) \tag{9.1}$$
$$(i = 1, \ldots, N)$$

と表されるものとする．ここで，x_{ij} $(i = 1, \ldots, N; j = 1, \ldots, p)$ は既知の定数であり，θ_j $(j = 1, \ldots, p)$ は未知のパラメータ (母数) である．e_i $(i = 1, \ldots, N)$ は観測誤差を表し，互いに独立に平均 0，分散 σ^2 の正規分布 $N(0, \sigma^2)$ に従うものとする．(9.1) 式を**線形モデル** (linear model) という．特に観測誤差に正規分布を仮定した場合を正規線形モデルということもある．

　行列 X，ベクトル $\boldsymbol{y}, \boldsymbol{\theta}, \boldsymbol{e}$ を

$$X = \{x_{ij}\} \quad (i = 1, \ldots, N; j = 1, \ldots, p)$$
$$\boldsymbol{y} = (y_1, \ldots, y_N)^T$$

$$\boldsymbol{\theta} = (\theta_1, \ldots, \theta_p)^T$$
$$\boldsymbol{e} = (e_1, \ldots, e_N)^T$$

と定義すれば，(9.1) 式は行列表現を用いて

$$\boldsymbol{y} = X\boldsymbol{\theta} + \boldsymbol{e} \tag{9.2}$$

と表される．以下，上付き添え字の "T" は，行列およびベクトルの転置を表す．既知の定数を要素にもつ行列 $X = \{x_{ij}\}$ は実験計画によって決まるので**計画行列** (design matrix) とよばれる．

観測値ベクトル $\boldsymbol{y}$ の期待値は

$$\mathrm{E}[\boldsymbol{y}] = X\boldsymbol{\theta} \tag{9.3}$$

である．

たとえば 2.1.8 項におけるアンバランストな一元配置完全無作為化法データの構造モデル

$$y_{ij} = \mu + \alpha_i + e_{ij}, \quad e_{ij} \sim N(0, \sigma^2) \quad (i = 1, \ldots, a;\ j = 1, \ldots, n_i)$$

は，

$$\begin{pmatrix} y_{11} \\ \vdots \\ y_{1n_1} \\ \vdots \\ y_{a1} \\ \vdots \\ y_{an_a} \end{pmatrix} = \begin{pmatrix} 1 & 1 & & \\ \vdots & \vdots & & O \\ 1 & 1 & & \\ \vdots & & \ddots & \\ 1 & & & 1 \\ \vdots & O & & \vdots \\ 1 & & & 1 \end{pmatrix} \begin{pmatrix} \mu \\ \alpha_1 \\ \vdots \\ \alpha_a \end{pmatrix} + \begin{pmatrix} e_{11} \\ \vdots \\ e_{1n_1} \\ \vdots \\ e_{a1} \\ \vdots \\ e_{an_a} \end{pmatrix} \tag{9.4}$$

と表される．ここで新たに

$$\boldsymbol{y} = (y_{11}, \ldots, y_{1n_1}, \ldots, y_{a1}, \ldots, y_{an_a})^T, \quad N = \sum_{i=1}^{a} n_i$$
$$\boldsymbol{\theta} = (\mu, \alpha_1, \ldots, \alpha_a)^T, \quad p = a + 1$$
$$\boldsymbol{e} = (e_{11}, \ldots, e_{1n_1}, \ldots, e_{a1}, \ldots, e_{an_a})^T$$

とおけば，(9.4) 式は (9.2) 式の形で表すことができる．第 2 章の一元配置乱塊法実験データ，第 4 章の二元配置実験データ (完全無作為化法，乱塊法) は，いずれも (9.2) 式の線形モデルとして表すことができる．

【注】 以下，一元配置完全無作為化法データを例として説明する場合，二重の添え字をもつ y_{ij} は，水準 A_i の第 j 番目の繰返しデータを表す．一方，1つの添え字で表される $\boldsymbol{y} = (y_1, \ldots, y_N)^T$ は，y_{ij} を辞書式に並べたものである．

9.2　最小二乗法と正規方程式

観測値と期待値との差の平方和

$$R(\boldsymbol{\theta}) = \sum_{i=1}^{N}\left(y_i - \sum_{j=1}^{p} x_{ij}\,\theta_j\right)^2 = (\boldsymbol{y} - X\boldsymbol{\theta})^T(\boldsymbol{y} - X\boldsymbol{\theta}) \tag{9.5}$$

を最小にすることによって $\boldsymbol{\theta}$ を推定する方法を最小二乗法 (least squares method) という．(9.5) 式を $\theta_k\ (k=1,\ldots,p)$ で偏微分して 0 とおくと，

$$\frac{\partial R(\boldsymbol{\theta})}{\partial \theta_k} = -2\sum_{i=1}^{N}\left(y_i - \sum_{j=1}^{n} x_{ij}\,\theta_j\right) x_{ik} = 0 \quad (k=1,\ldots,p)$$

が得られる．すなわち，

$$\sum_{j=1}^{p}\Bigl(\sum_{i=1}^{N} x_{ik}\,x_{ij}\Bigr)\theta_j = \sum_{i=1}^{N} x_{ik}\,y_i \quad (k=1,\ldots,p)$$

が成り立つ．行列を用いて表現すると

$$X^T X \boldsymbol{\theta} = X^T \boldsymbol{y} \tag{9.6}$$

である．この (9.6) 式を正規方程式 (normal equation) とよぶ．あるいは，求めるべき推定量 $\hat{\boldsymbol{\theta}}$ を代入した

$$X^T X \hat{\boldsymbol{\theta}} = X^T \boldsymbol{y}$$

を正規方程式とよぶこともある．

任意の観測値ベクトル $\boldsymbol{y}$ に対して，$X^T \boldsymbol{y}$ は行列 X^T の列ベクトルの張る線形空間 $\mathcal{M}(X^T)$ に属する．すなわち，$X^T \boldsymbol{y} \in \mathcal{M}(X^T)$ である．一方，付録 A.2.1 項に示すように，

$$\mathcal{M}(X^T X) = \mathcal{M}(X^T)$$

の関係が成り立つので，$X^T X \boldsymbol{\theta} = X^T \boldsymbol{y}$ を満たす $\boldsymbol{\theta}$ が必ず存在する．したがって任意の観測値ベクトル $\boldsymbol{y}$ に対して，正規方程式は少なくとも 1 つの解をもつ．

$X^T X$ が正則なときは,正規方程式の解は $\hat{\boldsymbol{\theta}} = (X^T X)^{-1} X^T \boldsymbol{y}$ として一意的に表される.しかし,$X^T X$ が正則でないときは,解は一意には定まらない(無数に解が存在する).いずれの場合も,正規方程式の1つの解を $\hat{\boldsymbol{\theta}}$ とすると $X^T X \hat{\boldsymbol{\theta}} = X^T \boldsymbol{y}$ の関係を満たしている.一方,任意の $\boldsymbol{\theta}$ に対して

$$\begin{aligned}
R(\boldsymbol{\theta}) &= (\boldsymbol{y} - X\boldsymbol{\theta})^T (\boldsymbol{y} - X\boldsymbol{\theta}) \\
&= (\boldsymbol{y} - X\hat{\boldsymbol{\theta}} + X\hat{\boldsymbol{\theta}} - X\boldsymbol{\theta})^T (\boldsymbol{y} - X\hat{\boldsymbol{\theta}} + X\hat{\boldsymbol{\theta}} - X\boldsymbol{\theta}) \\
&= (\boldsymbol{y} - X\hat{\boldsymbol{\theta}})^T (\boldsymbol{y} - X\hat{\boldsymbol{\theta}}) + (X\hat{\boldsymbol{\theta}} - X\boldsymbol{\theta})^T (X\hat{\boldsymbol{\theta}} - X\boldsymbol{\theta}) \\
&\quad + 2(X\hat{\boldsymbol{\theta}} - X\boldsymbol{\theta})^T (\boldsymbol{y} - X\hat{\boldsymbol{\theta}}) \\
&= (\boldsymbol{y} - X\hat{\boldsymbol{\theta}})^T (\boldsymbol{y} - X\hat{\boldsymbol{\theta}}) + (X\hat{\boldsymbol{\theta}} - X\boldsymbol{\theta})^T (X\hat{\boldsymbol{\theta}} - X\boldsymbol{\theta}) \\
&\quad + 2(\hat{\boldsymbol{\theta}} - \boldsymbol{\theta})^T X^T (\boldsymbol{y} - X\hat{\boldsymbol{\theta}}) \\
&\quad (\hat{\boldsymbol{\theta}} \text{ が正規方程式の解なので第3項は0になる}) \\
&= (\boldsymbol{y} - X\hat{\boldsymbol{\theta}})^T (\boldsymbol{y} - X\hat{\boldsymbol{\theta}}) + (X\hat{\boldsymbol{\theta}} - X\boldsymbol{\theta})^T (X\hat{\boldsymbol{\theta}} - X\boldsymbol{\theta}) \\
&\geq (\boldsymbol{y} - X\hat{\boldsymbol{\theta}})^T (\boldsymbol{y} - X\hat{\boldsymbol{\theta}}) = R(\hat{\boldsymbol{\theta}})
\end{aligned}$$

が成り立つ.すなわち,正規方程式の1つの解を $\hat{\boldsymbol{\theta}}$ とすれば,(9.5) 式の平方和が最小になることが分かる.その意味で,正規方程式 (9.6) 式の解 $\hat{\boldsymbol{\theta}}$ を最小二乗推定量 (least squares estimator) とよぶ.

9.3　推定可能関数

9.3.1　推定可能関数の定義

既知の定数ベクトル $\boldsymbol{l} = (l_1, \ldots, l_p)^T$ によるパラメータの線形結合

$$\boldsymbol{l}^T \boldsymbol{\theta} = l_1 \theta_1 + \cdots + l_p \theta_p \tag{9.7}$$

を考える.$\boldsymbol{\theta}$ が未知なので,$\boldsymbol{l}^T \boldsymbol{\theta}$ の値も未知である.この $\boldsymbol{l}^T \boldsymbol{\theta}$ を観測値 $\boldsymbol{y} = (y_1, \ldots, y_N)^T$ の線形結合

$$\boldsymbol{c}^T \boldsymbol{y} = c_1 y_1 + \cdots + c_N y_N$$

により推定する.ここで,任意の $\boldsymbol{\theta}$ に対して $\boldsymbol{y}$ の線形結合 $\boldsymbol{c}^T \boldsymbol{y}$ で不偏推定量となるものが存在するとき,$\boldsymbol{l}^T \boldsymbol{\theta}$ を推定可能関数 (estimable function) とよぶ.$\boldsymbol{l}^T \boldsymbol{\theta}$ が推定可能であれば,ある $\boldsymbol{c} = (c_1, \ldots, c_N)^T$ が存在して

$$\boldsymbol{l}^T \boldsymbol{\theta} = \mathrm{E}[\boldsymbol{c}^T \boldsymbol{y}] = \boldsymbol{c}^T \mathrm{E}[\boldsymbol{y}] = \boldsymbol{c}^T X \boldsymbol{\theta}$$

が任意の $\boldsymbol{\theta}$ に対して成り立つ.したがって,

$$\boldsymbol{l}^T = \boldsymbol{c}^T X \quad (\boldsymbol{l} = X^T \boldsymbol{c})$$

である．すなわち，推定可能関数 $\boldsymbol{l}^T \boldsymbol{\theta}$ の係数ベクトル $\boldsymbol{l}$ は，行列 X^T の列ベクトルの線形結合で表される．一方，X^T の列ベクトルの線形結合で表される $\boldsymbol{l} = X^T \boldsymbol{d}$ に対しては，その $\boldsymbol{d}$ を用いれば

$$\mathrm{E}[\boldsymbol{d}^T \boldsymbol{y}] = \boldsymbol{d}^T X \boldsymbol{\theta} = \boldsymbol{l}^T \boldsymbol{\theta}$$

となり，$\boldsymbol{l}^T \boldsymbol{\theta}$ が推定可能であることが分かる．したがって，$\boldsymbol{l}^T \boldsymbol{\theta}$ が推定可能であるということは，$\boldsymbol{l}$ が X^T の線形結合で表されるということ，すなわち

$$\boldsymbol{l} \in \mathcal{M}(X^T)$$

と同値である．

たとえば，(9.4) 式の一元配置完全無作為化法データでは，

$$\mu, \quad \alpha_i, \quad \mu + \alpha_i, \quad \alpha_i - \alpha_j$$

などがパラメータの線形結合で表される関数である．これらのうち，μ や α_i は X^T の列ベクトルの線形結合で表すことができないので推定可能ではない．一方，第 i 水準の母平均

$$\mu + \alpha_i$$

や，第 i 水準と第 j 水準の母平均の差

$$\alpha_i - \alpha_j$$

は，X^T の列ベクトルの線形結合で表すことができるので推定可能である．

【注】 推定可能関数のもつ意味については，線形モデルの定義式

$$\boldsymbol{y} = X \boldsymbol{\theta} + \boldsymbol{e}$$

から直観的に理解することができる．われわれが推測に利用できるのは観測データ $\boldsymbol{y}$ である．このとき，パラメータ $\boldsymbol{\theta}$ からは常に X の行ベクトル (すなわち，X^T の列ベクトル) を通して情報が観測データ $\boldsymbol{y}$ に伝えられていることが分かる．したがって，線形モデル $\boldsymbol{y} = X \boldsymbol{\theta} + \boldsymbol{e}$ のパラメータ $\boldsymbol{\theta}$ に関する推定において，本質的に意味をもつのは X^T の列ベクトルの張る線形空間 $\mathcal{M}(X^T)$ に属する $\boldsymbol{l} \in \mathcal{M}(X^T)$ を用いた推定可能関数 $\boldsymbol{l}^T \boldsymbol{\theta}$ なのである．

9.3.2 推定可能関数の推定

次に推定可能関数 $l^T\boldsymbol{\theta}$ の推定量を求める．$l^T\boldsymbol{\theta}$ が推定可能であるから，前項 (9.3.1 項) と付録 A.2.1 項の議論より

$$l \in \mathcal{M}(X^T) = \mathcal{M}(X^T X)$$

である．したがって，

$$l = X^T X \boldsymbol{u}$$

となる p 次元ベクトル $\boldsymbol{u}$ が存在する．ここで，正規方程式 $X^T X \hat{\boldsymbol{\theta}} = X^T \boldsymbol{y}$ を満たす最小二乗解 $\hat{\boldsymbol{\theta}}$ を任意に 1 つ求め，$l^T \hat{\boldsymbol{\theta}}$ を考えると，

$$l^T \hat{\boldsymbol{\theta}} = \boldsymbol{u}^T X^T X \hat{\boldsymbol{\theta}} = \boldsymbol{u}^T X^T \boldsymbol{y} \tag{9.8}$$

が得られる．すなわち，推定量 $l^T \hat{\boldsymbol{\theta}}$ は観測値ベクトル $\boldsymbol{y} = (y_1, \ldots, y_N)^T$ の線形結合として表される．さらに，l が与えられれば $X\boldsymbol{u}$ の値は一意的に決まることが次のように示される．2 つのベクトル $\boldsymbol{u}_1, \boldsymbol{u}_2$ について $l = X^T X \boldsymbol{u}_1 = X^T X \boldsymbol{u}_2$ とすると，

$$(X\boldsymbol{u}_1 - X\boldsymbol{u}_2)^T (X\boldsymbol{u}_1 - X\boldsymbol{u}_2) = (\boldsymbol{u}_1 - \boldsymbol{u}_2)^T X^T (X\boldsymbol{u}_1 - X\boldsymbol{u}_2) = 0$$

より，

$$X\boldsymbol{u}_1 - X\boldsymbol{u}_2 = 0$$

が成り立つ．

【注】 一般に実数ベクトル $\boldsymbol{z} = (z_1, \ldots, z_k)^T$ に対して，$\boldsymbol{z}^T \boldsymbol{z} = z_1^2 + \cdots + z_k^2$ であるから，$\boldsymbol{z}^T \boldsymbol{z} = 0$ と $\boldsymbol{z} = \boldsymbol{0}$ とは同値である．この方法は，ベクトルがゼロベクトルであることを証明するときによく使われる．

以上により，最小二乗推定量 $\hat{\boldsymbol{\theta}}$ をどのように選んでも，推定量 $l^T \hat{\boldsymbol{\theta}}$ は観測値ベクトル $\boldsymbol{y}$ の線形結合として一意的に表される．このとき，$l^T \hat{\boldsymbol{\theta}}$ を $l^T \boldsymbol{\theta}$ の最小二乗推定量とよぶ．

9.3.3 制約条件

(9.4) 式の一元配置完全無作為化法データに対して，正規方程式は

$$X^T X \hat{\boldsymbol{\theta}} = \begin{pmatrix} N & n_1 & n_2 & \cdots & n_a \\ n_1 & n_1 & 0 & \cdots & 0 \\ n_2 & 0 & n_2 & \cdots & 0 \\ \vdots & \vdots & \vdots & & \vdots \\ n_a & 0 & 0 & \cdots & n_a \end{pmatrix} \begin{pmatrix} \hat{\mu} \\ \hat{\alpha}_1 \\ \vdots \\ \hat{\alpha}_a \end{pmatrix} = \begin{pmatrix} T_{..} \\ T_{1.} \\ \vdots \\ T_{a.} \end{pmatrix} \tag{9.9}$$

9.3 推定可能関数

となる．ここで，一元配置完全無作為化法の計算 (2.1.8 項) で示したように

$$T_{..} = \sum_{i=1}^{a} \sum_{j=1}^{n_i} y_{ij}, \quad T_{i.} = \sum_{j=1}^{n_i} y_{ij} \quad (i=1,\ldots,a)$$

である．この正規方程式において，$X^T X$ の第 2 列から第 $(a+1)$ 列までは線形独立である．しかし，これらの列を加えると第 1 列に一致する．すなわち，大きさ $(a+1) \times (a+1)$ の行列 $X^T X$ のランク (階数) は a であり，$X^T X$ は正則ではない．したがって，正規方程式 $X^T X \hat{\boldsymbol{\theta}} = X^T \boldsymbol{y}$ の解は一意的には決まらない．

一般に行列 $X^T X$ のランクを r とする．正規方程式 $X^T X \hat{\boldsymbol{\theta}} = X^T \boldsymbol{y}$ に $p-r$ 個の制約条件を付け加えることによって，一意に解を求めることができる．たとえば，(9.9) 式の一元配置完全無作為化法データの場合には，

$$n_1 \hat{\alpha}_1 + \cdots + n_a \hat{\alpha}_a = 0$$

という制約条件を付け加えることによって，

$$\hat{\mu} = \frac{1}{N} T_{..} = \bar{y}_{..}$$
$$\hat{\alpha}_i = \frac{1}{n_i} T_{i.} - \hat{\mu} = \bar{y}_{i.} - \bar{y}_{..}$$

という解が求められる．

正規方程式の解を一意的に求めるための制約条件の与え方は 1 とおりではない．いま $\mathrm{rank}(X^T X) = r < p$ とする．このとき，正規方程式を一意的に解くためには $p-r$ 個の制約条件が必要となる．そこで，大きさ $p \times (p-r)$ の行列

$$H = (\boldsymbol{h}_1, \ldots, \boldsymbol{h}_{p-r})$$

を用いて制約条件

$$H^T \boldsymbol{\theta} = \boldsymbol{0} \quad (\boldsymbol{h}_i^T \boldsymbol{\theta} = 0,\ i=1,\ldots,p-r)$$

を考える．正規方程式の解が一意的に決まるためには

$$\mathrm{rank}(H) = p - r \tag{9.10}$$

でなければならない．また，与えた制約条件が推定可能関数に影響を及ぼさないためには

$$\mathcal{M}(X^T) \cap \mathcal{M}(H) = \{\boldsymbol{0}\} \tag{9.11}$$

である必要がある．すなわち $\boldsymbol{h}_i^T \boldsymbol{\theta}$ $(i=1,\ldots,p-r)$ は推定可能関数ではない．

正規方程式を一意的に解くためには，(9.10) 式と (9.11) 式を満たすものであれば，何を用いてもよい．

たとえば，(9.9) 式の一元配置完全無作為化法データでは，
$$\hat{\alpha}_a = 0$$
という制約条件でもよい．このとき，最小二乗解は
$$\hat{\mu} = \bar{y}_a.$$
$$\hat{\alpha}_i = \bar{y}_i. - \bar{y}_a. \quad (i = 1, \ldots, a-1)$$
$$\hat{\alpha}_a = 0$$
となる．したがって，$n_1\hat{\alpha}_1 + \cdots + n_a\hat{\alpha}_a = 0$ という制約条件を与えたときと，$\hat{\alpha}_a = 0$ という制約条件を与えたときとでは $\hat{\boldsymbol{\theta}}$ の異なる最小二乗解が得られることになる．しかし，推定可能関数である $\mu + \alpha_i$ や $\alpha_i - \alpha_j$ については，どちらの制約条件を与えた場合でも，μ や α_i に求めた最小二乗解を代入すると
$$\hat{\mu} + \hat{\alpha}_i = \bar{y}_i.$$
$$\hat{\alpha}_i - \hat{\alpha}_j = \bar{y}_i. - \bar{y}_j.$$
のように一意的に表される．すなわち，9.3.2 項で説明した，推定可能関数の推定量の一意性が確認できる．

【注 母数の無駄】 たとえば (9.4) 式の一元配置完全無作為化法データの線形モデルにおいて $X^T X$ が正則行列とならないのは，もともと a 水準の処理に対して，$\mu, \alpha_1, \ldots, \alpha_a$ という $a+1$ 個の母数 (パラメータ) を用いて各水準の母平均を表したからである．一般に $X^T X$ が正則行列でないとき，「線形モデルの母数に無駄がある」と表現する．また，(9.10) 式と (9.11) 式を満たす制約条件 $H^T\boldsymbol{\theta} = \boldsymbol{0}$ を加えることによって最小二乗解 $\hat{\boldsymbol{\theta}}$ を求めることを，「母数の無駄を除く」と表現する．

アンバランストな一元配置完全無作為化法において，母数の無駄を除くための制約条件としては，重みを付けない和
$$\hat{\alpha}_1 + \cdots + \hat{\alpha}_a = 0$$
を用いてもよい．この場合の最小二乗推定量は
$$\hat{\mu} = \frac{1}{a}\sum_{i=1}^{a} \bar{y}_i.$$
$$\hat{\alpha}_i = \bar{y}_i. - \frac{1}{a}\sum_{i=1}^{a} \bar{y}_i. \quad (i = 1, \ldots, a)$$
となる．この場合でも，推定可能関数は一意的に決まり，

$$\hat{\mu} + \hat{\alpha}_i = \bar{y}_{i\cdot}.$$
$$\hat{\alpha}_i - \hat{\alpha}_j = \bar{y}_{i\cdot} - \bar{y}_{j\cdot}.$$

と表される．

9.3.4 線形最良不偏推定量

推定可能関数 $\boldsymbol{l}^T\boldsymbol{\theta}$ の最小二乗推定量 $\boldsymbol{l}^T\hat{\boldsymbol{\theta}}$ の期待値は
$$\mathrm{E}[\boldsymbol{l}^T\hat{\boldsymbol{\theta}}] = \mathrm{E}[\boldsymbol{u}^T X^T \boldsymbol{y}] = \boldsymbol{u}^T X^T X \boldsymbol{\theta} = \boldsymbol{l}^T \boldsymbol{\theta}$$
と表される．ここで，$\boldsymbol{u}$ は 9.3.2 項で考えた $\boldsymbol{l} = X^T X \boldsymbol{u}$ を満たす p 次元ベクトルである．したがって，$\boldsymbol{l}^T\hat{\boldsymbol{\theta}}$ は $\boldsymbol{l}^T\boldsymbol{\theta}$ の不偏推定量となる．

一方，$\boldsymbol{l}^T\hat{\boldsymbol{\theta}}$ の分散は
$$\mathrm{V}[\boldsymbol{l}^T\hat{\boldsymbol{\theta}}] = \mathrm{V}[\boldsymbol{u}^T X^T \boldsymbol{y}] = \boldsymbol{u}^T X^T X \boldsymbol{u}\, \sigma^2$$
である．

次に，$\boldsymbol{l}^T\boldsymbol{\theta}$ の任意の線形不偏推定量を $\boldsymbol{a}^T\boldsymbol{y}$ とする．$\boldsymbol{a}^T\boldsymbol{y}$ が不偏推定量であるためには，
$$\mathrm{E}[\boldsymbol{d}^T\boldsymbol{y}] = \boldsymbol{d}^T X \boldsymbol{\theta} = \boldsymbol{l}^T \boldsymbol{\theta}$$
より，$X^T\boldsymbol{d} = \boldsymbol{l} = X^T X \boldsymbol{u}$ でなければならない．その分散については
$$\begin{aligned}
\mathrm{V}[\boldsymbol{d}^T\boldsymbol{y}] &= \boldsymbol{d}^T\boldsymbol{d}\,\sigma^2 = (\boldsymbol{d} - X\boldsymbol{u} + X\boldsymbol{u})^T(\boldsymbol{d} - X\boldsymbol{u} + X\boldsymbol{u})\sigma^2 \\
&= (\boldsymbol{d} - X\boldsymbol{u})^T(\boldsymbol{d} - X\boldsymbol{u})\sigma^2 + \boldsymbol{u}^T X^T X \boldsymbol{u}\,\sigma^2 \\
&\quad + 2\boldsymbol{u}^T X^T (\boldsymbol{d} - X\boldsymbol{u})\sigma^2 \\
&= (\boldsymbol{d} - X\boldsymbol{u})^T(\boldsymbol{d} - X\boldsymbol{u})\sigma^2 + \boldsymbol{u}^T X^T X \boldsymbol{u}\,\sigma^2 \\
&\geq \boldsymbol{u}^T X^T X \boldsymbol{u}\,\sigma^2 = \mathrm{V}[\boldsymbol{l}^T\hat{\boldsymbol{\theta}}]
\end{aligned}$$
が成り立つ．すなわち，最小二乗推定量 $\boldsymbol{l}^T\hat{\boldsymbol{\theta}}$ は，$\boldsymbol{l}^T\boldsymbol{\theta}$ の線形不偏推定量の中で最小の分散をもつ．そのため最小二乗推定量 $\boldsymbol{l}^T\hat{\boldsymbol{\theta}}$ は，最良線形不偏推定量 (best linear unbiased estimator, BLUE) とよばれる．

再び一元配置完全無作為化法データを考える．第 i 水準の母平均 $\mu + \alpha_i$ については，特定の第 j 番目の観測値 y_{ij} も不偏推定量であり，その期待値と分散は
$$\mathrm{E}[y_{ij}] = \mu + \alpha_i$$
$$\mathrm{V}[y_{ij}] = \sigma^2$$
である．一方 $\mu + \alpha_i$ の最小二乗推定量 $\hat{\mu} + \hat{\alpha}_i = \bar{y}_{i\cdot}$ の分散は
$$\mathrm{V}[\bar{y}_{i\cdot}] = \frac{1}{n_i}\sigma^2$$
であり，他の不偏推定量よりも分散が小さいことが分かる．

9.4 線形モデルにおける仮説検定

9.4.1 モデル平方和と残差平方和

X^T の列ベクトルを $\boldsymbol{x}_1, \ldots, \boldsymbol{x}_N$ とすると, $\boldsymbol{x}_i \in \mathcal{M}(X^T)$ $(i = 1, \ldots, N)$ であるから, $\boldsymbol{x}_i^T \boldsymbol{\theta}$ は推定可能である. すなわち, $X\boldsymbol{\theta}$ の各要素は推定可能であり, $X\hat{\boldsymbol{\theta}}$ は一意的に決まる.

$\mathcal{M}(X^T) = \mathcal{M}(X^T X)$ より,

$$X^T = X^T X W \quad (X = W^T X^T X) \tag{9.12}$$

となる $p \times N$ 行列 W が存在する. 9.3.2 項において, $\boldsymbol{l} = X^T X \boldsymbol{u}$ のとき $X\boldsymbol{u}$ が一意的に表されたのと同様に, XW は一意的に決まる. この W を用いれば, $X\hat{\boldsymbol{\theta}}$ は

$$X\hat{\boldsymbol{\theta}} = W^T X^T X \hat{\boldsymbol{\theta}} = W^T X^T \boldsymbol{y} = (XW)^T \boldsymbol{y} = XW\boldsymbol{y} \tag{9.13}$$

と表される. ここで, (9.12) 式より $XW = W^T X^T XW$ であるから, XW は対称行列 $XW = (XW)^T$ である. また

$$(XW)(XW) = (XW)^T XW = W^T X^T XW = XW$$

より, XW はべき等行列である. XW のランクについては,

$r = \text{rank}(X) \geq \text{rank}(XW) \geq \text{rank}(X^T XW) = \text{rank}(X^T) = r$
$\text{rank}(XW) = r$

が成り立つ.

$X\hat{\boldsymbol{\theta}}$ の各要素の平方和

$$Q(\hat{\boldsymbol{\theta}}) = (X\hat{\boldsymbol{\theta}})^T X\hat{\boldsymbol{\theta}} = \boldsymbol{y}^T (XW)^T XW \boldsymbol{y} = \boldsymbol{y}^T XW \boldsymbol{y} \tag{9.14}$$

をモデル平方和 (model sum of squares) という. 2 次形式 $\boldsymbol{y}^T XW \boldsymbol{y}$ において, XW はべき等行列であり, $\text{rank}(XW) = r$ であるから, $Q(\hat{\boldsymbol{\theta}})/\sigma^2$ は自由度 r の非心 χ^2 分布 $\chi^2(r, \lambda)$ に従う (付録 A.1.5 項参照). 非心度 λ は, $\boldsymbol{y}$ に期待値 $\text{E}[\boldsymbol{y}] = X\boldsymbol{\theta}$ を代入して

$$\lambda = \frac{\text{E}[\boldsymbol{y}]^T (XW) \text{E}[\boldsymbol{y}]}{\sigma^2} = \frac{\boldsymbol{\theta}^T X^T XW X\boldsymbol{\theta}}{\sigma^2} = \frac{\boldsymbol{\theta}^T X^T X\boldsymbol{\theta}}{\sigma^2}$$

で与えられる.

9.4 線形モデルにおける仮説検定

観測値ベクトル $\boldsymbol{y}$ と推定値 $X\hat{\boldsymbol{\theta}}$ と差

$$\boldsymbol{y} - X\hat{\boldsymbol{\theta}} = \boldsymbol{y} - XW\boldsymbol{y} = (I - XW)\boldsymbol{y}$$

を残差 (residual) という．ここで XW が対称・べき等行列なので，$I - XW$ も対称・べき等行列となる．残差の期待値は

$$\mathrm{E}[\boldsymbol{y} - X\hat{\boldsymbol{\theta}}] = X\boldsymbol{\theta} - X\boldsymbol{\theta} = \boldsymbol{0}$$

である．推定値 $X\hat{\boldsymbol{\theta}}$ と残差 $\boldsymbol{y} - X\hat{\boldsymbol{\theta}}$ との共分散行列は

$$\begin{aligned}\mathrm{Cov}[X\hat{\boldsymbol{\theta}},\ \boldsymbol{y} - X\hat{\boldsymbol{\theta}}] &= \mathrm{Cov}[XW\boldsymbol{y},\ (I - XW)\boldsymbol{y}] \\ &= \sigma^2 XW(I - XW) = O\end{aligned}$$

であるから，$X\hat{\boldsymbol{\theta}}$ と $\boldsymbol{y} - X\hat{\boldsymbol{\theta}}$ とは独立である．

残差 $\boldsymbol{y} - X\hat{\boldsymbol{\theta}}$ の平方和

$$R(\hat{\boldsymbol{\theta}}) = (\boldsymbol{y} - X\hat{\boldsymbol{\theta}})^T(\boldsymbol{y} - X\hat{\boldsymbol{\theta}}) = \boldsymbol{y}^T(I - XW)\boldsymbol{y} \tag{9.15}$$

を残差平方和 (residual sum of squares) とよぶ．$I - XW$ がべき等行列であり，$\mathrm{rank}(I-XW) = N - \mathrm{rank}(XW) = N - r$ であるから，$R(\hat{\boldsymbol{\theta}})/\sigma^2$ は自由度 $N - r$ の χ^2 分布に従う．ここで非心度は，$\boldsymbol{\theta}$ の値にかかわらず，

$$\lambda = \frac{\boldsymbol{\theta}^T X^T (I - XW) X \boldsymbol{\theta}}{\sigma^2} = 0$$

である．

モデル平方和 $Q(\hat{\boldsymbol{\theta}})$ と残差平方和 $R(\hat{\boldsymbol{\theta}})$ との和は，観測値ベクトルの単純な平方和

$$Q(\hat{\boldsymbol{\theta}}) + R(\hat{\boldsymbol{\theta}}) = \boldsymbol{y}^T \boldsymbol{y}$$

となる．

9.4.2 帰無仮説の検定

a. 帰無仮説

線形独立な q 個のベクトル

$$\boldsymbol{l}_i \in \mathcal{M}(X^T) \quad (i = 1, \ldots, q)$$

を用いて，帰無仮説

$$H_0: \boldsymbol{l}_i^T \boldsymbol{\theta} = 0 \quad (i = 1, \ldots, q) \tag{9.16}$$

を考える. ここで, $l_i^T \boldsymbol{\theta}$ は (9.2) 式の線形モデルにおける推定可能関数である. $p \times q$ 行列 L を

$$L = (\boldsymbol{l}_1, \ldots, \boldsymbol{l}_q)$$

と定義すれば, (9.16) 式の帰無仮説は行列表現を用いて,

$$H_0: \; L^T \boldsymbol{\theta} = \boldsymbol{0} \tag{9.17}$$

と表される. X^T の線形独立な列ベクトルの最大数は $\mathrm{rank}(X^T) = r \leq p$ なので, $q = \mathrm{rank}(L) \leq r \leq p$ である. (9.17) 式を満たす $\boldsymbol{\theta}$ の全体は, 条件

$$L^T K = O$$

を満たす大きさ $p \times (p-q)$ の行列 K と, $p-q$ 次元ベクトル $\boldsymbol{\gamma}$ を用いて

$$\boldsymbol{\theta} = K \boldsymbol{\gamma}$$

と表すことができる. したがって, 帰無仮説 (9.17) 式のもとで, 線形モデルは

$$\boldsymbol{y} = X\boldsymbol{\theta} + \boldsymbol{e} = XK\boldsymbol{\gamma} + \boldsymbol{e} = Z\boldsymbol{\gamma} + \boldsymbol{e} \tag{9.18}$$

となる. $Z = XK$ は $N \times (p-q)$ の行列である.

【注】 9.3.3 項で説明した母数の無駄を除くための制約条件 $H^T \boldsymbol{\theta} = \boldsymbol{0}$ と, 本項の帰無仮説 $L^T \boldsymbol{\theta} = \boldsymbol{0}$ とは本質的に意味が異なることに注意が必要である. 母数の無駄を除くときには, 正規方程式の解を一意的に求めるため, 推定可能関数に影響を与えないように制約条件 $H^T \boldsymbol{\theta} = \boldsymbol{0}$ を与えた. 一方, 本項では帰無仮説として推定可能関数自体に制約を加えている. そのため帰無仮説のもとでは, (9.18) 式のようにモデルの構造自体が変化することになる.

b. 残差平方和の増加

帰無仮説のもとでの線形モデル (9.18) 式において, $\mathrm{rank}(Z) = s$ とすれば, 前項までの議論をそのまま適用することができる. (9.12) 式に対応して,

$$Z^T = Z^T Z V \quad (Z = V^T Z^T Z)$$

となる大きさ $(p-q) \times N$ の行列を V とする. 帰無仮説のもとでのモデル平方和と残差平方和を $Q_0(\hat{\boldsymbol{\gamma}}), R_0(\hat{\boldsymbol{\gamma}})$ と表せば, これらは,

$$Q_0(\hat{\boldsymbol{\gamma}}) = \boldsymbol{y}^T Z V \boldsymbol{y}$$
$$R_0(\hat{\boldsymbol{\gamma}}) = \boldsymbol{y}^T (I - ZV) \boldsymbol{y}$$
$$Q_0(\hat{\boldsymbol{\gamma}}) + R_0(\hat{\boldsymbol{\gamma}}) = \boldsymbol{y}^T \boldsymbol{y}$$

で与えられる．ここで，ZV と $I-ZV$ はいずれも対称・べき等行列で，ランクは $\mathrm{rank}(ZV) = s$ と $\mathrm{rank}(I-ZV) = N-s$ である．

帰無仮説として制約を加えることにより，以下に示すように，モデル平方和 $Q_0(\hat{\boldsymbol{\gamma}})$ は減少する．逆に残差平方和 $R_0(\hat{\boldsymbol{\gamma}})$ は増加する．
$$Q_0(\hat{\boldsymbol{\gamma}}) + R_0(\hat{\boldsymbol{\gamma}}) = \boldsymbol{y}^T\boldsymbol{y} = Q(\hat{\boldsymbol{\theta}}) + R(\hat{\boldsymbol{\theta}})$$
の関係により，モデル平方和の減少量と残差平方和の増加量は同じである．残差平方和の増加量 (モデル平方和の減少量) は
$$R_0(\hat{\boldsymbol{\gamma}}) - R(\hat{\boldsymbol{\theta}}) = Q(\hat{\boldsymbol{\theta}}) - Q_0(\hat{\boldsymbol{\gamma}}) = \boldsymbol{y}^T(XW - ZV)\boldsymbol{y} \tag{9.19}$$
で与えられる．ここで，$XW-ZV$ も対称・べき等行列であることが示される．まず，XW と ZV が対称行列であることと，$Z=XK$ に注意して
$$XWZ = (W^T X^T)(XK) = XK = Z$$
$$XW \cdot ZV = ZV$$
$$ZV \cdot XW = V^T Z^T W^T X^T = V^T Z^T = ZV$$
である．したがって，
$$(XW - ZV)(XW - ZV) = (XW)^2 - XW \cdot ZV - ZV \cdot XW + (ZV)^2$$
$$= XW - ZV$$
より，$XW-ZV$ はべき等行列であり，そのランクは
$$\mathrm{rank}(XW - ZV) = \mathrm{trace}(XW - ZV) = \mathrm{trace}(XW) - \mathrm{trace}(ZV)$$
$$= r - s$$
である．

$XW-ZV$ が対称・べき等行列であるから，帰無仮説が成り立つかどうかにかかわらず，$(R_0(\hat{\boldsymbol{\gamma}}) - R(\hat{\boldsymbol{\theta}}))/\sigma^2$ は自由度 $r-s$ の非心 χ^2 分布に従う．非心度 λ は $\boldsymbol{y}$ に期待値 $\mathrm{E}[\boldsymbol{y}] = X\boldsymbol{\theta}$ を代入して
$$\lambda = \frac{\mathrm{E}[\boldsymbol{y}]^T(XW - ZV)\mathrm{E}[\boldsymbol{y}]}{\sigma^2}$$
$$= \frac{\boldsymbol{\theta}^T X^T(XW - ZV)X^T\boldsymbol{\theta}}{\sigma^2}$$
である．帰無仮説のもとでは，$\mathrm{E}[\boldsymbol{y}] = X\boldsymbol{\theta} = XK\boldsymbol{\gamma} = Z\boldsymbol{\gamma}$ より，非心度は
$$\lambda = \frac{\mathrm{E}[\boldsymbol{y}]^T(XW - ZV)\mathrm{E}[\boldsymbol{y}]}{\sigma^2}$$
$$= \frac{\boldsymbol{\gamma}^T Z^T(XW - ZV)Z\boldsymbol{\gamma}}{\sigma^2} = 0$$
となる．すなわち，$(R_0(\hat{\boldsymbol{\gamma}}) - R(\hat{\boldsymbol{\theta}}))/\sigma^2$ は自由度 $r-s$ の中心 χ^2 分布に従う．

c. F 検定

ここまで，帰無仮説のもとでの線形モデル (9.18) 式において，計画行列 $Z = XK$ のランクを $\mathrm{rank}(Z) = s$ として議論を進めてきた．しかし，q 個の線形独立な $l_1, \ldots, l_q$ を用いて (9.16) 式により帰無仮説を考えたときは，

$$s = r - q \quad (r - s = q) \tag{9.20}$$

となる．証明は付録 A.2.2 項に与える．直観的な理解としては，もともとのモデルでは $\mathrm{rank}(X) = r$ であったものが，q 個の条件 $l_i^T \theta = 0$ $(i = 1, \ldots, q)$ を与えることによって自由度が q だけ減り，$\mathrm{rank}(Z) = r - q$ となったと考えることができる．したがって帰無仮説のもとで，$(R_0(\hat{\gamma}) - R(\hat{\theta}))/\sigma^2$ は自由度 $r - s = q$ の χ^2 分布に従う．

残差平方和の増加量 $R_0(\hat{\gamma}) - R(\hat{\theta}) = y^T(XW - ZV)y$ において，平方和を計算する前の線形変換

$$(XW - ZV)y$$

を考える．残差 $(I - XW)y$ との共分散は，$XWZ = Z$ に注意すれば

$$\mathrm{Cov}[(I - XW)y, (XW - ZV)y] = (I - XW)(XW - ZV)\sigma^2$$
$$= (XW - XW - ZV + XWZV)\sigma^2 = O$$

が成り立つ．したがって，残差平方和の増加量 $R_0(\hat{\gamma}) - R(\hat{\theta})$ と残差平方和 $R(\hat{\theta})$ とは独立になる．以上より，帰無仮説のもとで

$$F = \frac{(R_0(\hat{\gamma}) - R(\hat{\theta}))/q}{R(\hat{\theta})/(N - r)} \tag{9.21}$$

は自由度 $(q, N - r)$ の F 分布に従う．

帰無仮説が成り立たない場合は，(9.18) 式のモデルの当てはまりが悪くなるので，残差平方和の増加量が大きくなる．したがって，自由度 $(q, N - r)$ の F 分布の上側 α 点を $F(q, N - r; \alpha)$ として

$$F = \frac{(R_0(\hat{\gamma}) - R(\hat{\theta}))/q}{R(\hat{\theta})/(N - r)} > F(q, N - r; \alpha) \tag{9.22}$$

のときに帰無仮説 H_0 を棄却する．

9.4.3　一元配置完全無作為化法の例

前項の仮説検定の手順を，(9.4) 式の一元配置完全無作為化法データについて確

認する．帰無仮説を設定しないとき，$\mathrm{E}[y_{ij}] = \mu + \alpha_i$ の最小二乗推定量は，9.3.3 項に示したように

$$\hat{\mu} + \hat{\alpha}_i = \bar{y}_{i\cdot}.$$

である．したがって，モデル平方和と残差平方和は

$$Q(\hat{\boldsymbol{\theta}}) = \sum_{i=1}^{a}\sum_{j=1}^{n_i} \bar{y}_{i\cdot}^2 = \sum_{i=1}^{a} n_i\, \bar{y}_{i\cdot}^2.$$

$$R(\hat{\boldsymbol{\theta}}) = \sum_{i=1}^{a}\sum_{j=1}^{n_i} (y_{ij} - \bar{y}_{i\cdot})^2 = \sum_{i=1}^{a}\sum_{j=1}^{n_i} y_{ij}^2 - \sum_{i=1}^{a} n_i\, \bar{y}_{i\cdot}^2.$$

で与えられる．9.3.3 項で示したように，このモデルにおいて $\mathrm{rank}(X^T X) = a$ であるから，残差平方和 $R(\hat{\boldsymbol{\theta}})$ の自由度は $\nu_e = N - a$ である．2.1.8 項では，この残差平方和を誤差平方和として $S_e = R(\hat{\boldsymbol{\theta}})$ と表した．

次に，処理水準間に差がないという帰無仮説

$$H_0\colon\ \alpha_1 = \cdots = \alpha_a$$

を考える．この帰無仮説を推定可能関数を用いて表現する方法は，いくつか考えられる．たとえば，$a - 1$ 個の条件式

(1) $\alpha_i - \alpha_{i+1} = 0$ $(i = 1, \ldots, a-1)$
(2) $\alpha_i - \alpha_a = 0$ $(i = 1, \ldots, a-1)$

のどちらを用いても $\alpha_1 = \cdots = \alpha_a$ を表している．いずれの場合も帰無仮説のもとでのモデルは，

$$y_{ij} = \mu + \alpha + e_{ij} = \xi + e_{ij} \quad (i = 1, \ldots, a; j = 1, \ldots, n_i)$$

と表される．ここで，すべての (i, j) において $\mu + \alpha$ は共通なので，新たに $\mu + \alpha = \xi$ とおく．このモデルにおける ξ の最小二乗推定量は

$$\hat{\xi} = \frac{1}{N} \sum_{i=1}^{a}\sum_{j=1}^{n_i} y_{ij} = \frac{1}{N} T_{\cdot\cdot} = \bar{y}_{\cdot\cdot}.$$

である．したがって，帰無仮説のもとでのモデル平方和と残差平方和は，

$$Q_0(\hat{\xi}) = \sum_{i=1}^{a}\sum_{j=1}^{n_i} \bar{y}_{\cdot\cdot}^2 = N \bar{y}_{\cdot\cdot}^2.$$

$$R_0(\hat{\xi}) = \sum_{i=1}^{a}\sum_{j=1}^{n_i} (y_{ij} - \bar{y}_{\cdot\cdot})^2 = \sum_{i=1}^{a}\sum_{j=1}^{n_i} y_{ij}^2 - N \bar{y}_{\cdot\cdot}^2.$$

となる.残差平方和の増加量を $S_A = R_0(\hat{\xi}) - R(\hat{\boldsymbol{\theta}})$ と表し,処理平方和とよぶことにすれば,S_A は

$$S_A = R_0(\hat{\xi}) - R(\hat{\boldsymbol{\theta}}) = \sum_{i=1}^{a} n_i \bar{y}_{i\cdot}^2 - N\bar{y}_{\cdot\cdot}^2 = \sum_{i=1}^{a} n_i (\bar{y}_{i\cdot} - \bar{y}_{\cdot\cdot})^2$$

と計算される.帰無仮説は $a-1$ 個の制約条件で表されているので,処理平方和 S_A の自由度は $\nu_A = a-1$ である.

以上により,帰無仮説のもとで,F 比

$$F = \frac{S_A/\nu_A}{S_e/\nu_e}$$

は,自由度 (ν_A, ν_e) の F 分布に従う.

帰無仮説が成り立たないときは,S_A/σ^2 は自由度 $\nu_A = a-1$ の非心 χ^2 分布に従う.非心度は,

$$\mathrm{E}[\bar{y}_{i\cdot}] = \mu + \alpha_i = \mu_i$$
$$\mathrm{E}[\bar{y}_{\cdot\cdot}] = \bar{\mu}_{\cdot} \quad \left(\bar{\mu}_{\cdot} = \frac{1}{N}\sum_{i=1}^{a} n_i \mu_i\right)$$

を $\bar{y}_{i\cdot}$ と $\bar{y}_{\cdot\cdot}$ に代入して

$$\lambda = \frac{1}{\sigma^2} \sum_{i=1}^{a} n_i (\mu_i - \bar{\mu}_{\cdot})^2 \tag{9.23}$$

で与えられる.

帰無仮説 $H_0: \alpha_1 = \cdots = \alpha_a$ のもとでの残差平方和 $R_0(\hat{\xi})$ を全体の平方和 S_T とよぶことにすれば,処理平方和 S_A および誤差平方和 S_e とのあいだに

$$R_0(\hat{\xi}) = R_0(\hat{\xi}) - R(\hat{\boldsymbol{\theta}}) + R(\hat{\boldsymbol{\theta}})$$
$$S_T = S_A + S_e$$

という加法関係がなりたつ.第 2 章以降の分散分析の計算においては,この形で平方和の加法性を表現した.

Appendix A

A.1 正規分布および関連する確率分布

本節で，正規分布と正規分布に関連する確率分布の概要を説明する．ただし，証明は省略するので，たとえば本シリーズの『応用をめざす数理統計学』などを参照されたい．

A.1.1 正規分布

確率密度関数が

$$f(y;\mu,\sigma^2) = \frac{1}{\sqrt{2\pi}\,\sigma} \exp\left[-\frac{(y-\mu)^2}{2\,\sigma^2}\right] \tag{A.1}$$

で与えられる確率分布を正規分布という (図 A.1)．

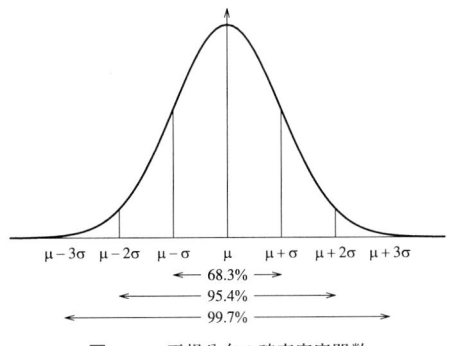

図 **A.1** 正規分布の確率密度関数

正規分布は 2 つのパラメータ μ, σ^2 によって形が決まるため，$N(\mu,\sigma^2)$ と表記される．これらのパラメータは，それぞれ

期待値：$\mu = \mathrm{E}[y]$ （母平均ともよぶ）

母分散：$\sigma^2 = \mathrm{V}[y]$ （標準偏差 $\sigma = \sqrt{\mathrm{V}[x]}$）

を表している．

【注】 本書では，確率変数 y の期待値を E$[y]$ で表し，母分散を V$[y]$ で表す．また，状況から明らかな場合は，母平均・母分散の「母」を省略し，単に平均・分散と表記することもある．

確率変数が特定の分布に従うことを "∼" の記号で表す．たとえば，確率変数 y が正規分布 $N(\mu, \sigma^2)$ に従うことを，$y \sim N(\mu, \sigma^2)$ と表記する．

標準正規分布

確率変数 y から平均 μ を引き，標準偏差 σ で割ること，すなわち

$$u = \frac{y - \mu}{\sigma} \tag{A.2}$$

と変換することを**標準化** (standardization) という．$y \sim N(\mu, \sigma^2)$ のとき，u の分布は，平均 0，分散 1 の正規分布 $N(0,1)$

$$\phi(u) = \frac{1}{\sqrt{2\pi}} \exp\left(-\frac{u^2}{2}\right)$$

となる．$N(0,1)$ を**標準正規分布**という．

線形結合の分布

$y_1, \ldots, y_n$ が互いに独立に正規分布に従うとき，線形結合

$$x = c_1 y_1 + \cdots + c_n y_n$$

も正規分布に従い，その期待値と分散は

$$\mathrm{E}[x] = c_1 \mathrm{E}[y_1] + \cdots + c_n \mathrm{E}[y_n]$$
$$\mathrm{V}[x] = c_1^2 \mathrm{V}[y_1] + \cdots + c_n^2 \mathrm{V}[y_n]$$

である．また，別の線形結合 $z = d_1 y_1 + \cdots + d_n y_n$ との共分散は

$$\mathrm{Cov}[x, z] = \mathrm{E}[(x - \mathrm{E}[x])(z - \mathrm{E}[z])]$$
$$= c_1 d_1 \mathrm{V}[y_1] + \cdots + c_n d_n \mathrm{V}[y_n]$$

で与えられる．

標本平均の分布

$y_1, \ldots, y_n$ が互いに独立に同一の正規分布 $N(\mu, \sigma^2)$ に従うとき，標本平均

$$\bar{y}_{\cdot} = \frac{1}{n} \sum_{i=1}^{n} y_i$$

は，平均 $\mathrm{E}[\bar{y}_{\cdot}] = \mu$，分散 $\mathrm{V}[\bar{y}_{\cdot}] = \sigma^2/n$ の正規分布

$$\bar{y}. \sim N\left(\mu, \frac{\sigma^2}{n}\right)$$

に従う．$\bar{y}.$ の分散が $1/n$ になることに注意が必要である．したがって，標本平均 $\bar{y}.$ を標準化するときには，$\sigma/\sqrt{n}$ で割り，

$$u = \frac{\bar{y}. - \mu}{\sigma/\sqrt{n}} \sim N(0, 1)$$

となる．

中心極限定理

確率変数 $x_1, \ldots, x_n$ が互いに独立に，平均 μ，分散 σ^2 の分布に従うとする．個々の確率変数 x_i の分布は正規分布でなくてもよい．このとき，標本平均 $\bar{x}.$ の分布は，$n \to \infty$ のとき，正規分布に近づく．すなわち，

$$\frac{\bar{x}. - \mu}{\sigma/\sqrt{n}} \longrightarrow N(0, 1)$$

が成り立つ．このことを中心極限定理 (central limit theorem) という．

図 A.3 と図 A.4 に，それぞれ 2 個と 5 個のサイコロを振った場合の目の平均の確率分布を示す．すでに $n = 5$ 個の平均の分布が正規分布に近づいていることが分かる．

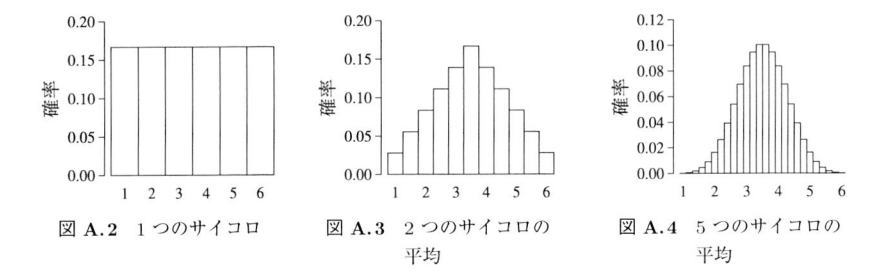

図 **A.2** 1つのサイコロ

図 **A.3** 2つのサイコロの平均

図 **A.4** 5つのサイコロの平均

この中心極限定理により，測定値が正規分布に従わない場合でも，分散分析において正規分布を仮定した検定の結論が大きく外れることはない．

A.1.2　χ^2 分布

ν 個の $u_1, \ldots, u_\nu$ が互いに独立に標準正規分布 $N(0,1)$ に従うとき，その平方和

$$\chi^2 = u_1^2 + \cdots + u_\nu^2 \tag{A.3}$$

の分布を自由度 ν の χ^2 分布 (カイ 2 乗分布) とよび，$\chi^2(\nu)$ と表す．

【注】　自由度を表す文字 ν は，アルファベットの n に対応するギリシャ文字であり，「ニュー」と読む．自由度は文献によって，$df, f, \phi, \ldots$ など様々な記号が使わ

れることがある.

χ^2 分布の期待値 (母平均) と母分散は,
$$\mathrm{E}[\chi^2] = \nu$$
$$\mathrm{V}[\chi^2] = 2\nu$$
である.

独立な χ^2 分布の和の分布

2つの独立な確率変数 χ_1^2 と χ_2^2 が, それぞれ $\chi^2(\nu_1)$ と $\chi^2(\nu_2)$ に従うとき, その和 $\chi_1^2 + \chi_2^2$ は自由度 $\nu_1 + \nu_2$ の χ^2 分布
$$\chi_1^2 + \chi_2^2 \sim \chi^2(\nu_1 + \nu_2)$$
に従う.

平方和と標本分散の分布

$y_1, \ldots, y_n$ が互いに独立に同一の正規分布 $N(\mu, \sigma^2)$ に従うとき, 平方和
$$S = \sum_{i=1}^{n}(y_i - \bar{y}.)^2$$
に関して,
$$\frac{S}{\sigma^2} = \sum_{i=1}^{n}\left(\frac{y_i - \bar{y}.}{\sigma}\right)^2 \sim \chi^2(n-1)$$
である ($S \sim \sigma^2 \chi^2(n-1)$ と表すこともある). したがって,
$$\mathrm{E}\left[\frac{S}{\sigma^2}\right] = n-1, \quad \mathrm{E}\left[\frac{S}{n-1}\right] = \sigma^2$$
が成り立つ. 平方和 S を自由度 $n-1$ で割った標本分散
$$V = \frac{S}{n-1} \sim \frac{\sigma^2}{n-1}\chi^2(n-1)$$
の期待値は
$$\mathrm{E}[V] = \mathrm{E}\left[\frac{S}{n-1}\right] = \sigma^2$$
である. このことにより, 標本分散 V は不偏分散ともよばれる. また, 母分散 σ^2 の推定に使われるので,
$$\hat{\sigma}^2 = V = \frac{S}{n-1} = \frac{1}{n-1}\sum_{i=1}^{n}(y_i - \bar{y}.)^2$$
と表されることもある.

Satterthwaite の近似法

2つの独立な確率変数 χ_1^2 と χ_2^2 が，それぞれ $\chi^2(\nu_1)$ と $\chi^2(\nu_2)$ に従うとき，線形結合 $c_1 \chi_1^2 + c_2 \chi_2^2$ $(c_1 > 0, c_2 > 0)$ は特別な場合を除いて χ^2 分布には従わない．しかしその分布は χ^2 分布と似ているので，自由度 ν の χ^2 分布に従う確率変数の c 倍として

$$c\chi^2 = c_1 \chi_1^2 + c_2 \chi_2^2$$

と近似する．c と ν を決めるため，両辺の期待値と分散を等しくする．すなわち

$$\mathrm{E}[c\chi^2] = c\nu = \mathrm{E}[c_1 \chi_1^2 + c_2 \chi_2^2] = c_1 \nu_1 + c_2 \nu_2$$
$$\mathrm{V}[c\chi^2] = 2c^2 \nu = \mathrm{V}[c_1 \chi_1^2 + c_2 \chi_2^2] = 2c_1^2 \nu_1 + 2c_2^2 \nu_2$$

とおく．この2つの式を解いて

$$c = \frac{c_1^2 \nu_1 + c_2^2 \nu_2}{c_1 \nu_1 + c_2 \nu_2} \tag{A.4}$$

$$\nu = \frac{(c_1 \nu_1 + c_2 \nu_2)^2}{c_1^2 \nu_1 + c_2^2 \nu_2} \tag{A.5}$$

が得られる．

次に2つの分散 σ_1^2 と σ_2^2 に対して，不偏分散 V_1 と V_2 が与えられているとする．この不偏分散の線形結合 $d_1 V_1 + d_2 V_2$ の近似を考える．

$$V_1 \sim \frac{\sigma_1^2}{\nu_1}\chi^2(\nu_1), \quad V_2 \sim \frac{\sigma_2^2}{\nu_2}\chi^2(\nu_2)$$

であるから，$d_1 V_1 + d_2 V_2$ を χ^2 分布で近似したときの自由度は

$$c_1 = \frac{d_1 \sigma_1^2}{\nu_1}, \quad c_2 = \frac{d_2 \sigma_2^2}{\nu_2}$$

を (A.5) 式に代入して

$$\nu = \frac{(d_1 \sigma_1^2 + d_2 \sigma_2^2)^2}{(d_1 \sigma_1^2)^2/\nu_1 + (d_2 \sigma_2^2)^2/\nu_2}$$

で与えられる．σ_1^2 と σ_2^2 が未知の場合は，不偏分散 V_1 と V_2 を代入して

$$\nu^* = \frac{(d_1 V_1 + d_2 V_2)^2}{(d_1 V_1)^2/\nu_1 + (d_2 V_2)^2/\nu_2}$$

が用いられる．この方法を Satterthwaite (サタスウェイト) の近似法という．

A.1.3 t 分布

u が標準正規分布 $N(0,1)$ に従い，χ^2 が u とは独立に自由度 ν の χ^2 分布 $\chi^2(\nu)$ に従うとき，

$$t = \frac{u}{\sqrt{\chi^2/\nu}} \tag{A.6}$$

の分布を自由度 ν の t 分布とよび，$t(\nu)$ で表す．

統計数値表では，特定の α に対して，

$$\Pr\{t > t(\nu;\alpha)\} = \alpha$$

となる $t(\nu;\alpha)$ の値 (上側 α 点) が与えられている．$t(\nu;\alpha)$ の値は，自由度 ν に依存する．

【注】 文献によっては，両側の確率が α となる点，すなわち

$$\Pr\{|t| > t'(\nu;\alpha)\} = \alpha$$

となるような $t'(\nu;\alpha)$ の値 (両側 α 点) を与えている場合があるので，t 分布の統計数値表を見るときは注意が必要である (すなわち，$t(\nu;\alpha) = t'(\nu;2\alpha)$ である)．

独立な正規確率変数 $y_1,\ldots,y_n \sim N(\mu,\sigma^2)$ の標本平均 $\bar{y}.$ について，標準化を行うと

$$u = \frac{\bar{y}. - \mu}{\sigma/\sqrt{n}} \sim N(0,1)$$

が得られる．未知の母標準偏差 σ を，推定値 $\hat{\sigma} = \sqrt{V}$ で置き換えると

$$t = \frac{\bar{y}. - \mu}{\hat{\sigma}/\sqrt{n}} = \frac{\frac{\bar{y}. - \mu}{\sigma/\sqrt{n}}}{\hat{\sigma}/\sigma} = \frac{u}{\sqrt{\chi^2/(n-1)}} \sim t(n-1)$$

が成り立つ．

A.1.4　F 分布

χ_1^2 と χ_2^2 が互いに独立に 2 つの χ^2 分布 $\chi^2(\nu_1)$ と $\chi^2(\nu_2)$ に従うとき，

$$F = \frac{\chi_1^2/\nu_1}{\chi_2^2/\nu_2} \tag{A.7}$$

の分布を自由度 (ν_1,ν_2) の F 分布とよび，$F(\nu_1,\nu_2)$ で表す．

統計数値表では，特定の α に対して，

$$\Pr\{F > F(\nu_1,\nu_2;\alpha)\} = \alpha$$

となる $F(\nu_1,\nu_2;\alpha)$ の値 (上側 α 点) が与えられている．$F(\nu_1,\nu_2;\alpha)$ の値は，自由度 (ν_1,ν_2) に依存する．図 A.5 に自由度 $(\nu_1,\nu_2) = (10,20)$ の F 分布の確率密度関数を示す．

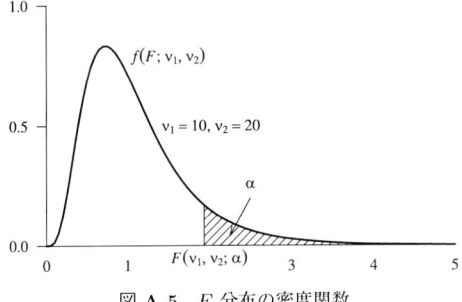

図 **A.5** F 分布の密度関数

標本分散の比の分布

$x_1, \ldots, x_n$ が互いに独立に $N(\mu_x, \sigma_x^2)$ に従い, $y_1, \ldots, y_m$ が互いに独立に $N(\mu_y, \sigma_y^2)$ に従うものとする. それぞれの標本分散を V_x, V_y とすると, A.1.2 項に示したように

$$V_x = \frac{S_x}{n-1} = \frac{1}{n-1}\sum_{i=1}^{n}(x_i - \bar{x}.)^2 \sim \sigma_x^2 \frac{\chi^2(n-1)}{n-1}$$

$$V_y = \frac{S_y}{m-1} = \frac{1}{m-1}\sum_{i=1}^{m}(y_i - \bar{y}.)^2 \sim \sigma_y^2 \frac{\chi^2(m-1)}{m-1}$$

である. したがって, 2つの母集団の母分散が等しいとき ($\sigma_x^2 = \sigma_y^2 = \sigma^2$ のとき), 標本分散の比 $F = V_x/V_y$ を計算すると, 分子と分母の σ^2 がキャンセルし

$$F = \frac{V_x}{V_y} = \frac{\frac{S_x}{\sigma^2 (n-1)}}{\frac{S_y}{\sigma^2 (m-1)}} = \frac{\frac{\chi^2(n-1)}{(n-1)}}{\frac{\chi^2(m-1)}{(m-1)}} \sim F(n-1, m-1)$$

は, 自由度 $\nu_1 = n-1, \nu_2 = m-1$ の F 分布に従う.

A.1.5 べき等行列と 2 次形式

本項は, 第 9 章 (線形モデルと最小二乗法) を学習するまでは読み飛ばしてもよい.

非心 χ^2 分布と非心 F 分布

$w_1, \ldots, w_\nu$ が互いに独立に $N(\mu_i, 1)$ $(i = 1, \ldots, \nu)$ の正規分布に従うとき,

$$\chi'^2 = w_1^2 + \cdots + w_\nu^2$$

の分布を自由度 ν の非心 χ^2 分布とよび, $\chi^2(\nu, \lambda)$ で表す. ここで,

$$\lambda = \mu_1^2 + \cdots + \mu_\nu^2$$

は非心度とよばれる. $E[w_i^2] = V[w_i] + E[w_i]^2 = 1 + \mu_i^2$ であるから, χ'^2 の期待値は

$$E[\chi'^2] = \sum_{i=1}^{\nu} E[w_i^2] = \sum_{i=1}^{\nu}(1 + \mu_i^2) = \nu + \lambda \tag{A.8}$$

である.

非心度が 0 のとき ($\lambda = 0$ のとき), $\chi^2(\nu, 0)$ は (A.3) 式で定義した通常の χ^2 分布となる. $\chi^2(\nu, 0)$ を特に中心 χ^2 分布とよぶこともある.

$y_1, \ldots, y_\nu$ が互いに独立に共通の分散 σ^2 をもつ正規分布 $N(\mu_i, \sigma^2)$ ($i = 1, \ldots, \nu$) に従うときは,

$$\chi'^2 = \frac{1}{\sigma^2} \sum_{i=1}^{\nu} y_i^2 \sim \chi^2\left(\nu, \frac{1}{\sigma^2} \sum_{i=1}^{\nu} \mu_i^2\right)$$

が成り立つ.

$\chi_1'^2$ が非心 χ^2 分布 $\chi^2(\nu_1, \lambda)$ に従い, χ_2^2 が $\chi_1'^2$ とは独立に中心 χ^2 分布 $\chi^2(\nu_2)$ に従うとき,

$$F = \frac{\chi_1'^2 / \nu_1}{\chi_2^2 / \nu_2}$$

の分布を自由度 (ν_1, ν_2) の非心 F 分布とよび, $F(\nu_1, \nu_2, \lambda)$ で表す. 非心 F 分布の非心度 λ は, 分子の非心 χ^2 分布の非心度である.

べき等行列による二次形式

$y_1, \ldots, y_n$ を互いに独立に正規分布 $N(\mu_i, \sigma^2)$ ($i = 1, \ldots, n$) に従う確率変数とする. ベクトル

$$\boldsymbol{y} = (y_1, \ldots, y_n)^T, \quad \boldsymbol{\mu} = (\mu_1, \ldots, \mu_n)^T$$

を用いると,

$$\boldsymbol{y} \sim N(\boldsymbol{\mu}, \sigma^2 I_n)$$
$$\mathrm{E}[\boldsymbol{y}] = \boldsymbol{\mu}, \quad \mathrm{V}[\boldsymbol{y}] = \sigma^2 I_n$$

と表される.

【注】 上付きの添え字 "T" は行列やベクトルの転置を表す. I_n は大きさ n の単位行列である. 行列の大きさが明らかな場合は, 単に I と表記することもある. 記号 $\mathrm{V}[\cdot]$ は, ベクトルを引数とするときは, 分散共分散行列を表す.

$n \times n$ 対称行列 A に対して,

$$Q = \boldsymbol{y}^T A \boldsymbol{y} = \sum_{i=1}^{n} \sum_{j=1}^{n} a_{ij} y_i y_j \tag{A.9}$$

で計算される統計量を $\boldsymbol{y}$ の二次形式 (quadratic form) とよぶ.

さらに, 行列 A がべき等行列 $A^2 = A$ であるとする. A.2.1 項で示すように, 行列 A の固有値は 1 か 0 であり, ランクを $\mathrm{rank}(A) = r$ とすると, 直交行列 $PP^T = P^T P = I$

を用いて
$$PAP^T = \Lambda = \begin{pmatrix} I_r & O \\ O & O \end{pmatrix}$$

と対角化することができる．ここで，新たにベクトル $z = Py$ を考えれば，
$$\mathrm{E}[z] = P\mu, \quad \mathrm{V}[z] = \sigma^2 PP^T = \sigma^2 I_n$$

より，z の各要素は互いに独立である．z を用いれば，(A.9) 式の二次形式は
$$Q = y^T P^T PAP^T Py = z^T \Lambda z = z^T \begin{pmatrix} I_r & O \\ O & O \end{pmatrix} z$$
$$= z_1^2 + \cdots + z_r^2$$

と表される．すなわち，Q/σ^2 は自由度 r の非心 χ^2 分布に従う．非心度は，
$$\lambda = \frac{1}{\sigma^2}(\mathrm{E}[z_1]^2 + \cdots + \mathrm{E}[z_r]^2) = \frac{1}{\sigma^2}\mathrm{E}[z]^T \begin{pmatrix} I_r & O \\ O & O \end{pmatrix} \mathrm{E}[z]$$
$$= \frac{1}{\sigma^2}\mu^T P^T \Lambda P\mu = \frac{1}{\sigma^2}\mu^T A\mu$$

で与えられる．すなわち，$Q/\sigma^2 = y^T Ay/\sigma^2$ の確率変数ベクトル y に期待値 $\mathrm{E}[y] = \mu$ を代入すれば非心度が得られる．したがって，$A\mu = \mathbf{0}$ のときは非心度 $\lambda = 0$ となり，Q/σ^2 は中心 χ^2 分布に従う．

B を別の対称・べき等行列で，
$$AB = O$$

とする．二次形式を計算する前の Ay と By を考えれば，その共分散行列は
$$\mathrm{Cov}[Ay, By] = \sigma^2 AB^T = \sigma^2 AB = O$$

であり，Ay と By とは独立となる (正規分布では，2 つのベクトルの共分散行列が 0 であれば，その 2 つのベクトルは独立である)．したがって，2 つの二次形式 $y^T Ay$ と $y^T By$ も独立になる．

A.2　数式に関する補遺

A.2.1　最小二乗法と線形代数

本項では，特に最小二乗法 (第 9 章) の理論において必要となる行列の性質に関して，通常の教科書では扱われていない事項について説明する．線形代数学の基本的な性質に

関しては，たとえば，永田 (2005) などを参照されたい．

本項と第 9 章の最小二乗法の理論においては，長方形の行列とその転置行列に関する演算が頻出する．たとえば，L と U を $p \times r$ 行列，X を $n \times p$ 行列とすると，$L = X^T X U$ のような式が登場する．このとき，

$$\boxed{L}_{p \times r} = \boxed{X^T}_{p \times n} \boxed{X}_{n \times p} \boxed{U}_{p \times r}$$

のように，行列の大きさを確かめながら式の変形を確認すると理解が容易になる．

$\mathrm{rank}(X^T X) = \mathrm{rank}(X^T)$ の証明

X を大きさ $n \times p$ の任意の行列とし，その転置行列を X^T とする．一般に，2 つの行列 A, B に対して $\mathrm{rank}(AB) \leq \mathrm{rank}(A)$ であるから，

$$\mathrm{rank}(X^T X) \leq \mathrm{rank}(X^T) \tag{A.10}$$

である．次に $r = \mathrm{rank}(X^T) = \mathrm{rank}(X)$ とすると，$r \times r$ の正則行列 A を用いて，

$$X = \begin{pmatrix} A_{r \times r} & C_{r \times (p-r)} \\ B_{(n-r) \times r} & D_{(n-r) \times (p-r)} \end{pmatrix}$$

と表すことができる (実際には，X の r 個の行 $(i_1, \ldots, i_r)$ と，r 個の列 $(j_1, \ldots, j_r)$ を選んで正則行列 A を構成することができる．ここでは議論を簡潔にするため，左上の r 行，r 列が正則であるとする)．そうすると，$X^T X$ は

$$X^T X = \begin{pmatrix} A^T & B^T \\ C^T & D^T \end{pmatrix} \begin{pmatrix} A & C \\ B & D \end{pmatrix} = \begin{pmatrix} A^T A + B^T B & A^T C + B^T D \\ C^T A + D^T B & C^T C + D^T D \end{pmatrix}$$

と表される．ここで，$r \times r$ 行列 $A^T A + B^T B$ は正則である．なぜなら，r 次元ベクトル $\boldsymbol{c}$ に対して，$(A^T A + B^T B)\boldsymbol{c} = \boldsymbol{0}$ とすると

$$0 = \boldsymbol{c}^T (A^T A + B^T B)\boldsymbol{c} = \boldsymbol{c}^T A^T A \boldsymbol{c} + \boldsymbol{c}^T B^T B \boldsymbol{c}$$

となる．第 1 項，第 2 項ともに非負であるから両項ともに 0 である．

$$0 = \boldsymbol{c}^T A^T A \boldsymbol{c} = (A\boldsymbol{c})^T A \boldsymbol{c}$$

より，$A\boldsymbol{c} = 0$ である．A は正則行列であるから $\boldsymbol{c} = \boldsymbol{0}$ でなければならない．したがって，$(A^T A + B^T B)\boldsymbol{c} = \boldsymbol{0}$ が $\boldsymbol{c} = \boldsymbol{0}$ を意味するから，$A^T A + B^T B$ は正則である．$X^T X$ が正則な $r \times r$ の部分行列をもつので，

$$\mathrm{rank}(X^T X) \geq r = \mathrm{rank}(X^T) = \mathrm{rank}(X)$$

である．(A.10) 式と組み合わせることにより，

$$\mathrm{rank}(X^T X) = \mathrm{rank}(X^T) = \mathrm{rank}(X) \tag{A.11}$$

が得られる.

$(X^T)^T = X$ であるから,
$$\mathrm{rank}(XX^T) = \mathrm{rank}(X) = \mathrm{rank}(X^T) = \mathrm{rank}(X^T X)$$

も成り立つ. □

(A.11) 式の応用として，次の行列を考える．A を $n \times r$ 行列 $(r \leq n)$ で $\mathrm{rank}(A) = r$ とする．すなわち，A の r 個の列ベクトルが線形独立であるとする．このとき，
$$\mathrm{rank}(A^T A) = \mathrm{rank}(A) = r$$

であり，$A^T A$ は $r \times r$ 行列であるから $A^T A$ は正則行列となる．したがって，逆行列 $(A^T A)^{-1}$ が存在する．

線形空間 $\mathcal{M}(X^T X)$

$n \times m$ 行列 $A = (\boldsymbol{a}_1, \ldots, \boldsymbol{a}_m)$ の列ベクトルの線形結合の全体
$$\mathcal{M}(A) = \{\boldsymbol{x} : \boldsymbol{x} = c_1 \boldsymbol{a}_1 + \cdots + c_m \boldsymbol{a}_m\}$$

を行列 A の列ベクトル $\boldsymbol{a}_1, \ldots, \boldsymbol{a}_m$ の張る空間という．単に行列 A の張る空間ということもある．$\mathcal{M}(A)$ は線形空間である．すなわち，
$$\boldsymbol{x} \in \mathcal{M}(A),\ \boldsymbol{y} \in \mathcal{M}(A) \Longrightarrow c\boldsymbol{x} + d\boldsymbol{y} \in \mathcal{M}(A)$$

が成り立つ.

行列 A のランクを r とすれば，r 個の線形独立な列ベクトル $\boldsymbol{a}_{i_1}, \ldots, \boldsymbol{a}_{i_r}$ が存在し，A の他の列ベクトルは，この線形独立な列ベクトルの線形結合で表される．したがって，$\mathcal{M}(A)$ の任意の要素も $\boldsymbol{a}_{i_1}, \ldots, \boldsymbol{a}_{i_r}$ の線形結合で表される．すなわち，$\boldsymbol{a}_{i_1}, \ldots, \boldsymbol{a}_{i_r}$ は線形空間 $\mathcal{M}(A)$ の基底である．したがって，$\mathcal{M}(A)$ の次元を $\dim \mathcal{M}(A)$ と表すと
$$\dim \mathcal{M}(A) = \mathrm{rank}(A) = r \tag{A.12}$$

が成り立つ．

最小二乗法の理論では，行列 $X^T X$ の張る空間 $\mathcal{M}(X^T X)$ を考えることが多い．一般に 2 つの行列 A, B に関して
$$\mathcal{M}(AB) \subset \mathcal{M}(A)$$

であるから
$$\mathcal{M}(X^T X) \subset \mathcal{M}(X^T)$$

である．ここで，(A.11) 式と (A.12) 式より，
$$\dim \mathcal{M}(X^T X) = \dim \mathcal{M}(X^T)$$

が成り立つ．したがって，
$$\mathcal{M}(X^T X) = \mathcal{M}(X^T) \tag{A.13}$$

が得られる.

直交補空間

$n \times m$ 行列 A のランクを $\mathrm{rank}(A) = r$ とする. 最初の r 列 $\boldsymbol{a}_1, \ldots, \boldsymbol{a}_r$ が線形独立であるとして, $n \times r$ 行列 A_1 を

$$A_1 = (\boldsymbol{a}_1, \ldots, \boldsymbol{a}_r)$$

とすると,

$$\mathcal{M}(A) = \mathcal{M}(A_1)$$

である. $\mathcal{M}(A)$ の任意のベクトルと直交するベクトルの全体

$$\mathcal{M}(A)^\perp = \{\boldsymbol{x}:\ \boldsymbol{u}^T \boldsymbol{x} = 0, \quad \boldsymbol{u} \in \mathcal{M}(A)\}$$

を $\mathcal{M}(A)$ の直交補空間とよぶ. $\mathcal{M}(A)^\perp$ は線形空間である. すなわち,

$$\boldsymbol{x} \in \mathcal{M}(A)^\perp, \quad \boldsymbol{y} \in \mathcal{M}(A)^\perp \Longrightarrow c\boldsymbol{x} + d\boldsymbol{y} \in \mathcal{M}(A)^\perp$$

が成り立つ.

次に具体的に $\mathcal{M}(A)^\perp$ を構成する. $\boldsymbol{a}_1, \ldots, \boldsymbol{a}_r$ に $n-r$ 個の列ベクトル $\boldsymbol{a}_{r+1}, \ldots, \boldsymbol{a}_n$ を付け加え, $\boldsymbol{a}_1, \ldots, \boldsymbol{a}_n$ が線形独立であるようにすることができる. $n \times (n-r)$ 行列 A_2 を

$$A_2 = (\boldsymbol{a}_{r+1}, \ldots, \boldsymbol{a}_n)$$

とすれば, $n \times n$ 行列 (A_1, A_2) は正則である. さらに, $n \times (n-r)$ 行列 B を

$$B = A_2 - A_1(A_1^T A_1)^{-1} A_1^T A_2$$

と定義すれば,

$$A_1^T B = O$$

が成り立つ. ここで, B の各列は線形独立である. なぜなら, $B\boldsymbol{c} = \boldsymbol{0}$ とすると

$$\boldsymbol{0} = B\boldsymbol{c} = A_2 \boldsymbol{c} - A_1 \boldsymbol{d} \quad (\boldsymbol{d} = (A_1^T A_1)^{-1} A_1^T A_2 \boldsymbol{c})$$

において, (A_1, A_2) の各列が線形独立であるから, $\boldsymbol{c} = \boldsymbol{0}, \boldsymbol{d} = \boldsymbol{0}$ でなければならないからである. また, $n \times n$ 行列 (A_1, B) の各列が線形独立であること, すなわち (A_1, B) が正則であることも同様にして確かめられる.

$A_1^T B = O$ であるから, $\mathcal{M}(B)$ の各要素は, $\mathcal{M}(A_1) = \mathcal{M}(A)$ の任意の要素と直交する. したがって,

$$\mathcal{M}(B) \subset \mathcal{M}(A)^\perp$$

である. 逆に $\boldsymbol{x} \in \mathcal{M}(A)^\perp$ とする. (A_1, B) が正則であるので, 任意の n 次元ベクト

ル x は
$$x = A_1 c + Bd$$
と表すことができる．$x \in \mathcal{M}(A)^\perp$ であるから，
$$0 = A_1^T x = A_1^T A_1 c + A_1^T B d = A_1^T A_1 c$$
より，$c = 0$ であることがいえる．すなわち，$x = Bd \in \mathcal{M}(B)$ より，
$$\mathcal{M}(A)^\perp \subset \mathcal{M}(B)$$
である．したがって，
$$\mathcal{M}(A)^\perp = \mathcal{M}(B)$$
$$\dim \mathcal{M}(A)^\perp = \dim \mathcal{M}(B) = \mathrm{rank}(B) = n - r$$
が成り立つ．

べき等行列

一般に，A を $n \times n$ の対称行列とすると，$P^T P = P P^T = I$ を満たす直交行列 P を用いて，
$$PAP^T = \Lambda = \begin{pmatrix} \lambda_1 & & O \\ & \ddots & \\ O & & \lambda_n \end{pmatrix}, \quad A = P^T \Lambda P$$
と対角化できる．$\lambda_i \ (i = 1, \ldots, n)$ は行列 A の固有値である．正方行列 A が
$$A^2 = A$$
を満たすとき，A をべき等行列 (idempotent matrix) とよぶ．べき等行列は，対称行列でなくても定義することができる．しかし，最小二乗法の理論で使われるのは対称なべき等行列なので，ここでも対称行列について考える．対称なべき等行列では
$$\Lambda^2 = PAP^T PAP^T = PA^2 P^T = PAP^T = \Lambda$$
より，各固有値に関して $\lambda_i^2 = \lambda_i \ (i = 1, \ldots, n)$ が成り立つ．すなわち，対称・べき等行列のすべての固有値は 0 または 1 である．固有値 $\lambda_i = 1$ の数 (0 以外の固有値の数) を r とすると，
$$\mathrm{rank}(A) = \mathrm{rank}(\Lambda) = r$$
である．また，トレース (対角要素の和) を $\mathrm{tr}(A)$ と表すと，
$$\mathrm{tr}(A) = \mathrm{tr}(AP^T P) = \mathrm{tr}(PAP^T) = \mathrm{tr}(\Lambda) = r = \mathrm{rank}(A)$$
が成り立つ．すなわち，対称・べき等行列のランクはトレースに等しい．

A を対称・べき等行列とすると，$I - A$ も対称・べき等行列であり，
$$(I - A)(I - A) = I - A - A + A^2 = I - A$$
$$\mathrm{rank}(I - A) = \mathrm{tr}(I - A) = \mathrm{tr}(I) - \mathrm{tr}(A) = n - r$$
が成り立つ．

A.2.2 数式の証明

本項では，本文の数式に関して証明の過程が長くなり議論の展開が妨げられる恐れのあるものをまとめた．高度な数学が使われているわけではなく，数式変形が繰り返されているために複雑に見えるだけなので，統計手法を学習中の読者の方は演習問題として取り組んでいただきたい．

完全無作為化法における平方和の加法性 (2.1.3 項, p. 31)

$$\sum_{i=1}^{a}\sum_{j=1}^{n}(y_{ij}-\bar{y}_{..})^2 = \sum_{i=1}^{a}\sum_{j=1}^{n}(y_{ij}-\bar{y}_{i.}+\bar{y}_{i.}-\bar{y}_{..})^2$$

$$= \sum_{i=1}^{a}\sum_{j=1}^{n}(y_{ij}-\bar{y}_{i.})^2 + \sum_{i=1}^{a}\sum_{j=1}^{n}(\bar{y}_{i.}-\bar{y}_{..})^2$$

$$+ 2\sum_{i=1}^{a}\sum_{j=1}^{n}(y_{ij}-\bar{y}_{i.})(\bar{y}_{i.}-\bar{y}_{..})$$

$$= \sum_{i=1}^{a}\sum_{j=1}^{n}(y_{ij}-\bar{y}_{i.})^2 + n\sum_{i=1}^{a}(\bar{y}_{i.}-\bar{y}_{..})^2$$

ここで，$\bar{y}_{i.} - \bar{y}_{..}$ は添え字 j に関しては定数なので，

$$\sum_{j=1}^{n}(y_{ij}-\bar{y}_{i.})(\bar{y}_{i.}-\bar{y}_{..}) = (\bar{y}_{i.}-\bar{y}_{..})\sum_{j=1}^{n}(y_{ij}-\bar{y}_{i.})$$

$$= (\bar{y}_{i.}-\bar{y}_{..})(T_i - n\bar{y}_{i.}) = 0$$

の関係を利用している．

平方和の期待値 (2.1.5 項, p. 33)

一般に，任意の確率変数 x に関して

$$V[x] = E[x^2] - E[x]^2, \quad E[x^2] = V[x] + E[x]^2$$

が成り立つ．次に，平方和に現れる確率変数については，

$$y_{ij} \sim N(\mu_i, \sigma^2), \quad \bar{y}_{i.} \sim N\left(\mu_i, \frac{\sigma^2}{n}\right), \quad \bar{y}_{..} \sim N\left(\mu, \frac{\sigma^2}{an}\right)$$

である．したがって，処理平方和 S_A については

$$E[S_A] = E\left[n\sum_{i=1}^{a}(\bar{y}_{i.}-\bar{y}_{..})^2\right] = E\left[n\sum_{i=1}^{a}\bar{y}_{i.}^2 - an\bar{y}_{..}^2\right]$$

$$= n\sum_{i=1}^{a}\left(\frac{\sigma^2}{n}+\mu_i^2\right) - an\left(\frac{\sigma^2}{an}+\mu^2\right) = a\sigma^2 - \sigma^2 + n\sum_{i=1}^{a}\mu_i^2 - an\mu^2$$

$$= (a-1)\sigma^2 + n\sum_{i=1}^{a}(\mu_i-\mu)^2 = (a-1)\sigma^2 + n\sum_{i=1}^{a}\alpha_i^2$$

となる．残差平方和 S_e については，特定の第 i 水準について考えると

$$\sum_{j=1}^{n}(y_{ij}-\bar{y}_{i.})^2 = \sum_{j=1}^{n} y_{ij}^2 - n\bar{y}_{i.}^2.$$

であるから

$$\begin{aligned}
\mathrm{E}[S_e] &= \mathrm{E}\Big[\sum_{i=1}^{a}\sum_{j=1}^{n}(y_{ij}-\bar{y}_{i.})^2\Big] = \sum_{i=1}^{a}\mathrm{E}\Big[\sum_{j=1}^{n} y_{ij}^2 - n\bar{y}_{i.}^2\Big] \\
&= \sum_{i=1}^{a}\Big[\sum_{j=1}^{n}(\sigma^2+\mu_i^2) - n\Big(\frac{\sigma^2}{n}+\mu_i^2\Big)\Big] \\
&= \sum_{i=1}^{a}(n\,\sigma^2 - \sigma^2 + n\,\mu_i^2 - n\,\mu_i^2) = a(n-1)\sigma^2
\end{aligned}$$

が得られる．

平方和の期待値の別証

9.4.3 項では，線形モデルを利用してアンバランストな一元配置完全無作為化法の平方和の分布を与えている．S_A/σ^2 は帰無仮説を仮定しないとき，自由度 $\nu_A = a-1$ の非心 χ^2 分布に従い，非心度は (9.23) 式に与えられている．反復数が等しい場合 $(n_i \equiv n)$ の非心度は

$$\lambda = \frac{n}{\sigma^2}\sum_{i=1}^{a}(\mu_i-\mu)^2$$

である．非心 χ^2 分布に従う確率変数の期待値 (A.8) 式より，

$$\mathrm{E}\Big[\frac{S_A}{\sigma^2}\Big] = \nu_A + \lambda = (a-1) + \frac{n}{\sigma^2}\sum_{i=1}^{a}(\mu_i-\mu)^2$$

が得られる．S_e/σ^2 は，母平均 μ_i の値にかかわらず常に自由度 $\nu_e = an-a = a(n-1)$ の χ^2 分布に従う．したがって，

$$\mathrm{E}\Big[\frac{S_e}{\sigma^2}\Big] = \nu_e = a(n-1)$$

である．

帰無仮説のもとでの F 比の分布 (2.1.5 項，p. 34)

特定の処理水準 A_i における n 個のデータ $y_{i1},\ldots,y_{in}$ に対して

$$\bar{y}_{i.} = \frac{1}{n}\sum_{j=1}^{n} y_{ij} \sim N\Big(\mu_i, \frac{\sigma^2}{n}\Big)$$

$$S_{ei} = \sum_{j=1}^{n}(y_{ij}-\bar{y}_{i.})^2 \sim \sigma^2\chi^2(n-1)$$

が成り立つ (A.1.2 項). 誤差平方和 S_e に関しては, 独立な χ^2 統計量の和として,

$$S_e = \sum_{i=1}^{a} \sum_{j=1}^{n} (y_{ij} - \bar{y}_{i\cdot})^2 = \sum_{i=1}^{a} S_{ei} \sim \sigma^2 \chi^2(\nu_e),$$
$$\nu_e = a(n-1)$$

となる. 一方, 帰無仮説 (2.14) 式のもとでは, 処理平均 $\bar{y}_{i\cdot}$ は同一の正規分布 $N(\mu, \sigma^2/n)$ に従うので,

$$\sum_{i=1}^{a} (\bar{y}_{i\cdot} - \bar{y}_{\cdot\cdot})^2 \sim \frac{\sigma^2}{n} \chi^2(a-1)$$

が成り立つ ($\bar{y}_{i\cdot}$ の分散が σ^2/n であることに注意). すなわち

$$S_A = n \sum_{i=1}^{a} (\bar{y}_{i\cdot} - \bar{y}_{\cdot\cdot})^2 \sim \sigma^2 \chi^2(a-1)$$

である. したがって, F 分布の定義より, 分散分析の F 比

$$F_A = \frac{V_A}{V_e} = \frac{S_A/\nu_A}{S_e/\nu_e}$$

は自由度 $(\nu_A, \nu_e) = (a-1, a(n-1))$ の F 分布に従う.

ただし, 平方和 S_A と S_e とが確率的に独立に分布することを初等的な知識だけで証明することは難しい. 9.4.3 項において, 線形モデルと最小二乗法の考え方を用いて S_A と S_e とが独立であることが示されている.

アンバランストデータにおける平方和の加法性の証明 (2.1.8 項, p. 39)

$$\sum_{i=1}^{a} \sum_{j=1}^{n_i} (y_{ij} - \bar{y}_{\cdot\cdot})^2 = \sum_{i=1}^{a} \sum_{j=1}^{n_i} (y_{ij} - \bar{y}_{i\cdot} + \bar{y}_{i\cdot} - \bar{y}_{\cdot\cdot})^2$$
$$= \sum_{i=1}^{a} \sum_{j=1}^{n_i} (y_{ij} - \bar{y}_{i\cdot})^2 + \sum_{i=1}^{a} \sum_{j=1}^{n_i} (\bar{y}_{i\cdot} - \bar{y}_{\cdot\cdot})^2$$
$$+ 2 \sum_{i=1}^{a} \sum_{j=1}^{n_i} (y_{ij} - \bar{y}_{i\cdot})(\bar{y}_{i\cdot} - \bar{y}_{\cdot\cdot})$$
$$= \sum_{i=1}^{a} \sum_{j=1}^{n_i} (y_{ij} - \bar{y}_{i\cdot})^2 + \sum_{i=1}^{a} n_i (\bar{y}_{i\cdot} - \bar{y}_{\cdot\cdot})^2$$

繰返し数が等しい場合と同様に, 添え字 i を固定すると

$$\sum_{j=1}^{n_i} (y_{ij} - \bar{y}_{i\cdot})(\bar{y}_{i\cdot} - \bar{y}_{\cdot\cdot}) = (\bar{y}_{i\cdot} - \bar{y}_{\cdot\cdot}) \sum_{j=1}^{n_i} (y_{ij} - \bar{y}_{i\cdot}) = 0$$

の関係を利用している.

A.2 数式に関する補遺

t 検定の第 III 種の過誤率 (3.2.1 項, p. 53)

対立仮説 $H^{A+}: \mu_1 - \mu_2 > 0$ のもとで, 第 III 種の過誤の確率は

$$\Pr\{t < -t(\nu_e; \alpha/2) \mid H^{A+}\} \leq \Pr\{t < -t(\nu_e; \alpha/2) \mid H^0\} = \frac{\alpha}{2}$$

が成り立つ. 対立仮説 $H^{A-}: \mu_1 - \mu_2 < 0$ の場合も同様である.

Tukey 法の $FWER$ (3.3.2 項, p. 59)

ここでは, 3.2.2 項で考えた一般的な仮説のファミリー

$$\mathcal{H} = \{H_i^0: \theta_i = \theta_i^0, \quad i = 1, \ldots, m\}$$

について示す.

m 個のパラメータ $\theta_1, \ldots, \theta_m$ に対して同時信頼区間 $CI_i(\boldsymbol{y})$ $(i = 1, \ldots, m)$ を

$$\Pr\{\theta_i \in CI_i(\boldsymbol{y}), \quad i = 1, \ldots, m\} \geq 1 - \alpha$$

とする. 各帰無仮説 $H_i^0: \theta_i = \theta_i^0$ は

$$\theta_i^0 \notin CI_i(\boldsymbol{y})$$

のときに棄却するという検定方式を考える. いま成立している部分帰無仮説は $H_V^0 = \bigcap_{i \in V} H_i^0$ であるとする. 同時信頼区間はすべての θ_i を含む確率が $1 - \alpha$ 以上であるから, 成り立っている帰無仮説について

$$\Pr\{\theta_i^0 \in CI_i(\boldsymbol{y}), \quad i \in V\} \geq 1 - \alpha$$

である. 一方 $FWER$ は成り立っている帰無仮説 H_i^0 $(i \in V)$ のどれかで間違って棄却してしまう確率である. したがって

$$FWER = \Pr\{\text{どれかの } i \in V \text{ で } \theta_i^0 \notin CI_i(\boldsymbol{y})\}$$
$$= 1 - \Pr\{\theta_i^0 \in CI_i(\boldsymbol{y}), \quad i \in V\} \leq \alpha$$

が成り立つ. このことはどの部分仮説においても成り立つので, この同時信頼区間に基づく検定方式は強い意味でファミリー単位過誤率 $FWER$ を制御する.

Scheffé 法における同時信頼区間 (3.5.4 項, p. 75)

この項目の証明における和の記号 $\sum$ はすべて $\sum_{i=1}^a$ を意味する.

まず, Scheffé 法において

- 分散分析の F 検定で有意となる
- Scheffé 法で有意となる対比 $\sum c_i \mu_i$ が少なくとも 1 つ存在する

が同値であることを示す. 一般に, Cauchy-Schwarz の不等式により任意の実数 $U_1, \ldots, U_a, V_1, \ldots, V_a$ に対して

$$\left(\sum U_i V_i\right)^2 \leq \left(\sum U_i^2\right)\left(\sum V_i^2\right), \quad \frac{\left(\sum U_i V_i\right)^2}{\left(\sum U_i^2\right)} \leq \left(\sum V_i^2\right)$$

が成り立つ (証明は難しくないので, 高校数学の参考書などを参照されたい). 等号が成り立つのは, 定数 λ を用いて $U_i = \lambda V_i$ と表されるときである.

$\sum c_i = 0$ であるから $\sum c_i \bar{y}_{i\cdot} = \sum c_i(\bar{y}_{i\cdot} - \bar{y}_{\cdot\cdot})$ である. ここで

$$U_i = \frac{c_i}{\sqrt{n_i}}, \quad V_i = \sqrt{n_i}(\bar{y}_{i\cdot} - \bar{y}_{\cdot\cdot}), \quad U_i V_i = c_i (\bar{y}_{i\cdot} - \bar{y}_{\cdot\cdot})$$

とおけば, Cauchy-Schwarz の不等式より,

$$\frac{\left(\sum c_i \bar{y}_{i\cdot}\right)^2}{\sum c_i^2/n_i} = \frac{\left\{\sum c_i (\bar{y}_{i\cdot} - \bar{y}_{\cdot\cdot})\right\}^2}{\sum c_i^2/n_i} \leq \sum n_i(\bar{y}_{i\cdot} - \bar{y}_{\cdot\cdot})^2$$

が任意の c_i $(i = 1, \ldots, a)$ に対して成り立つ. 等号が成り立つのは $c_i = n_i(\bar{y}_{i\cdot} - \bar{y}_{\cdot\cdot})$ と選んだときである. ここで, c_i $(i = 1, \ldots, a)$ が右辺に現れていないことに注意すると

$$\max_{c_1,\ldots,c_a} \frac{\left(\sum c_i \bar{y}_{i\cdot}\right)^2}{\hat{\sigma}^2 \cdot (a-1) \cdot \sum c_i^2/n_i} = \frac{\sum n_i(\bar{y}_{i\cdot} - \bar{y}_{\cdot\cdot})^2}{\hat{\sigma}^2 \cdot (a-1)} = F_A \qquad (A.14)$$

が成り立つ. $\max_{c_1,\ldots,c_a}$ は, 係数の組 $\{c_1, \ldots, c_a\}$ を変えたときの最大値である. 一方, 右辺はアンバランスモデルの分散分析における F 比である. したがって, 分散分析において F 検定が有意になるということ, すなわち

$$F_A > F(a-1, \nu_e; \alpha)$$

ということと,

$$\max_{c_1,\ldots,c_a} \frac{\left(\sum c_i \bar{y}_{i\cdot}\right)^2}{\hat{\sigma}^2 \cdot (a-1) \cdot \sum c_i^2/n_i} > F(a-1, \nu_e; \alpha)$$

ということとは同値である. そしてこの式は, Scheffé 法で有意となる対比 $\sum c_i \mu_i$ が少なくとも 1 つ存在することを意味している.

次に対比の同時信頼区間を構成する. 対比 $\sum c_i \mu_i$ とその推定量との差

$$\sum c_i \bar{y}_{i\cdot} - \sum c_i \mu_i = \sum c_i (\bar{y}_{i\cdot} - \mu_i) = \sum c_i \bar{x}_{i\cdot}.$$

を考える. ここで

$$\bar{x}_{i\cdot} = \bar{y}_{i\cdot} - \mu_i \sim N\left(0, \frac{\sigma^2}{n_i}\right)$$

とおいた. (A.14) 式は, Cauchy-Schwarz の不等式を利用して数式変形を行っているだけなので, $\bar{y}_{i\cdot}$ を $\bar{x}_{i\cdot}$ で置き換えても同じ形の

$$\max_{c_1,\ldots,c_a} \frac{\left(\sum c_i \bar{x}_{i\cdot}\right)^2}{\hat{\sigma}^2 \cdot (a-1) \cdot \sum c_i^2/n_i} = \frac{\sum n_i(\bar{x}_{i\cdot} - \bar{x}_{\cdot\cdot})^2}{\hat{\sigma}^2 \cdot (a-1)} \qquad (A.15)$$

が成り立つ. ところが $\mathrm{E}[\bar{x}_{i\cdot}] = 0$ $(i = 1, \ldots, a)$ であるから, (A.15) 式の右辺は自由度

$(a-1, \nu_e)$ の F 分布に従う．したがって，$\bar{x}_{i\cdot} = \bar{y}_{i\cdot} - \mu_i$ を代入して

$$\Pr\left\{\max_{c_1,\ldots,c_a} \frac{\left(\sum c_i\left(\bar{y}_{i\cdot} - \mu_i\right)\right)^2}{\hat{\sigma}^2 \cdot (a-1) \cdot \sum c_i^2/n_i} \leq F(a-1, \nu_e; \alpha)\right\} = 1 - \alpha$$

が成り立つ．この式の { } の中は，どのような c_i $(i = 1, \ldots, a)$ を選んでも

$$\frac{\left(\sum c_i\left(\bar{y}_{i\cdot} - \mu_i\right)\right)^2}{\hat{\sigma}^2 \cdot (a-1) \cdot \sum c_i^2/n_i} \leq F(a-1, \nu_e; \alpha)$$

となることと同値である．したがって，すべての対比に対して

$$\left|\sum c_i \bar{y}_{i\cdot} - \sum c_i \mu_i\right| \leq \hat{\sigma}\sqrt{(a-1) \cdot \sum(c_i^2/n_i) \cdot F(a-1, \nu_e; \alpha)}$$

となる確率は $1-\alpha$ である．この式と本文における同時信頼区間 (3.27) 式は，同じ内容を表している．

L_9 直交表における交互作用平方和 (7.1.2 項, p. 143)

データ				第 (3) 列の水準				第 (4) 列の水準			
	因子 B				因子 B				因子 B		
因子 A	B_1	B_2	B_3	因子 A	B_1	B_2	B_3	因子 A	B_1	B_2	B_3
A_1	y_{11}	y_{12}	y_{13}	A_1	1	2	3	A_1	1	2	3
A_2	y_{21}	y_{22}	y_{23}	A_2	2	3	1	A_2	3	1	2
A_3	y_{31}	y_{32}	y_{33}	A_3	3	1	2	A_3	2	3	1

4.1.3 項の二元配置実験における交互作用の議論から

$$y_{ij} - \bar{y}_{i\cdot} - \bar{y}_{\cdot j} + \bar{y}_{\cdot\cdot}$$

が交互作用の効果を表し，交互作用平方和は

$$S_{A\times B} = \sum_{i=1}^{3}\sum_{j=1}^{3}(y_{ij} - \bar{y}_{i\cdot} - \bar{y}_{\cdot j} + \bar{y}_{\cdot\cdot})^2$$

で与えられる．次に L_9 直交表の第 (3) 列と第 (4) 列の各水準における平均を

$$\bar{y}_k^{(3)} \quad (k=1,2,3), \quad \bar{y}_m^{(4)} \quad (m=1,2,3)$$

とする．たとえば $\bar{y}_2^{(3)}$ は第 (3) 列の第 2 水準の平均を取って

$$\bar{y}_2^{(3)} = \frac{y_{12} + y_{21} + y_{33}}{3}$$

である．また，$A_i B_j$ における第 (3) 列の対応する水準の平均を $\bar{y}_{k(ij)}^{(3)}$ とする．たとえば $A_1 B_2$ では第 (3) 列は第 2 水準なので $\bar{y}_{k(12)}^{(3)} = \bar{y}_2^{(3)}$ である．このとき，

$$y_{ij} - \bar{y}_{i\cdot} - \bar{y}_{\cdot j} + \bar{y}_{\cdot\cdot} = \bar{y}^{(3)}_{k(ij)} - \bar{y}_{\cdot\cdot} + \bar{y}^{(4)}_{m(ij)} - \bar{y}_{\cdot\cdot} \tag{A.16}$$

が成り立つ．たとえば A_1B_2 においては

$$y_{12} - \bar{y}_{1\cdot} - \bar{y}_{\cdot 2} + \bar{y}_{\cdot\cdot} = \bar{y}^{(3)}_{2} - \bar{y}_{\cdot\cdot} + \bar{y}^{(4)}_{2} - \bar{y}_{\cdot\cdot}$$
$$= \frac{4y_{12} - 2y_{11} - 2y_{13} - 2y_{22} - 2y_{32} + y_{21} + y_{23} + y_{31} + y_{33}}{9}$$

が確かめられる．(A.16) 式は，交互作用の効果が直交表の第 (3) 列の水準平均と第 (4) 列の水準平均を使って表されることを示している．この式を 2 乗して添え字 i と j に関して和を計算する．ここで

$$\sum_{i=1}^{3}\sum_{j=1}^{3}(\bar{y}^{(3)}_{k(ij)} - \bar{y}_{\cdot\cdot})^2 = 3\sum_{k=1}^{3}(\bar{y}^{(3)}_{k} - \bar{y}_{\cdot\cdot})^2 = S_{(3)}$$

$$\sum_{i=1}^{3}\sum_{j=1}^{3}(\bar{y}^{(4)}_{m(ij)} - \bar{y}_{\cdot\cdot})^2 = 3\sum_{m=1}^{3}(\bar{y}^{(4)}_{m} - \bar{y}_{\cdot\cdot})^2 = S_{(4)}$$

である．また積の項に関しては

$$\sum_{i=1}^{3}\sum_{j=1}^{3}(\bar{y}^{(3)}_{k(ij)} - \bar{y}_{\cdot\cdot}) \times (\bar{y}^{(4)}_{m(ij)} - \bar{y}_{\cdot\cdot})$$
$$= \sum_{k=1}^{3}\sum_{m=1}^{3}(\bar{y}^{(3)}_{k} - \bar{y}_{\cdot\cdot}) \times (\bar{y}^{(4)}_{m} - \bar{y}_{\cdot\cdot}) = 0$$

が成り立つ (これは添え字 i と j が $1, 2, 3$ と動くときに，第 (3) 列の水準 k と第 (4) 列の水準 m のすべての組合せが現れることによる)．以上により

$$S_{A \times B} = S_{(3)} + S_{(4)}$$

が成り立つ．

帰無仮説のもとでの計画行列のランク (9.4.2 項, p. 178)

$N \times p$ 行列 X のランクを $\text{rank}(X) = r$ とする．次に，$\mathcal{M}(H) \subset \mathcal{M}(X^T)$ を満たす $p \times q$ 行列 H を考える (H の各列ベクトルは推定可能関数を与える)．H のランクを $\text{rank}(H) = q$ $(q \leq r \leq p)$ とすれば，$\mathcal{M}(H)$ の直交補空間 $\mathcal{M}(H)^{\perp}$ は，$p \times (p-q)$ 行列 K を用いて，

$$\mathcal{M}(H)^{\perp} = \mathcal{M}(K)$$

により与えられる．ただし，

$$H^T K = O, \quad \text{rank}(K) = p - q$$

である．ここで，行列 $Z = XK$ のランク $\text{rank}(XK)$ を求める．

rank$(XK) = s$ とおき，XK の s 個の線形独立な列ベクトルを $X\boldsymbol{k}_1, \ldots, X\boldsymbol{k}_s$ とする．次に，rank$(X^T) = r$ であるから，$\mathcal{M}(X^T)^\perp$ の次元は dim$\mathcal{M}(X^T)^\perp = p - r$ であり，その $p - r$ 個の線形独立な列ベクトルを $\boldsymbol{t}_1, \ldots, \boldsymbol{t}_{p-r}$ とする．このとき，$s + (p - r)$ 個の列ベクトルの張る線形空間

$$\mathcal{M}(\boldsymbol{k}_1, \ldots, \boldsymbol{k}_s, \boldsymbol{t}_1, \ldots, \boldsymbol{t}_{p-r})$$

は，直交補空間 $\mathcal{M}(K) = \mathcal{M}(H)^\perp$ に等しくなる．まず，これら $s + (p - r)$ 個の列ベクトルは線形独立である．なぜなら，

$$c_1 \boldsymbol{k}_1 + \cdots + c_s \boldsymbol{k}_s + d_1 \boldsymbol{t}_1 + \cdots + d_{p-r} \boldsymbol{t}_{p-r} = \boldsymbol{0}$$

とすると，$X\boldsymbol{t}_i = 0 \ (i = 1, \ldots, p - r)$ に注意して，

$$c_1 X\boldsymbol{k}_1 + \cdots + c_s X\boldsymbol{k}_s = \boldsymbol{0}$$

が成り立つ．$X\boldsymbol{k}_1, \ldots, X\boldsymbol{k}_s$ は線形独立なので $c_1 = \cdots = c_s = 0$ であり，さらに $d_1 = \cdots = d_{p-r} = 0$ が導かれる．次に，$\mathcal{M}(K) = \mathcal{M}(H)^\perp$ に属する任意のベクトルを $\boldsymbol{\theta} \in \mathcal{M}(K)$ とする．$X\boldsymbol{\theta} \in \mathcal{M}(XK)$ であるから，

$$X\boldsymbol{\theta} = c_1 X\boldsymbol{k}_1 + \cdots + c_s X\boldsymbol{k}_s$$

と表される．したがって，$X(\boldsymbol{\theta} - c_1 \boldsymbol{k}_1 - \cdots - c_s \boldsymbol{k}_s) = \boldsymbol{0}$ より，

$$\boldsymbol{\theta} - c_1 \boldsymbol{k}_1 - \cdots - c_s \boldsymbol{k}_s = d_1 \boldsymbol{t}_1 + \cdots + d_{p-r} \boldsymbol{t}_{p-r}$$
$$\boldsymbol{\theta} = c_1 \boldsymbol{k}_1 + \cdots + c_s \boldsymbol{k}_s + d_1 \boldsymbol{t}_1 + \cdots + d_{p-r} \boldsymbol{t}_{p-r}$$

のように，任意の $\boldsymbol{\theta} \in \mathcal{M}(K)$ は $\boldsymbol{k}_1, \ldots, \boldsymbol{k}_s, \boldsymbol{t}_1, \ldots, \boldsymbol{t}_{p-r}$ の線形結合で表される．以上により

$$\mathcal{M}(\boldsymbol{k}_1, \ldots, \boldsymbol{k}_s, \boldsymbol{t}_1, \ldots, \boldsymbol{t}_{p-r}) = \mathcal{M}(K) = \mathcal{M}(H)^\perp$$

が成り立つ．各線形空間の次元を比べることにより，

$$s + (p - r) = p - q, \quad s = r - q$$

が証明される．

あとがきと参考文献

参考文献

本書では伝統的な実験計画法と分散分析手法に関して基本的な考え方を解説した．第 5 章以降の分割法実験，直交表実験，不完備ブロック計画については様々な実験計画のパターンを網羅的に示すことはできなかった．これらの実験計画法も伝統的な手法なので，標準的な実験計画法のテキストが役に立つ．たとえば農業実験では奥野 (1994)，工業実験では田口 (1976, 1977)，両方を扱うものとして奥野・芳賀 (1969) は現在でも優れたテキストである．このうち，奥野 (1994) については「統計科学のための電子図書システム」(http://ebsa.ism.ac.jp/) より閲覧可能である．そこには第 6 章で解説したレゾリューション IV の割付けの例が数多く与えられているので有用である．

タグチメソッド (品質工学) については本書では扱わなかった．宮川 (2000) などを参照されたい．

変量モデルと混合モデル

取り上げた因子の水準の効果が固定した母数 (パラメータ) として表されるモデルを母数モデル (固定効果モデル，fixed effect model) という．一方，水準の効果を確率変数と考えるモデルを変量モデル (random effect model) という．両方のタイプの因子を含む場合を混合モデル (mixed effect model) という．この問題については奥野・芳賀 (1969) の議論が参考になる．変量モデルとなる因子については，その水準に再現性はない．そのため技術開発における実験計画においては変量モデルや混合モデルを考える場合は少ない．本書では変量モデルや混合モデルは扱っていない．

ブロックの水準効果に関しても固定効果と考える場合と確率変数と考える場合とがある．実際にはブロックの水準は系統誤差を除くために実験配置において積極的に導入するものなので確率変数とは考えにくい (1.3.4 項参照)．ただし乱塊

法 (完備ブロック計画) においては，ブロックの水準を固定効果と考えても確率変数と考えても，興味の対象となる因子の水準間の比較に関しては結果は同じになる．結果に違いが出るのは，第 8 章の不完備ブロック計画においてである．たとえば例 8.1 のビスケットの食味実験で，検査員がランダムに選ばれた標本であると考えると，因子 A の水準の比較を改善することができる．この方法については伝統的な文献を参照されたい (たとえば広津 (1976), Cochran & Cox (1992) など)．

最 後 に

本書では実験により得られたデータの解析法について解説した．しかし，Fisher の考案した分散分析法は優れたデータ解析手法であるため，実験以外の方法で得られたデータに対しても使われることがある．そのときも第 1 章の実験計画法の考え方は役に立つ．たとえば，与えられたデータに対して以下のような事項を検討してみることは意味がある．

- このデータでは 1 つの要因のみが比較されている．取り上げなかった他の要因との交互作用はないだろうか．他の条件が違えば効果が異なるのではないか (1.2.2 項)．
- 反復は正しいか．この複数のデータは単に測定を繰り返しただけ (偽の反復) ではないか (1.3.2 項)．
- データの集め方に偏りはないか．無作為化 (ランダム化) がきちんと行われているか．規則的な順序でデータが集められているために処理間に違いがあるように見えるのではないか (1.3.3 項)．

一般に，実験計画法・分散分析に限らず統計手法の習得には，実際に自分で実験を計画し，また自分でデータを解析してみることが最適である．手持ちのデータがない場合は教科書の例題でもよいので，自分で計算してみることも 1 つの方法である．

文　　献

Anon (2015). Instructions to Authors, *Agronomy Journal*, **107**.
Cochran, W. G. and Cox, G. M. (1992). *Experimental Designs*, 2nd Ed., Wiley.
Duncan, D. B. (1955). Multiple range and multiple F tests. *Biometrics*, **11**, 1–42.
Dunnett, C. W. (1955). A multiple comparison procedure for comparing several treat-

ments with a control, *J. Amer. Statist. Assoc.*, **50**, 1096–1121.
Einot, I. and Gabriel, K. R. (1975). A study of the powers of several methods of multiple comparisons, *J. Amer. Statist. Assoc.*, **70**, 574–583.
Fisher, R. A. (1935). *The Design of Experiments*, Oliver & Boyd.
Hayter, A. J. (1984). A proof of the conjecture that the Tukey–Kramer multiple comparisons procedure is conservative, *Annals of Statistics*, **12**, 61–75.
広津千尋 (1976). 分散分析, 教育出版.
Hochberg, Y. and Tamhane, A. C. (1987). *Multiple Comparison Procedures*, Wiley.
Hsu, J. C. (1996). *Multiple Comparisons: Theory and Methods*, Chapman & Hall.
JIS Z 8101-2: 1999 (1999). 統計―用語と記号―第 2 部：統計的品質管理用語, 日本規格協会.
北田修一, 神保雅一, 田中昌一, 宮川雅巳, 三輪哲久 (2002). データサンプリング, 共立出版.
三輪哲久 (1997). 農業研究分野における多重比較論争, 応用統計学, **26**, 99–109.
宮川雅巳 (2000). 品質を獲得する技術―タグチメソッドがもたらしたもの, 日科技連出版社.
永田　靖 (2003). 〈統計ライブラリー〉サンプルサイズの決め方, 朝倉書店.
永田　靖 (2005). シリーズ〈科学のことばとしての数学〉統計学のための数学入門 30 講, 朝倉書店.
永田　靖, 吉田道弘 (1997). 統計的多重比較法の基礎, サイエンティスト社.
奥野忠一 (1994). 農業実験計画法小史, 日科技連出版社.
(「統計科学のための電子図書システム」(http://ebsa.ism.ac.jp/) より閲覧可能)
奥野忠一, 芳賀敏郎 (1969). 実験計画法, 培風館.
Ryan, T. A. (1960). Significance tests for multiple comparison of proportions, variances, and other statistics, *Psycol. Bull.*, **57**, 318–328.
田口玄一 (1976, 1977). 実験計画法　第 3 版 (上・下), 丸善 (復刻版は 2010).
田口玄一編 (1988). 品質工学講座 (全 7 巻), 日本規格協会.
丹後俊郎 (2013). 〈統計ライブラリー〉医学への統計学　第 3 版, 朝倉書店.
丹後俊郎, 小西貞則編 (2010). 医学統計学の事典, 朝倉書店.
Tukey, J. W. (1953). The problem of multiple comparisons, *Unpublished report*, Princeton University.
鷲尾泰俊 (1988). 実験の計画と解析, 岩波書店.
Welsch, R. E. (1977). Stepwise multiple comparison procedures, *J. Amer. Statist. Assoc.*, **72**, 566–575.

数　　表

付表1　REGWQ法のための表 (5%, その1)

$q(p, \nu_e; \alpha_p)$, $\alpha_p = 1 - (1-\alpha)^{p/a}$ $(2 \leq p \leq a-2)$, $\alpha_{a-1} = \alpha_a = \alpha$, $\alpha = 0.05$

ν_e	$a=3$ p=2	p=3	$a=4$ p=2	p=3	p=4	$a=5$ p=2	p=3	p=4	p=5	$a=6$ p=2	p=3	p=4	p=5	p=6
1	17.969	26.976	32.819	32.819	32.819	37.082	37.082	37.082	37.082	40.408	40.408	40.408	40.408	40.408
2	6.085	8.331	8.718	8.718	9.798	9.772	10.811	10.811	10.881	10.723	11.859	12.036	12.036	12.036
3	4.501	5.910	5.878	5.910	6.825	6.385	7.138	7.138	7.502	6.826	7.625	7.910	7.910	8.037
4	3.926	5.040	4.923	5.040	5.757	5.274	5.893	5.893	6.287	5.573	6.220	6.497	6.497	6.706
5	3.635	4.602	4.458	4.602	5.218	4.739	5.284	5.284	5.673	4.975	5.540	5.801	5.801	6.033
6	3.460	4.339	4.184	4.339	4.896	4.427	4.926	4.926	5.305	4.630	5.142	5.390	5.390	5.628
7	3.344	4.165	4.006	4.165	4.681	4.224	4.691	4.691	5.060	4.406	4.883	5.121	5.121	5.359
8	3.261	4.041	3.880	4.041	4.529	4.082	4.525	4.529	4.886	4.249	4.701	4.930	4.930	5.167
9	3.199	3.948	3.786	3.948	4.415	3.977	4.403	4.415	4.755	4.134	4.567	4.789	4.789	5.024
10	3.151	3.877	3.714	3.877	4.327	3.896	4.308	4.327	4.654	4.045	4.463	4.679	4.679	4.912
11	3.113	3.820	3.657	3.820	4.256	3.832	4.233	4.256	4.574	3.975	4.381	4.593	4.593	4.823
12	3.081	3.773	3.611	3.773	4.199	3.780	4.172	4.199	4.508	3.918	4.314	4.522	4.522	4.750
13	3.055	3.734	3.572	3.734	4.151	3.737	4.122	4.151	4.453	3.871	4.259	4.463	4.463	4.690
14	3.033	3.701	3.540	3.701	4.111	3.700	4.079	4.111	4.407	3.831	4.213	4.414	4.414	4.639
15	3.014	3.673	3.512	3.673	4.076	3.670	4.043	4.076	4.367	3.798	4.173	4.372	4.372	4.595
16	2.998	3.649	3.488	3.649	4.046	3.643	4.011	4.046	4.333	3.768	4.139	4.335	4.335	4.557
17	2.984	3.628	3.467	3.628	4.020	3.620	3.984	4.020	4.303	3.743	4.109	4.304	4.304	4.524
18	2.971	3.609	3.449	3.609	3.997	3.599	3.960	3.997	4.276	3.721	4.083	4.276	4.276	4.494
19	2.960	3.593	3.433	3.593	3.977	3.581	3.938	3.977	4.253	3.701	4.060	4.251	4.253	4.468
20	2.950	3.578	3.418	3.578	3.958	3.565	3.919	3.958	4.232	3.684	4.039	4.229	4.232	4.445
21	2.941	3.565	3.405	3.565	3.942	3.550	3.902	3.942	4.213	3.668	4.020	4.209	4.213	4.424
22	2.933	3.553	3.393	3.553	3.927	3.537	3.887	3.927	4.196	3.654	4.004	4.191	4.196	4.405
23	2.926	3.542	3.383	3.542	3.914	3.526	3.873	3.914	4.180	3.641	3.988	4.175	4.180	4.388
24	2.919	3.532	3.373	3.532	3.901	3.515	3.860	3.901	4.166	3.629	3.974	4.160	4.166	4.373
25	2.913	3.523	3.364	3.523	3.890	3.505	3.848	3.890	4.153	3.618	3.962	4.146	4.153	4.358
26	2.907	3.514	3.356	3.514	3.880	3.496	3.837	3.880	4.141	3.608	3.950	4.134	4.141	4.345
27	2.902	3.506	3.348	3.506	3.870	3.487	3.828	3.870	4.130	3.599	3.939	4.122	4.130	4.333
28	2.897	3.499	3.341	3.499	3.861	3.480	3.818	3.861	4.120	3.591	3.929	4.112	4.120	4.322
29	2.892	3.493	3.335	3.493	3.853	3.472	3.810	3.853	4.111	3.583	3.920	4.102	4.111	4.311
30	2.888	3.486	3.329	3.486	3.845	3.466	3.802	3.845	4.102	3.576	3.912	4.092	4.102	4.301
31	2.884	3.481	3.323	3.481	3.838	3.459	3.795	3.838	4.094	3.569	3.904	4.084	4.094	4.292
32	2.881	3.475	3.318	3.475	3.832	3.454	3.788	3.832	4.086	3.563	3.896	4.076	4.086	4.284
33	2.877	3.470	3.313	3.470	3.825	3.448	3.781	3.825	4.079	3.557	3.889	4.068	4.079	4.276
34	2.874	3.465	3.309	3.465	3.820	3.443	3.775	3.820	4.072	3.551	3.883	4.061	4.072	4.268
35	2.871	3.461	3.304	3.461	3.814	3.438	3.769	3.814	4.066	3.546	3.876	4.055	4.066	4.261
36	2.868	3.457	3.300	3.457	3.809	3.434	3.764	3.809	4.060	3.541	3.871	4.048	4.060	4.255
37	2.865	3.453	3.296	3.453	3.804	3.429	3.759	3.804	4.054	3.536	3.865	4.042	4.054	4.249
38	2.863	3.449	3.293	3.449	3.799	3.425	3.754	3.799	4.049	3.532	3.860	4.037	4.049	4.243
39	2.861	3.445	3.289	3.445	3.795	3.422	3.750	3.795	4.044	3.528	3.855	4.032	4.044	4.237
40	2.858	3.442	3.286	3.442	3.791	3.418	3.745	3.791	4.039	3.524	3.850	4.027	4.039	4.232
48	2.843	3.420	3.265	3.420	3.764	3.395	3.718	3.764	4.008	3.499	3.820	3.994	4.008	4.197
60	2.829	3.399	3.244	3.399	3.737	3.371	3.690	3.737	3.977	3.474	3.791	3.962	3.977	4.163
80	2.814	3.377	3.223	3.377	3.711	3.349	3.663	3.711	3.947	3.449	3.761	3.931	3.947	4.129
120	2.800	3.356	3.203	3.356	3.685	3.326	3.636	3.685	3.917	3.425	3.733	3.900	3.917	4.096
240	2.786	3.335	3.183	3.335	3.659	3.304	3.610	3.659	3.887	3.401	3.704	3.869	3.887	4.063
∞	2.772	3.314	3.163	3.314	3.633	3.282	3.584	3.633	3.858	3.377	3.676	3.838	3.858	4.030

注1) 表に与えられていない自由度 ν_e に対しては，自由度の逆数に関する線形補間により求める．

注2) $\nu_e \geq 4$ のときは，$p = a$ において $q(a, \nu_e; \alpha_a)$ はスチューデント化した範囲の上側 α 点を与える．

付表 2　REGWQ 法のための表 (5%, その 2)

$q(p, \nu_e; \alpha_p),\ \alpha_p = 1 - (1-\alpha)^{p/a}\ (2 \leq p \leq a-2),\ \alpha_{a-1} = \alpha_a = \alpha,\ \alpha = 0.05$

ν_e	\multicolumn{6}{c}{$a = 7$}	\multicolumn{7}{c}{$a = 8$}
	p=2	p=3	p=4	p=5	p=6	p=7	p=2	p=3	p=4	p=5	p=6	p=7	p=8
1	43.119	43.119	43.119	43.119	43.119	43.119	45.397	45.397	45.397	45.397	45.397	45.397	45.397
2	11.597	12.821	13.011	13.011	13.011	13.011	12.409	13.716	13.918	13.918	13.918	13.918	13.918
3	7.218	8.059	8.360	8.471	8.471	8.478	7.573	8.452	8.767	8.884	8.912	8.912	8.912
4	5.834	6.507	6.795	6.940	6.940	7.053	6.068	6.763	7.062	7.213	7.292	7.292	7.347
5	5.180	5.762	6.032	6.183	6.183	6.330	5.362	5.958	6.237	6.393	6.487	6.487	6.582
6	4.804	5.329	5.584	5.735	5.735	5.895	4.957	5.494	5.755	5.910	6.009	6.009	6.122
7	4.561	5.048	5.291	5.439	5.439	5.606	4.697	5.193	5.441	5.592	5.693	5.693	5.815
8	4.392	4.851	5.085	5.230	5.230	5.399	4.516	4.982	5.220	5.368	5.469	5.469	5.596
9	4.267	4.706	4.932	5.074	5.074	5.244	4.383	4.827	5.057	5.202	5.303	5.303	5.432
10	4.171	4.594	4.814	4.954	4.954	5.124	4.281	4.708	4.931	5.074	5.174	5.174	5.304
11	4.096	4.506	4.721	4.858	4.858	5.028	4.200	4.615	4.832	4.972	5.071	5.071	5.202
12	4.034	4.434	4.645	4.781	4.781	4.950	4.135	4.538	4.751	4.889	4.987	4.987	5.119
13	3.984	4.375	4.582	4.716	4.716	4.884	4.082	4.475	4.684	4.820	4.917	4.917	5.049
14	3.941	4.325	4.529	4.661	4.661	4.829	4.037	4.423	4.628	4.762	4.859	4.859	4.990
15	3.905	4.283	4.484	4.615	4.615	4.782	3.998	4.378	4.580	4.713	4.809	4.809	4.940
16	3.874	4.246	4.444	4.575	4.575	4.741	3.965	4.339	4.539	4.670	4.765	4.765	4.896
17	3.847	4.214	4.410	4.539	4.539	4.705	3.936	4.305	4.502	4.633	4.727	4.727	4.858
18	3.823	4.186	4.380	4.509	4.509	4.673	3.911	4.275	4.471	4.600	4.694	4.694	4.824
19	3.802	4.161	4.354	4.481	4.481	4.645	3.889	4.249	4.443	4.571	4.664	4.664	4.794
20	3.783	4.139	4.330	4.457	4.457	4.620	3.869	4.226	4.418	4.545	4.638	4.638	4.768
21	3.766	4.119	4.309	4.435	4.435	4.597	3.851	4.205	4.395	4.521	4.614	4.614	4.743
22	3.751	4.101	4.290	4.415	4.415	4.577	3.835	4.186	4.375	4.500	4.593	4.593	4.722
23	3.737	4.085	4.272	4.397	4.397	4.558	3.820	4.168	4.356	4.481	4.573	4.573	4.702
24	3.725	4.070	4.256	4.380	4.380	4.541	3.807	4.153	4.339	4.464	4.555	4.555	4.684
25	3.713	4.057	4.242	4.365	4.365	4.526	3.795	4.138	4.324	4.448	4.539	4.539	4.667
26	3.703	4.044	4.228	4.351	4.351	4.511	3.784	4.125	4.310	4.433	4.524	4.524	4.652
27	3.693	4.033	4.216	4.338	4.338	4.498	3.773	4.113	4.297	4.420	4.510	4.510	4.638
28	3.684	4.022	4.205	4.327	4.327	4.486	3.764	4.102	4.285	4.407	4.497	4.497	4.625
29	3.676	4.012	4.194	4.316	4.316	4.475	3.755	4.091	4.274	4.396	4.485	4.485	4.613
30	3.668	4.003	4.184	4.305	4.305	4.464	3.747	4.082	4.263	4.385	4.474	4.474	4.601
31	3.661	3.995	4.175	4.296	4.296	4.454	3.739	4.073	4.254	4.375	4.464	4.464	4.591
32	3.654	3.987	4.167	4.287	4.287	4.445	3.732	4.064	4.245	4.365	4.454	4.454	4.581
33	3.648	3.979	4.159	4.279	4.279	4.436	3.725	4.057	4.236	4.356	4.445	4.445	4.572
34	3.642	3.972	4.151	4.271	4.271	4.428	3.719	4.049	4.228	4.348	4.437	4.437	4.563
35	3.636	3.966	4.144	4.263	4.263	4.421	3.713	4.042	4.221	4.340	4.429	4.429	4.555
36	3.631	3.959	4.137	4.257	4.257	4.414	3.708	4.036	4.214	4.333	4.422	4.422	4.547
37	3.626	3.954	4.131	4.250	4.250	4.407	3.702	4.029	4.207	4.326	4.414	4.414	4.540
38	3.621	3.948	4.125	4.244	4.244	4.400	3.697	4.024	4.201	4.320	4.408	4.408	4.533
39	3.617	3.943	4.120	4.238	4.238	4.394	3.693	4.018	4.195	4.313	4.401	4.401	4.527
40	3.612	3.938	4.114	4.232	4.232	4.388	3.688	4.013	4.189	4.308	4.395	4.395	4.521
48	3.585	3.906	4.080	4.196	4.197	4.351	3.660	3.979	4.153	4.270	4.356	4.356	4.481
60	3.559	3.874	4.046	4.161	4.163	4.314	3.632	3.946	4.117	4.232	4.318	4.318	4.441
80	3.532	3.843	4.012	4.126	4.129	4.277	3.604	3.913	4.081	4.195	4.280	4.280	4.402
120	3.506	3.812	3.979	4.091	4.096	4.241	3.576	3.881	4.046	4.159	4.242	4.242	4.363
240	3.481	3.782	3.946	4.057	4.063	4.205	3.549	3.849	4.012	4.122	4.205	4.205	4.324
∞	3.456	3.752	3.914	4.023	4.030	4.170	3.523	3.817	3.978	4.087	4.168	4.170	4.286

注 1) 表に与えられていない自由度 ν_e に対しては，自由度の逆数に関する線形補間により求める．

注 2) $\nu_e \geq 4$ のときは，$p = a$ において $q(a, \nu_e; \alpha_a)$ はスチューデント化した範囲の上側 α 点を与える．

付表 3 REGWQ 法のための表 (1%, その 1)

$q(p, \nu_e; \alpha_p)$, $\alpha_p = 1 - (1-\alpha)^{p/a}$ $(2 \leq p \leq a-2)$, $\alpha_{a-1} = \alpha_a = \alpha$, $\alpha = 0.01$

ν_e	a=3 p=2	p=3	a=4 p=2	p=3	p=4	a=5 p=2	p=3	p=4	p=5	a=6 p=2	p=3	p=4	p=5	p=6
1	90.024	135.04	164.26	164.26	164.26	185.58	185.58	185.58	185.58	202.21	202.21	202.21	202.21	202.21
2	14.036	19.019	19.900	19.900	22.294	22.260	24.578	24.578	24.717	24.393	26.931	27.320	27.320	27.320
3	8.260	10.619	10.531	10.619	12.170	11.376	12.670	12.670	13.324	12.113	13.488	13.991	13.991	14.241
4	6.511	8.120	7.911	8.120	9.173	8.410	9.337	9.337	9.958	8.837	9.807	10.236	10.236	10.583
5	5.702	6.976	6.747	6.976	7.804	7.109	7.857	7.857	8.421	7.415	8.191	8.563	8.563	8.913
6	5.243	6.331	6.102	6.331	7.033	6.394	7.038	7.038	7.556	6.639	7.303	7.636	7.636	7.972
7	4.949	5.919	5.696	5.919	6.542	5.946	6.523	6.542	7.005	6.155	6.746	7.051	7.051	7.373
8	4.745	5.635	5.418	5.635	6.204	5.641	6.171	6.204	6.625	5.826	6.367	6.651	6.651	6.959
9	4.596	5.428	5.216	5.428	5.957	5.420	5.916	5.957	6.347	5.589	6.093	6.361	6.361	6.657
10	4.482	5.270	5.063	5.270	5.769	5.253	5.722	5.769	6.136	5.410	5.886	6.141	6.141	6.428
11	4.392	5.146	4.943	5.146	5.621	5.122	5.571	5.621	5.970	5.270	5.724	5.969	5.970	6.247
12	4.320	5.046	4.847	5.046	5.502	5.017	5.449	5.502	5.836	5.158	5.594	5.831	5.836	6.101
13	4.260	4.964	4.768	4.964	5.404	4.932	5.349	5.404	5.726	5.066	5.488	5.717	5.726	5.981
14	4.210	4.895	4.701	4.895	5.322	4.860	5.266	5.322	5.634	4.989	5.399	5.622	5.634	5.881
15	4.167	4.836	4.645	4.836	5.252	4.799	5.195	5.252	5.556	4.924	5.323	5.542	5.556	5.796
16	4.131	4.786	4.597	4.786	5.192	4.747	5.135	5.192	5.489	4.869	5.259	5.473	5.489	5.722
17	4.099	4.742	4.556	4.742	5.140	4.702	5.082	5.140	5.430	4.821	5.203	5.413	5.430	5.659
18	4.071	4.703	4.519	4.703	5.094	4.662	5.036	5.094	5.379	4.778	5.154	5.361	5.379	5.603
19	4.046	4.669	4.487	4.669	5.054	4.627	4.995	5.054	5.334	4.741	5.111	5.314	5.334	5.553
20	4.024	4.639	4.458	4.639	5.018	4.596	4.959	5.018	5.293	4.708	5.072	5.273	5.293	5.510
21	4.004	4.612	4.432	4.612	4.986	4.568	4.927	4.986	5.257	4.679	5.038	5.236	5.257	5.470
22	3.986	4.588	4.409	4.588	4.957	4.543	4.898	4.957	5.225	4.652	5.007	5.203	5.225	5.435
23	3.970	4.566	4.388	4.566	4.931	4.521	4.871	4.931	5.195	4.628	4.979	5.173	5.195	5.403
24	3.955	4.546	4.369	4.546	4.907	4.500	4.847	4.907	5.168	4.606	4.954	5.146	5.168	5.373
25	3.942	4.527	4.352	4.527	4.885	4.481	4.826	4.885	5.144	4.586	4.931	5.121	5.144	5.347
26	3.930	4.510	4.336	4.510	4.865	4.464	4.805	4.865	5.121	4.568	4.909	5.098	5.121	5.322
27	3.918	4.495	4.321	4.495	4.847	4.448	4.787	4.847	5.101	4.551	4.890	5.077	5.101	5.300
28	3.908	4.481	4.308	4.481	4.830	4.434	4.770	4.830	5.082	4.536	4.872	5.058	5.082	5.279
29	3.898	4.467	4.295	4.467	4.814	4.420	4.754	4.814	5.064	4.521	4.855	5.040	5.064	5.260
30	3.889	4.455	4.283	4.455	4.799	4.407	4.740	4.799	5.048	4.508	4.840	5.023	5.048	5.242
31	3.881	4.443	4.273	4.443	4.786	4.396	4.726	4.786	5.032	4.495	4.825	5.008	5.032	5.225
32	3.873	4.433	4.262	4.433	4.773	4.385	4.713	4.773	5.018	4.484	4.812	4.993	5.018	5.210
33	3.865	4.423	4.253	4.423	4.761	4.375	4.701	4.761	5.005	4.473	4.799	4.980	5.005	5.195
34	3.859	4.413	4.244	4.413	4.750	4.365	4.690	4.750	4.992	4.463	4.787	4.967	4.992	5.181
35	3.852	4.404	4.236	4.404	4.739	4.356	4.680	4.739	4.980	4.453	4.776	4.955	4.980	5.169
36	3.846	4.396	4.228	4.396	4.729	4.348	4.670	4.729	4.969	4.444	4.766	4.944	4.969	5.156
37	3.840	4.388	4.220	4.388	4.720	4.340	4.661	4.720	4.959	4.436	4.756	4.933	4.959	5.145
38	3.835	4.381	4.213	4.381	4.711	4.332	4.652	4.711	4.949	4.428	4.747	4.923	4.949	5.134
39	3.830	4.374	4.207	4.374	4.703	4.325	4.644	4.703	4.940	4.420	4.738	4.914	4.940	5.124
40	3.825	4.367	4.201	4.367	4.695	4.318	4.636	4.695	4.931	4.413	4.730	4.905	4.931	5.114
48	3.793	4.324	4.160	4.324	4.644	4.275	4.585	4.644	4.874	4.367	4.676	4.847	4.874	5.052
60	3.762	4.282	4.121	4.282	4.594	4.232	4.535	4.594	4.818	4.322	4.624	4.791	4.818	4.991
80	3.732	4.241	4.082	4.241	4.545	4.190	4.487	4.545	4.763	4.278	4.572	4.735	4.763	4.931
120	3.702	4.200	4.043	4.200	4.497	4.149	4.439	4.497	4.709	4.234	4.522	4.681	4.709	4.872
240	3.672	4.160	4.006	4.160	4.450	4.109	4.392	4.450	4.655	4.191	4.472	4.627	4.655	4.814
∞	3.643	4.120	3.969	4.120	4.403	4.069	4.345	4.403	4.603	4.150	4.423	4.575	4.603	4.757

注 1) $\nu_e = 1$ では小数点以下 2 桁が表示されている.
注 2) 表に与えられていない自由度 ν_e に対しては, 自由度の逆数に関する線形補間により求める.
注 3) $\nu_e \geq 4$ のときは, $p = a$ において $q(a, \nu_e; \alpha_a)$ はスチューデント化した範囲の上側 α 点を与える.

付表 4 REGWQ 法のための表 (1%, その 2)

$q(p, \nu_e; \alpha_p)$, $\alpha_p = 1 - (1-\alpha)^{p/a}$ ($2 \leq p \leq a-2$), $\alpha_{a-1} = \alpha_a = \alpha$, $\alpha = 0.01$

ν_e	\multicolumn{6}{c}{$a=7$}	\multicolumn{7}{c}{$a=8$}
	$p=2$	$p=3$	$p=4$	$p=5$	$p=6$	$p=7$	$p=2$	$p=3$	$p=4$	$p=5$	$p=6$	$p=7$	$p=8$
1	215.77	215.77	215.77	215.77	215.77	215.77	227.17	227.17	227.17	227.17	227.17	227.17	227.17
2	26.353	29.094	29.514	29.514	29.514	29.514	28.178	31.107	31.556	31.556	31.556	31.556	31.556
3	12.771	14.218	14.749	14.955	14.955	14.998	13.368	14.881	15.437	15.653	15.715	15.715	15.715
4	9.212	10.220	10.667	10.901	10.901	11.101	9.548	10.590	11.053	11.296	11.431	11.431	11.542
5	7.682	8.481	8.866	9.089	9.089	9.321	7.919	8.740	9.135	9.365	9.510	9.510	9.669
6	6.851	7.531	7.873	8.082	8.082	8.318	7.038	7.733	8.083	8.297	8.440	8.440	8.612
7	6.335	6.939	7.250	7.446	7.446	7.678	6.493	7.108	7.426	7.626	7.763	7.763	7.939
8	5.985	6.536	6.825	7.011	7.011	7.237	6.125	6.683	6.978	7.167	7.299	7.299	7.474
9	5.733	6.245	6.517	6.694	6.694	6.915	5.859	6.378	6.654	6.834	6.962	6.962	7.134
10	5.543	6.026	6.285	6.454	6.454	6.669	5.660	6.147	6.410	6.582	6.706	6.706	6.875
11	5.395	5.854	6.103	6.266	6.266	6.476	5.505	5.968	6.219	6.385	6.506	6.506	6.671
12	5.277	5.717	5.957	6.115	6.115	6.320	5.380	5.824	6.066	6.227	6.344	6.344	6.507
13	5.180	5.605	5.837	5.991	5.991	6.192	5.279	5.707	5.941	6.097	6.212	6.212	6.372
14	5.099	5.511	5.737	5.888	5.888	6.085	5.194	5.609	5.836	5.989	6.101	6.101	6.258
15	5.030	5.432	5.652	5.800	5.800	5.994	5.122	5.526	5.748	5.897	6.007	6.007	6.162
16	4.972	5.364	5.580	5.724	5.724	5.915	5.061	5.455	5.672	5.818	5.926	5.926	6.079
17	4.921	5.305	5.517	5.659	5.659	5.847	5.008	5.394	5.606	5.750	5.856	5.856	6.007
18	4.877	5.254	5.461	5.602	5.603	5.787	4.962	5.340	5.549	5.690	5.795	5.795	5.944
19	4.838	5.208	5.413	5.551	5.553	5.735	4.921	5.293	5.498	5.637	5.741	5.741	5.889
20	4.803	5.168	5.370	5.506	5.510	5.688	4.884	5.251	5.453	5.590	5.693	5.693	5.839
21	4.772	5.132	5.331	5.466	5.470	5.646	4.852	5.213	5.413	5.548	5.649	5.649	5.794
22	4.744	5.099	5.296	5.430	5.435	5.608	4.823	5.179	5.376	5.511	5.611	5.611	5.754
23	4.718	5.070	5.265	5.397	5.403	5.573	4.796	5.149	5.344	5.476	5.575	5.575	5.718
24	4.695	5.043	5.236	5.367	5.373	5.542	4.772	5.121	5.314	5.445	5.544	5.544	5.685
25	4.674	5.019	5.210	5.340	5.347	5.513	4.751	5.095	5.287	5.417	5.514	5.514	5.655
26	4.655	4.997	5.186	5.315	5.322	5.487	4.730	5.072	5.262	5.391	5.488	5.488	5.627
27	4.638	4.976	5.164	5.292	5.300	5.463	4.712	5.051	5.239	5.367	5.463	5.463	5.602
28	4.621	4.957	5.144	5.271	5.279	5.441	4.695	5.031	5.218	5.345	5.440	5.441	5.578
29	4.606	4.940	5.125	5.251	5.260	5.420	4.679	5.013	5.198	5.325	5.419	5.420	5.556
30	4.592	4.924	5.107	5.233	5.242	5.401	4.665	4.996	5.180	5.306	5.400	5.401	5.536
31	4.579	4.909	5.091	5.216	5.225	5.383	4.651	4.980	5.163	5.288	5.382	5.383	5.517
32	4.567	4.894	5.076	5.200	5.210	5.367	4.638	4.966	5.147	5.271	5.365	5.367	5.500
33	4.556	4.881	5.062	5.185	5.195	5.351	4.627	4.952	5.133	5.256	5.349	5.351	5.483
34	4.545	4.869	5.049	5.171	5.181	5.336	4.615	4.939	5.119	5.242	5.334	5.336	5.468
35	4.535	4.857	5.036	5.158	5.169	5.323	4.605	4.927	5.106	5.228	5.320	5.323	5.453
36	4.525	4.846	5.024	5.146	5.156	5.310	4.595	4.916	5.094	5.215	5.307	5.310	5.439
37	4.517	4.836	5.013	5.134	5.145	5.298	4.586	4.905	5.082	5.203	5.294	5.298	5.427
38	4.508	4.826	5.003	5.123	5.134	5.286	4.577	4.895	5.071	5.192	5.283	5.286	5.414
39	4.500	4.817	4.993	5.113	5.124	5.275	4.569	4.885	5.061	5.181	5.272	5.275	5.403
40	4.493	4.808	4.984	5.103	5.114	5.265	4.561	4.876	5.051	5.171	5.261	5.265	5.392
48	4.445	4.752	4.923	5.040	5.052	5.198	4.511	4.818	4.989	5.105	5.193	5.198	5.322
60	4.397	4.697	4.864	4.978	4.991	5.133	4.462	4.761	4.927	5.041	5.127	5.133	5.253
80	4.351	4.644	4.806	4.918	4.931	5.069	4.413	4.705	4.867	4.978	5.062	5.069	5.185
120	4.305	4.591	4.749	4.858	4.872	5.005	4.366	4.650	4.808	4.916	4.998	5.005	5.118
240	4.260	4.539	4.693	4.799	4.814	4.943	4.320	4.596	4.750	4.855	4.935	4.943	5.052
∞	4.217	4.488	4.639	4.742	4.757	4.882	4.274	4.543	4.693	4.796	4.873	4.882	4.987

注 1) $\nu_e = 1$ では小数点以下 2 桁が表示されている.
注 2) 表に与えられていない自由度 ν_e に対しては, 自由度の逆数に関する線形補間により求める.
注 3) $\nu_e \geq 4$ のときは, $p = a$ において $q(a, \nu_e; \alpha_a)$ はスチューデント化した範囲の上側 α 点を与える.

付表 5 Duncan 法のための表 (5%)

$q(p, \nu_e; \alpha_p^D)$, $\alpha_p^D = 1 - (1-\alpha)^{p-1}$, $\alpha = 0.05$

ν_e	$p=2$	$p=3$	$p=4$	$p=5$	$p=6$	$p=7$	$p=8$	$p=9$	$p=10$	$p=11$	$p=12$	$p=13$	$p=14$
1	17.969	17.969	17.969	17.969	17.969	17.969	17.969	17.969	17.969	17.969	17.969	17.969	17.969
2	6.085	6.085	6.085	6.085	6.085	6.085	6.085	6.085	6.085	6.085	6.085	6.085	6.085
3	4.501	4.516	4.516	4.516	4.516	4.516	4.516	4.516	4.516	4.516	4.516	4.516	4.516
4	3.926	4.013	4.033	4.033	4.033	4.033	4.033	4.033	4.033	4.033	4.033	4.033	4.033
5	3.635	3.749	3.796	3.814	3.814	3.814	3.814	3.814	3.814	3.814	3.814	3.814	3.814
6	3.460	3.586	3.649	3.680	3.694	3.697	3.697	3.697	3.697	3.697	3.697	3.697	3.697
7	3.344	3.477	3.548	3.588	3.611	3.622	3.625	3.625	3.625	3.625	3.625	3.625	3.625
8	3.261	3.398	3.475	3.521	3.549	3.566	3.575	3.579	3.579	3.579	3.579	3.579	3.579
9	3.199	3.339	3.420	3.470	3.502	3.523	3.536	3.544	3.547	3.547	3.547	3.547	3.547
10	3.151	3.293	3.376	3.430	3.465	3.489	3.505	3.516	3.522	3.525	3.525	3.525	3.525
11	3.113	3.256	3.341	3.397	3.435	3.462	3.480	3.493	3.501	3.506	3.509	3.510	3.510
12	3.081	3.225	3.312	3.370	3.410	3.439	3.459	3.474	3.484	3.491	3.495	3.498	3.498
13	3.055	3.200	3.288	3.348	3.389	3.419	3.441	3.458	3.470	3.478	3.484	3.488	3.490
14	3.033	3.178	3.268	3.328	3.371	3.403	3.426	3.444	3.457	3.467	3.474	3.479	3.482
15	3.014	3.160	3.250	3.312	3.356	3.389	3.413	3.432	3.446	3.457	3.465	3.471	3.476
16	2.998	3.144	3.235	3.297	3.343	3.376	3.402	3.422	3.437	3.449	3.458	3.465	3.470
17	2.984	3.130	3.222	3.285	3.331	3.365	3.392	3.412	3.429	3.441	3.451	3.459	3.465
18	2.971	3.117	3.210	3.274	3.320	3.356	3.383	3.404	3.421	3.435	3.445	3.454	3.460
19	2.960	3.106	3.199	3.264	3.311	3.347	3.375	3.397	3.415	3.429	3.440	3.449	3.456
20	2.950	3.097	3.190	3.255	3.303	3.339	3.368	3.390	3.409	3.423	3.435	3.445	3.452
21	2.941	3.088	3.181	3.247	3.295	3.332	3.361	3.385	3.403	3.418	3.431	3.441	3.449
22	2.933	3.080	3.173	3.239	3.288	3.326	3.355	3.379	3.398	3.414	3.427	3.437	3.446
23	2.926	3.072	3.166	3.233	3.282	3.320	3.350	3.374	3.394	3.410	3.423	3.434	3.443
24	2.919	3.066	3.160	3.226	3.276	3.315	3.345	3.370	3.390	3.406	3.420	3.431	3.441
25	2.913	3.059	3.154	3.221	3.271	3.310	3.341	3.366	3.386	3.403	3.417	3.429	3.439
26	2.907	3.054	3.149	3.216	3.266	3.305	3.336	3.362	3.382	3.400	3.414	3.426	3.436
27	2.902	3.049	3.144	3.211	3.262	3.301	3.332	3.358	3.379	3.397	3.412	3.424	3.434
28	2.897	3.044	3.139	3.206	3.257	3.297	3.329	3.355	3.376	3.394	3.409	3.422	3.433
29	2.892	3.039	3.135	3.202	3.253	3.293	3.326	3.352	3.373	3.392	3.407	3.420	3.431
30	2.888	3.035	3.131	3.199	3.250	3.290	3.322	3.349	3.371	3.389	3.405	3.418	3.429
31	2.884	3.031	3.127	3.195	3.246	3.287	3.319	3.346	3.368	3.387	3.403	3.416	3.428
32	2.881	3.028	3.123	3.192	3.243	3.284	3.317	3.344	3.366	3.385	3.401	3.415	3.426
33	2.877	3.024	3.120	3.188	3.240	3.281	3.314	3.341	3.364	3.383	3.399	3.413	3.425
34	2.874	3.021	3.117	3.185	3.238	3.279	3.312	3.339	3.362	3.381	3.398	3.412	3.424
35	2.871	3.018	3.114	3.183	3.235	3.276	3.309	3.337	3.360	3.379	3.396	3.410	3.423
36	2.868	3.015	3.111	3.180	3.232	3.274	3.307	3.335	3.358	3.378	3.395	3.409	3.421
37	2.865	3.013	3.109	3.178	3.230	3.272	3.305	3.333	3.356	3.376	3.393	3.408	3.420
38	2.863	3.010	3.106	3.175	3.228	3.270	3.303	3.331	3.355	3.375	3.392	3.407	3.419
39	2.861	3.008	3.104	3.173	3.226	3.268	3.301	3.330	3.353	3.373	3.391	3.406	3.418
40	2.858	3.005	3.102	3.171	3.224	3.266	3.300	3.328	3.352	3.372	3.389	3.404	3.418
48	2.843	2.991	3.087	3.157	3.211	3.253	3.288	3.318	3.342	3.363	3.382	3.398	3.412
60	2.829	2.976	3.073	3.143	3.198	3.241	3.277	3.307	3.333	3.355	3.374	3.391	3.406
80	2.814	2.961	3.059	3.130	3.185	3.229	3.266	3.297	3.323	3.346	3.366	3.384	3.400
120	2.800	2.947	3.045	3.116	3.172	3.217	3.254	3.286	3.313	3.337	3.358	3.377	3.394
240	2.786	2.933	3.031	3.103	3.159	3.205	3.243	3.276	3.304	3.329	3.350	3.370	3.388
∞	2.772	2.918	3.017	3.089	3.146	3.193	3.232	3.265	3.294	3.320	3.343	3.363	3.382

注) 表に与えられていない自由度 ν_e に対しては，自由度の逆数に関する線形補間により求める．

付表6　Duncan 法のための表 (1%)

$q(p, \nu_e; \alpha_p^D)$, $\alpha_p^D = 1 - (1-\alpha)^{p-1}$, $\alpha = 0.01$

ν_e	p=2	p=3	p=4	p=5	p=6	p=7	p=8	p=9	p=10	p=11	p=12	p=13	p=14
1	90.024	90.024	90.024	90.024	90.024	90.024	90.024	90.024	90.024	90.024	90.024	90.024	90.024
2	14.036	14.036	14.036	14.036	14.036	14.036	14.036	14.036	14.036	14.036	14.036	14.036	14.036
3	8.260	8.321	8.321	8.321	8.321	8.321	8.321	8.321	8.321	8.321	8.321	8.321	8.321
4	6.511	6.677	6.740	6.755	6.755	6.755	6.755	6.755	6.755	6.755	6.755	6.755	6.755
5	5.702	5.893	5.989	6.040	6.065	6.074	6.074	6.074	6.074	6.074	6.074	6.074	6.074
6	5.243	5.439	5.549	5.614	5.655	5.680	5.694	5.701	5.703	5.703	5.703	5.703	5.703
7	4.949	5.145	5.260	5.333	5.383	5.416	5.439	5.454	5.464	5.470	5.472	5.472	5.472
8	4.745	4.939	5.056	5.134	5.189	5.227	5.256	5.276	5.291	5.302	5.309	5.313	5.316
9	4.596	4.787	4.906	4.986	5.043	5.086	5.117	5.142	5.160	5.174	5.185	5.193	5.199
10	4.482	4.671	4.789	4.871	4.931	4.975	5.010	5.036	5.058	5.074	5.087	5.098	5.106
11	4.392	4.579	4.697	4.780	4.841	4.887	4.923	4.952	4.975	4.994	5.009	5.021	5.031
12	4.320	4.504	4.622	4.705	4.767	4.815	4.852	4.882	4.907	4.927	4.944	4.957	4.969
13	4.260	4.442	4.560	4.643	4.706	4.754	4.793	4.824	4.850	4.871	4.889	4.904	4.917
14	4.210	4.391	4.508	4.591	4.654	4.703	4.743	4.775	4.802	4.824	4.843	4.859	4.872
15	4.167	4.346	4.463	4.547	4.610	4.660	4.700	4.733	4.760	4.783	4.803	4.820	4.834
16	4.131	4.308	4.425	4.508	4.572	4.622	4.662	4.696	4.724	4.748	4.768	4.785	4.800
17	4.099	4.275	4.391	4.474	4.538	4.589	4.630	4.664	4.692	4.717	4.737	4.755	4.771
18	4.071	4.246	4.361	4.445	4.509	4.559	4.601	4.635	4.664	4.689	4.710	4.729	4.745
19	4.046	4.220	4.335	4.418	4.483	4.533	4.575	4.610	4.639	4.664	4.686	4.705	4.722
20	4.024	4.197	4.312	4.395	4.459	4.510	4.552	4.587	4.617	4.642	4.664	4.684	4.701
21	4.004	4.177	4.291	4.374	4.438	4.489	4.531	4.567	4.597	4.622	4.645	4.664	4.682
22	3.986	4.158	4.272	4.355	4.419	4.470	4.513	4.548	4.578	4.604	4.627	4.647	4.664
23	3.970	4.141	4.254	4.337	4.402	4.453	4.496	4.531	4.562	4.588	4.611	4.631	4.649
24	3.955	4.126	4.239	4.322	4.386	4.437	4.480	4.516	4.546	4.573	4.596	4.616	4.634
25	3.942	4.112	4.224	4.307	4.371	4.423	4.466	4.502	4.532	4.559	4.582	4.603	4.621
26	3.930	4.099	4.211	4.294	4.358	4.410	4.452	4.489	4.520	4.546	4.570	4.591	4.609
27	3.918	4.087	4.199	4.282	4.346	4.397	4.440	4.477	4.508	4.535	4.558	4.579	4.598
28	3.908	4.076	4.188	4.270	4.334	4.386	4.429	4.465	4.497	4.524	4.548	4.569	4.587
29	3.898	4.065	4.177	4.260	4.324	4.376	4.419	4.455	4.486	4.514	4.538	4.559	4.578
30	3.889	4.056	4.168	4.250	4.314	4.366	4.409	4.445	4.477	4.504	4.528	4.550	4.569
31	3.881	4.047	4.159	4.241	4.305	4.357	4.400	4.436	4.468	4.495	4.519	4.541	4.560
32	3.873	4.039	4.150	4.232	4.296	4.348	4.391	4.428	4.459	4.487	4.511	4.533	4.552
33	3.865	4.031	4.142	4.224	4.288	4.340	4.383	4.420	4.452	4.479	4.504	4.525	4.545
34	3.859	4.024	4.135	4.217	4.281	4.333	4.376	4.413	4.444	4.472	4.496	4.518	4.538
35	3.852	4.017	4.128	4.210	4.273	4.325	4.369	4.406	4.437	4.465	4.490	4.511	4.531
36	3.846	4.011	4.121	4.203	4.267	4.319	4.362	4.399	4.431	4.459	4.483	4.505	4.525
37	3.840	4.005	4.115	4.197	4.260	4.312	4.356	4.393	4.425	4.452	4.477	4.499	4.519
38	3.835	3.999	4.109	4.191	4.254	4.306	4.350	4.387	4.419	4.447	4.471	4.493	4.513
39	3.830	3.993	4.103	4.185	4.249	4.301	4.344	4.381	4.413	4.441	4.466	4.488	4.508
40	3.825	3.988	4.098	4.180	4.243	4.295	4.339	4.376	4.408	4.436	4.461	4.483	4.503
48	3.793	3.955	4.064	4.145	4.209	4.261	4.304	4.341	4.374	4.402	4.427	4.450	4.470
60	3.762	3.922	4.030	4.111	4.174	4.226	4.270	4.307	4.340	4.368	4.394	4.417	4.437
80	3.732	3.890	3.997	4.077	4.140	4.192	4.236	4.273	4.306	4.335	4.360	4.384	4.405
120	3.702	3.858	3.964	4.044	4.107	4.158	4.202	4.239	4.272	4.301	4.327	4.351	4.372
240	3.672	3.827	3.932	4.011	4.073	4.125	4.168	4.206	4.239	4.268	4.294	4.318	4.339
∞	3.643	3.796	3.900	3.978	4.040	4.091	4.135	4.172	4.205	4.235	4.261	4.285	4.307

注) 表に与えられていない自由度 ν_e に対しては，自由度の逆数に関する線形補間により求める．

索　引

欧　文

BIBD (balanced incomplete block design)　24, 155
BIBD の構築　162
BLUE (best linear unbiased estimator)　173

Duncan 法　62
Dunnett 法　68
　片側——　68
　両側——　68

F 検定　34
F 比　34
F 分布　186
　非心——　188
Fisher, R. A.　3
Fisher の3原則　15

LSD (least significant difference) 法　56

p-値　34

REGWQ (Ryan-Einot-Gabriel-Welsch) 法　59

SAS　64, 71
Satterthwaite の近似法　107, 185
Scheffé 法　75
SNK (Student-Newman-Keuls) 法　61

t 分布　185

Tukey 法　58
Tukey-Kramer 法　63

あ　行

アンバランストなモデル　37

1因子実験　6
一元配置　6, 11
一元配置完全無作為化法　28
一元配置乱塊法　40
1次因子　95
1次誤差　97
1次単位　95
一部実施要因実験　12, 111
一様性の帰無仮説　33
因子　6
　——の再割付け　133
　——の分類　9
　——の割付け　122, 144
　1次——　95
　2次——　95
　環境——　10
　質的——　6
　主試験区——　95
　制御——　9
　標示——　10
　副試験区——　95
　4水準——　133
　量的——　6

上片側対立仮説　66

か 行

会合数　155
χ^2 分布　183
　　非心——　187
確認実験　151
片側 Dunnett 法　68
偏り　17
環境因子　10
完全帰無仮説　54
完全無作為化法　21
　　一元配置——　28
　　二元配置——　77
官能検査　156
完備ブロック計画　24

擬因子　134
擬水準法　149
帰無仮説のファミリー　53
局所管理　20

偶然誤差　17
繰返し　17
　　——のない二元配置　91
グレコ・ラテン方格　13
群番号　131

計画行列　166
系統誤差　17
欠測値　27
検出力　52
検定の多重性　55
検定のファミリー　54

交互作用　7
　　——に関する帰無仮説　83
　　多因子——　9
構造モデル　32, 43, 81, 88, 98, 157
交絡　124
効率係数　158

さ 行

最小二乗推定量　168, 170

最小二乗法　167
最小有意差法　56
最良線形不偏推定量　173
残差　175
残差平方和　175
3 水準系直交表　140
サンプルサイズ　26

試験区　14
　　主——　95
　　副——　95
事後的な仮説　55
下片側対立仮説　67
実験計画書　26
実験計画法　2
実験単位　14
実験単位過誤率　55
実験の配置　3, 14
実験の目的　1
実験配置に基づく実験の分類　21
質的因子　6
自由度　31
主効果　9
主試験区　95
主試験区因子　95
処理　12
　　——とブロックとの交互作用　46
　　——の選定　3, 5
　　——の選定に基づく実験の分類　11

水準　6
　　——の設定　11
推定可能関数　168

正規線形モデル　165
正規分布　181
　　標準——　182
正規方程式　167
制御因子　9
成分　121
制約条件　170
線形モデル　165
線点図　125, 146

索　引　215

ソフトウェア R　90, 109, 138, 152, 161

た 行

第 I 種の過誤　52
第 II 種の過誤　52
第 III 種の過誤　53
対照処理　12
　——との比較　66
　——との比較の t 検定　70
対比　72
　——の t 検定　73
多因子交互作用　9
多因子実験　7
多元配置　7
多重検定　50
多重範囲検定　63
多重比較　50
　——の問題のタイプ　51
多重比較法　50

中心極限定理　183
調整済み処理平均　160
直交　121, 143
直交表の考え方　112
直交補空間　192

対比較　56
強い意味で制御　55
釣合い型不完備ブロック計画　24, 155

定義対比　125, 147

同時信頼区間　59
特性値　1
特性要因図　1

な 行

2 因子実験　7
二元配置　6
　繰返しのない——　91
二元配置完全無作為化法　77
二元配置乱塊法　87
2 次因子　95

二次形式　188
2 次誤差　98
2 次単位　95
2 種類のブロック　25
2 水準系直交表　120
偽の反復　16
二段分割法　97

は 行

反復　15

比較単位過誤率　55
非心 F 分布　188
非心 χ^2 分布　187
非心度　187
表計算ソフトウェア　47
標示因子　10
標準化　182
標準処理　12
標準正規分布　182
標本分散　184
標本平均　182

ファミリー単位過誤率　55
不完備ブロック計画　24, 154
副試験区　95
副試験区因子　95
部分帰無仮説　54
プーリング　136
ブロック　20
　2 種類の——　25
ブロック因子　10, 20
　——の導入　129
ブロック化　20
分割区法　95
分割法　25, 94, 131
　二段——　97
分散分析　29, 32
分散分析表　32, 42, 81, 88, 102, 135, 150, 159

平均平方　32
　——の期待値　32, 43, 82, 102

索　　引

平方和　31, 184
　——の計算　29, 41, 79, 88, 100, 157
　　残差——　175
　　モデル——　174
べき等行列　188, 193

保護付き LSD 法　57
保護なし LSD 法　57
母数の無駄　172
母平均の差の推定　36
母平均の推定　35

ま　行

無作為化　17

モデル平方和　174

や　行

有意水準　34

要因効果　9

要因実験　12
弱い意味で制御　55
4 水準因子　133

ら　行

ラテン方格　13
乱塊法　22
　一元配置——　40
　二元配置——　87
ランダム化　18

両側 Dunnett 法　68
両側対立仮説　66
量的因子　6

レゾリューション III　128
レゾリューション IV　128
列番号　120
列平方和の計算　134, 149
列名　121, 143

著者略歴

三輪哲久 (みわ てつひさ)

1951年　広島県に生まれる
1977年　東京大学大学院工学系研究科修士課程修了
現　在　国立研究開発法人 農業環境技術研究所
　　　　工学博士

統計解析スタンダード
実験計画法と分散分析

定価はカバーに表示

2015年9月25日　初版第1刷
2023年4月25日　　　第3刷

著　者　三　輪　哲　久
発行者　朝　倉　誠　造
発行所　株式会社 朝　倉　書　店

東京都新宿区新小川町6-29
郵便番号　162-8707
電　話　03(3260)0141
ＦＡＸ　03(3260)0180
https://www.asakura.co.jp

〈検印省略〉

© 2015 〈無断複写・転載を禁ず〉　印刷・製本　デジタルパブリッシングサービス

ISBN 978-4-254-12854-3　C 3341　　Printed in Japan

JCOPY ＜出版者著作権管理機構 委託出版物＞
本書の無断複写は著作権法上での例外を除き禁じられています．複写される場合は，そのつど事前に，出版者著作権管理機構（電話 03-5244-5088, FAX 03-5244-5089, e-mail: info@jcopy.or.jp）の許諾を得てください．

好評の事典・辞典・ハンドブック

数学オリンピック事典	野口　廣 監修　Ｂ５判 864頁
コンピュータ代数ハンドブック	山本　慎ほか 訳　Ａ５判 1040頁
和算の事典	山司勝則ほか 編　Ａ５判 544頁
朝倉 数学ハンドブック [基礎編]	飯高　茂ほか 編　Ａ５判 816頁
数学定数事典	一松　信 監訳　Ａ５判 608頁
素数全書	和田秀男 監訳　Ａ５判 640頁
数論＜未解決問題＞の事典	金光　滋 訳　Ａ５判 448頁
数理統計学ハンドブック	豊田秀樹 監訳　Ａ５判 784頁
統計データ科学事典	杉山高一ほか 編　Ｂ５判 788頁
統計分布ハンドブック（増補版）	蓑谷千凰彦 著　Ａ５判 864頁
複雑系の事典	複雑系の事典編集委員会 編　Ａ５判 448頁
医学統計学ハンドブック	宮原英夫ほか 編　Ａ５判 720頁
応用数理計画ハンドブック	久保幹雄ほか 編　Ａ５判 1376頁
医学統計学の事典	丹後俊郎ほか 編　Ａ５判 472頁
現代物理数学ハンドブック	新井朝雄 著　Ａ５判 736頁
図説ウェーブレット変換ハンドブック	新　誠一ほか 監訳　Ａ５判 408頁
生産管理の事典	圓川隆夫ほか 編　Ｂ５判 752頁
サプライ・チェイン最適化ハンドブック	久保幹雄 著　Ｂ５判 520頁
計量経済学ハンドブック	蓑谷千凰彦ほか 編　Ａ５判 1048頁
金融工学事典	木島正明ほか 編　Ａ５判 1028頁
応用計量経済学ハンドブック	蓑谷千凰彦ほか 編　Ａ５判 672頁

価格・概要等は小社ホームページをご覧ください．